CAPITAINE DE SAINT-PHALLE
INSTRUCTEUR D'ÉQUITATION A L'ÉCOLE D'APPLICATION DE CAVALERIE

DRESSAGE ET EMPLOI

DU

CHEVAL DE SELLE

2· ÉDITION

REVUE, AUGMENTÉE ET ILLUSTRÉE DE SEPT PLANCHES HORS TEXTE

LE COMTE D'AURE montant LE CERF (d'après une gravure)

SE TROUVE A PARIS, CHEZ :

LEGOUPY, 5 B⁴ DE LA MADELEINE   CHAPELOT, 30 RUE DAUPHINE
FLOURY, 1 B⁴ DES CAPUCINES   LESOUDIER, 174 B⁴ SAINT-GERMAIN

A SAUMUR

LIBRAIRIE MILON, ROBERT, SUCCESSEUR

—

1904

Dressage et Emploi

du

Cheval de Selle

CAPITAINE DE SAINT-PHALLE

INSTRUCTEUR D'ÉQUITATION A L'ÉCOLE D'APPLICATION DE CAVALERIE

Dressage et Emploi

du

Cheval de Selle

2ᵉ ÉDITION

Revue, augmentée et illustrée de sept planches phototypiques

SE TROUVE A PARIS, CHEZ :

LEGOUPY, 5, Bᵈ de la Madeleine.	CHAPELOT, 30, Rue Dauphine,
FLOURY, 1, Boulevard des Capucines,	LESOUDIER, 174, Bᵈ Saint-Germain.

A SAUMUR :

Librairie Milon, ROBERT, Successeur.

1904

TABLE ANALYTIQUE DES MATIÈRES

PREMIÈRE PARTIE

CHAPITRE Ier

DE L'ÉQUILIBRE

§ Ier DIFFÉRENTS ÉQUILIBRES

§ II. AGENTS DE L'ÉQUILIBRE

CHAPITRE II

MOYENS DONT DISPOSE LE CAVALIER
POUR ÉTABLIR ET CHANGER LES ÉQUILIBRES

TITRE Ier

DES JAMBES

TITRE II

DES RÊNES

TITRE III

DE L'ACCORD DES AIDES

TITRE IV

LES AIDES, LES RÉSISTANCES ET LA LÉGÈRETÉ

CHAPITRE III

MOYENS AUXILIAIRES DONT ON DISPOSE POUR LE DRESSAGE

DEUXIÈME PARTIE

ÉQUITATION COURANTE

CHAPITRE Ier

TRAVAIL AU PAS ET AU TROT

CHAPITRE II

TRAVAIL AU GALOP

CHAPITRE III

DU SAUT D'OBSTACLES

CHAPITRE IV

PRÉFACE

DE LA DEUXIÈME ÉDITION

Lorsque je fus sur le point de publier la première édition de cet ouvrage, je le soumis à plusieurs écuyers éminents pour savoir s'il pouvait, à leur avis, et, suivant le but que je m'étais proposé, venir en aide aux jeunes cavaliers désireux de progresser dans l'art équestre.

Monsieur le général de Bellegarde voulut bien m'adresser la lettre qui suit. Je la reproduis, tant en raison de l'autorité que lui donne la science universellement réputée de son auteur, que parce qu'elle synthétise en quelques mots l'ensemble des appréciations qui me furent adressées.

LETTRE

DE MONSIEUR LE GÉNÉRAL

DE BELLEGARDE

ANCIEN ÉCUYER EN CHEF A L'ÉCOLE D'APPLICATION
DE CAVALERIE DE SAUMUR.

Compiègne, le 18 décembre 1898.

« Mon cher de Saint-Phalle,

« Je suis bien en retard pour vous remercier de l'envoi de votre travail si complet sur l'équitation. J'ai voulu, ayant pris grand intérêt à la lecture des premières pages, lire le tout attentivement et sans hâte, par plaisir d'abord, puis pour mon instruction.

« Je connaissais par mon ami le colonel de Lagarenne les résultats surprenants que vous obtenez avec les chevaux et surtout les juments de pur sang ; mais je ne me doutais pas que les mouvements les plus difficiles de la Haute-École, que si peu d'écuyers osent aborder, n'avaient plus de secrets pour vous.

« Votre ouvrage est l'exposé détaillé des moyens simples et raisonnés que vous avez employés en vous servant seulement de la main et des jambes, à l'exclusion des éperons et de la cravache employés comme aides. Ces moyens sont bons ; il vous ont bien réussi.

« Je ne partage cependant pas toutes vos théories ; d'ailleurs, vous le savez, chaque cavalier a ses procédés conformes à son tempérament et à ses aptitudes.

« Mais ce qui me plaît tout à fait, c'est votre préoccupation constante du mouvement en avant depuis le commencement jusqu'à la fin du dressage. Vous voulez qu'en se mettant en marche, le cheval se comporte comme s'il avait à tirer une voiture. C'est absolument ma manière de voir.

« En résumé, mon cher de Saint-Phalle, votre ouvrage me paraît destiné à venir grandement en aide aux jeunes officiers qui aiment le dressage et voudront, en suivant votre exemple, maintenir et faire progresser dans l'armée le noble art de l'équitation.

« Mille amitiés et croyez-moi votre bien dévoué,

« Général DE BELLEGARDE. »

Les doctrines qui se trouvent dans cette édition sont les mêmes que celles sur lesquelles M. le général de Bellegarde écrivait ce qui précède : je n'ai pas été conduit à en changer le fond. L'expérience un peu plus longue que j'en ai faite, les causeries ou les controverses que l'on voulut bien tenir avec ou contre moi, les nombreux témoignages enfin qui me sont venus tant de la France que de l'Étranger, confirment ma foi dans ce qui m'a semblé, lors de la première publication de cet ouvrage, être assez vrai pour pouvoir aider les cavaliers auxquels je m'adressais.

On ne doit donc pas chercher dans cette nouvelle édition des changements portant sur la doctrine exposée dans la première.

Mais des additions assez importantes ont été faites touchant quelques sujets qu'il m'a paru intéressant ou utile de développer; c'est ainsi que j'ai ajouté des chapitres nouveaux sur les facultés psychiques du cheval, sur les aides, les résistances et la légèreté, les départs au galop, etc.

Je voudrais que ces retouches rendissent ce travail meilleur. Si ce vœu est rempli, je le devrai en partie à ceux, si nombreux, qui ont bien voulu m'accorder leurs avis, leurs conseils et leurs encouragements : ce sera pour moi un nouveau sujet de gratitude envers eux.

AVANT - PROPOS

Depuis plusieurs siècles, c'est la France qui a tenu le premier rang par le nombre et la distinction de ses écuyers. La Guérinière, le vicomte d'Abzac, le comte d'Aure et *tutti quanti* ont été les maîtres de leurs époques et leurs enseignements ont donné le branle à l'étude et à la compréhension des choses équestres.

Plus récemment, Baucher a fait école et s'est imposé par l'importance de sa méthode.

Des écuyers plus nouveaux encore, s'inspirant de ces maîtres et les corrigeant avec discernement, n'ont guère laissé à leurs successeurs la possibilité de dépasser la perfection à laquelle ils ont su atteindre.

Aussi, telle n'est point la prétention de cette méthode : elle ne diffère des précédentes qu'en ce que, m'avançant plus encore dans la voie ouverte par leurs auteurs, j'ai, plus qu'eux peut-être, utilisé les lois mécaniques qui régissent l'équilibre du cheval, persuadé que si elles ne sont pas tout, il est vrai, en dressage et en équitation, elles y ont néanmoins un rôle prépondérant et de tous les instants.

Le cheval est, en effet, un être à la fois psychique et physique; mais ses facultés psychiques ne font que l'amener à se déterminer, elles provoquent et dirigent les actes de sa volonté [1], rien de plus : elles sont trop peu développées pour pouvoir entrer en communion avec les nôtres et nous comprendre. C'est donc en agissant sur l'être physique ou, autrement dit, en disposant, en équilibrant la masse suivant certaines lois que nous pouvons donner au mouvement la forme qui nous convient. Il arrive même que, par suite de l'habitude, les mouvements deviennent réflexes et l'obéissance indépendante des facultés psychiques qui, alors, n'interviennent même plus : l'équilibre préparatoire amène seul le mouvement à se produire comme nous le voulons.

Telles sont, à mon sens, du moins, les attributions des facultés physiques et psychiques entre le moment où nous commandons et celui où nous sommes obéis. Cela ressortira de l'étude que nous allons faire de ces facultés.

1° ESSAI SUR LES FACULTÉS PSYCHIQUES DU CHEVAL ET SUR LA SUBORDINATION DE SA VOLONTÉ A CELLE DU CAVALIER

La psychologie animale a donné lieu à des controverses qui resteront sans doute toujours pendantes, l'évidence ne devant probablement jamais les éclairer de

---

1. Sans vouloir même effleurer les discussions relatives au libre arbitre, à la responsabilité... etc., j'appelle « volonté » chez l'animal, la faculté de se déterminer, quelle que soit, en fait, l'origine de sa détermination : raison, instinct, appétits, opération d'une faculté émotive ou sensitive quelconque.

sa lumière. Les diverses écoles ont émis des hypothèses variées et soutenu des discussions sans nombre. Cependant, que le lecteur se rassure : je ne lui exposerai pas les doctrines spiritualistes, sensualistes, matérialistes ou autres. Je ne lui parlerai pas de l'origine commune ou non de l'homme et de l'animal. Je me contenterai plus modestement de rechercher ce que le cheval laisse voir de son moral, si je puis ainsi parler, et d'en conclure ce qui, dans cet ordre d'idées, peut être utile à son dressage et à son emploi.

Comme tous les animaux supérieurs, le cheval est doué de facultés psychiques. Parmi les exemples que citent les panégyristes de son intelligence, je sais qu'il en est beaucoup de fantaisistes ; mais beaucoup aussi sont dignes de foi et complètement d'accord avec des phénomènes qu'il est loisible à tous les éducateurs de chevaux d'observer à un moment donné. On y voit se manifester la mémoire, l'imagination, la volonté, la faculté de comparer les sensations et un certain nombre d'autres facultés sensitives et émotives, constituant son caractère, telles que la colère, la méchanceté, la douceur, la confiance.

Il n'entre pas dans le cadre de ce bref exposé de commenter longuement ce sujet : je renvoie le lecteur aux auteurs qui ont examiné la question avec science et autorité[1]. Ce qu'il nous importe seulement de savoir, c'est que le cheval possède un certain nombre de

---

1. JOLY, *De l'Intelligence du cheval.* — GUÉNON, *L'Ame du cheval.* — BOULEY, *Leçons de pathologie comparée.* — D. MERCIER, *La Psychologie.* — DE KIRWAN, *L'animal raisonnable et l'animal tout court*, etc., etc.

facultés, grâce auxquelles nous pouvons obtenir une prédisposition qui nous est indispensable : la docilité.

C'est ainsi que les récompenses après l'obéissance, les châtiments après les fautes, la voix, le regard, l'insistance dans les demandes, les répétitions fréquentes, l'attente calme de la concession, etc., sont nos moyens d'action pour acheminer notre élève vers la soumission. La manière pratique d'utiliser ces différentes influences fera l'objet de remarques fréquentes éparses dans le cours de cet ouvrage et de chapitres spéciaux.

Ce côté moral du dressage a une influence à laquelle on doit avoir constamment recours car, sans elle, pas de soumission, et, sans soumission, pas d'équitation possible. Tous les maîtres l'admettent au moins implicitement et sont des psychologues instinctifs sinon conscients.

Le plus ancien traité d'équitation qui nous soit parvenu est, je crois, celui de Xénophon. Nous y voyons des passages comme ceux-ci :

« Les dieux ont donné la parole à l'homme pour
« enseigner à son semblable ce qu'il doit faire ; mais il
« ne peut s'en servir pour instruire le cheval. C'est en le
« flattant lorsqu'il fait ce que nous voulons, en le châtiant
« lorsqu'il n'obéit pas, que vous en obtiendrez le plus
« sûrement le service que vous en exigez... »

« Le cheval fera tout ce qu'on voudra si, en exécutant
« ce qu'on lui demande, il s'attend à quelque récom-
« pense... »

« On ne peut juger avec certitude le *caractère* d'un
« cheval qui n'a pas encore été monté... »

« C'est à ces épreuves qu'on reconnaîtra s'il a le
« corps sain et *l'âme* généreuse [1]... », etc., etc.

On voit que, dès Xénophon, on accordait au cheval
la mémoire, la volonté, l'aptitude à comparer, etc.
L'ensemble de ces facultés avait même été reconnu
avant le célèbre général grec. Il nous rapporte en effet
qu'un certain Simon : « qui a fait ériger le cheval d'airain
« qu'on voit à Athènes dans l'Eleusinium et qui en
« a fait représenter les actions sur le piédestal » avait
écrit déjà sur l'équitation et pensait que « ce qu'un
« cheval fait par contrainte, il ne l'apprend pas et le fait
« mal comme un danseur qu'on instruirait à coups de
« fouet et d'aiguillon ».

Je ne sais si Virgile était un grand écuyer, mais, en
plusieurs endroits de ses œuvres, il nous montre que les
Romains de son temps connaissaient aussi les facultés
psychiques du cheval. Témoin un passage des *Géor-
giques* ainsi traduit par Delille :

> Accoutume son œil au spectacle des armes,
> Et son oreille au bruit et son cœur aux alarmes.
> Qu'il entende déjà le cliquetis du frein,
> Le roulement des chars, les accents de l'airain.
> Qu'au seul son de ta voix son allégresse éclate ;
> Qu'il frémisse au doux bruit de la main qui le flatte.

Au moyen-âge, les chevaux relevaient de la justice ;
plusieurs furent brûlés comme sorciers [2].

Au seuil du XVIIe siècle, La Broue, par ses violences,

---

1. Traduction de Curnieu.

2. Voir, en particulier, l'intéressant ouvrage de M. Guénon, *L'Ame du cheval.*
Châlons-sur-Marne, 1901.

Pluvinel, par ses exhortations à la douceur, reconnaissent que le cheval agit sous l'influence de certaines facultés émotives et sensitives.

Le duc de Newcastle dit :

« Un cheval rétif à tout excès ne consiste pas seule-
« ment en ce qu'il ne veut pas avancer, mais aussi en ce
« qu'il s'oppose au cavalier, en tout ce qui lui est
« possible et cela avec *malice*. »

« Mais vous devez être prodigue de vos récompensse
« et chiche de vos corrections, autrement vous gâterez
« votre cheval... »

« Lorsque vous l'aurez enseigné et qu'il résiste par
« méchanceté, châtiez-le, mais rarement et votre châti-
« ment ne doit pas être continué longtemps. Si le cheval
« obéit tant soit peu, arrêtez-le et faites votre amitié
« par quelque récompense... »

Depuis, il n'y a pas d'auteur ayant écrit sur l'équitation qui n'ait peu ou prou, d'une manière plus ou moins explicite, ne fût-ce qu'en préconisant les récompenses et les châtiments, recommandé aux cavaliers d'utiliser le moral du cheval pour le soumettre.

La psychologie équestre n'est donc pas une nouveauté comme on pourrait le croire en lisant quelques auteurs qui semblent penser que l'équitation y peut trouver une source de progrès inconnue de nos devanciers. En réalité, nous voyons que la connaissance de la psychologie animale servit de base à l'éducation du cheval dès Xénophon et que, depuis que l'homme a fait « sa plus noble conquête » il a reconnu et utilisé les facultés psychiques dont elle est douée. C'est donc une pratique aussi vieille que le monde qui corrobore le raisonnement pour nous faire utiliser ces facultés à tous les instants et pour nous montrer qu'elles nous sont indispensables pour conquérir l'obéissance du cheval et soumettre sa volonté. Mais je crois qu'à cela se borne leur rôle et qu'elles ne peuvent en aucune façon nous permettre de nous faire comprendre de l'animal, de lui *faire voir* ce que nous voulons.

Si, en effet, je parle à quelqu'un dans une langue qu'il connaît, ce quelqu'un voit cette abstraction qu'est ma pensée, parce qu'il a une intelligence organisée pour saisir ce qui est abstrait : il a la compréhension, ce trait d'union des intelligences humaines qui se révèlent, s'examinent, se voient et se pénètrent. Or, cette faculté, le cheval ne l'a pas. Car, si je le suppose dressé, c'est-à-dire soumis, habitué au langage de mes aides et physiquement prêt à exécuter ma volonté, et si je lui demande un mouvement nouveau, il ne le donne pas et commence par tâtonner, bien que le langage que j'emploie n'ait pas de secrets pour lui. Ses hésitations viennent de ce qu'il *ne voit pas ma pensée*, de ce qu'il *ne me comprend pas*. Peu à peu, se produit l'effet physique des aides par lesquelles j'ai mis la masse dans l'équilibre le plus favorable au mouvement demandé : le cheval, se déplaçant pendant plus ou moins longtemps dans cet équilibre, finit par céder à son influence et par se mouvoir en conformité avec lui[1] ; le mouvement cherché s'esquisse alors mécaniquement, grâce à l'équilibre établi. Le cheval m'a

---

1. C'est ce qui a permis de dire qu'en dressage le tout est de savoir placer et attendre.

obéi et cependant il n'a pas compris mon désir, puisque ses extrémités ne se sont mues comme je l'ai voulu que par le fait d'une action mécanique due à la disposition appropriée de la masse et de l'impulsion.

L'absence de la compréhension à ce moment où son rôle est tout indiqué prouve que cette faculté n'existe pas chez le cheval ou, tout au moins, qu'en lui elle est inactive, ce qui revient au même, au point de vue de l'éducation. La compréhension ne se révèle pas davantage lorsque, grâce au dressage, l'animal en vient à obéir instantanément à nos demandes. En effet, après que la première ébauche du mouvement a été obtenue, j'ai récompensé ; la faculté de se souvenir et de comparer dont l'animal est doué commence à agir. Grâce à elle, une nouvelle action des mêmes aides éveille simultanément en lui le souvenir du mouvement par lequel il leur a répondu et de la récompense qui en est résultée. L'appât de cette récompense lui fait alors répéter le mouvement par voie d'association, sans qu'il ait pour cela besoin de comprendre que telle est ma volonté. Plus tard, enfin, intervient l'habitude grâce à laquelle se font simultanément et instantanément les associations qui relient ces trois faits concrets : action des aides, mouvement correspondant, récompense ou châtiment. En tout ceci, l'examen par l'animal de ma pensée ou de mon désir n'intervient pas, ce qui serait évidemment nécessaire pour qu'on puisse avancer qu'il me comprend ; il entre dans mes idées sans le savoir, sans les connaître, d'abord mécaniquement et ensuite mécaniquement et par mémoire. Pour employer la terminologie des psychologues, je dirai que les facultés qui entrent en jeu sont purement sensitives, émotionnelles et non cogitatives. Aussi, lorsque nous avons su conquérir la soumission de l'animal par l'exploitation bien entendue de ses facultés psychiques, tout l'art revient à produire deux effets mécaniques : agir sur l'impulsion, disposer la masse. Le cheval se meut alors comme la boule qui roule docilement suivant la direction et l'impulsion qu'elle **a** reçues.

Je crois si fermement que là est le secret de la justesse des mouvements que s'il était prouvé que le cheval a une certaine dose de compréhension, je ne voudrais cependant pas qu'il la fît intervenir de peur qu'il ne jouât le rôle du serviteur bien intentionné mais stupide.

Du reste, ces considérations ne sont pas seulement spéculatives, mais pratiques et les hommes même qui proclament le plus haut l'intelligence du cheval n'ont pas d'autre moyen de lui faire exécuter leur volonté après avoir acquis sa soumission, que d'*agir sur la masse pour obtenir du centre de gravité les oscillations d'où dérive la diversité des mouvements ;* c'est toujours par là ou par des effets mécaniques ou physiologiques quelconques que commence le dressage à un mouvement et la compréhension n'y est pour rien. Elle ne se manifeste pas davantage plus tard lorsque le cheval obéit instantanément à nos actions les plus légères : il montre qu'il se rappelle ses sensations et qu'il les compare, mais non qu'il pénètre nos intentions et notre pensée comme il faudrait que cela fût pour que nous puissions dire avec raison qu'il nous comprend.

Dans ces conditions, penser qu'on peut *se faire*

comprendre du cheval serait, à mon sens, une erreur grosse, dans la pratique, des plus profondes déceptions. En tout cas, lorsque, pour ma commodité, j'applique au cheval le mot « comprendre », je veux dire seulement que je l'ai amené à m'obéir en agissant, d'une part, sur son moral pour obtenir sa soumission et utiliser sa mémoire et, d'autre part, sur sa masse pour donner au mouvement la forme que je désire.

Cette incursion dans ce qu'on pourrait appeler, si le terme n'était bien pompeux, la philosophie du dressage, ne sera pas inutile si l'on considère qu'on ne peut bien utiliser que l'instrument qu'on connaît. Il est bon que le cavalier sache qu'il y a deux facteurs qui amènent le cheval à nous obéir. L'un, dont nous venons d'examiner le rôle et l'importance, est d'ordre psychique ; il prépare l'animal à *se soumettre*, mais ne lui fait pas plus comprendre la volonté dont émanent nos aides que l'enfant ne comprend les intentions de la personne qui guide ses premiers pas. L'autre facteur qui est d'ordre mécanique et que nous allons étudier maintenant, remplit le rôle qui ne peut incomber au premier et entraîne physiquement le mouvement à se faire comme nous le voulons. Prétendre proscrire l'un de ces deux facteurs est une utopie ; aussi les écuyers qui ont obtenu de grands résultats leur ont-ils fait, sciemment ou non, la part qui leur revient.

2° ACTION DU CAVALIER SUR LA MASSE DU CHEVAL

Les procédés de dressage et d'équitation se rattachent à des bases variées et c'est par leur choix que les méthodes diffèrent entre elles. Les unes, étrangères aux dispositions naturelles et spéciales du cheval, ont recours au travail à pied, aux attouchements de cravache, au jockey de bois, aux piliers, etc., et à toutes sortes de procédés n'ayant aucun rapport avec l'équitation. Les autres, au contraire, ne préconisent que des moyens exclusivement équestres et n'enseignent que l'utilisation des aides naturelles : doigts, jambes et assiette, même pour pousser le dressage jusqu'à ses plus extrêmes limites et vaincre les plus hautes difficultés de l'équitation.

Je pense que ces dernières méthodes et celles qui s'en rapprochent le plus sont les seules qui méritent d'être prises pour guides parce qu'elles *soumettent le cheval aux aides par les aides.* Leur efficacité réside dans l'usage constant et exclusif qu'elles font des aides, dont elles confirment l'autorité en leur assujettissant le cheval à tout instant. Les procédés étrangers aux aides les laissent, au contraire, au second plan et, par suite, ne leur donnent pas le commandement qu'elles sont susceptibles d'acquérir par un emploi continuel pendant la période de dressage.

De plus, entre l'écuyer qui, même avec toute la science dont ces pratiques peuvent être susceptibles, triture son cheval à pied, le ligotte dans des piliers, le tapotte avec des cravaches, etc., et celui qui a dans ses doigts et dans ses jambes, sans jamais descendre de cheval, le moyen d'arriver aux mêmes résultats, quel est celui qui peut le plus justement prétendre rester dans le domaine de l'équitation pure et savante ? La question me semble jugée par le fait même qu'elle est posée.

C'est pour tendre vers cet idéal que, depuis long-temps, je ne demande rien au cheval que par mes rênes et mes jambes, ce qui m'a conduit aux procédés exposés dans cet ouvrage.

Ils sont basés sur l'utilisation des lois mécaniques auxquelles le cheval est inéluctablement soumis comme masse pesante et douée de mouvement. Par le fait de ces lois, la position du centre de gravité de l'animal influe sur ses gestes d'une manière prépondérante, soit qu'elle les entraîne ou les facilite; soit, au contraire, qu'elle les gêne ou les empêche. Aussi, de même que, suivant l'impulsion communiquée à une bille de billard, nous changeons ses rotations de sens et d'effets, de même, ayant obtenu du cheval qu'il se meuve dans un certain équilibre, nous faisons prendre à son mouvement la forme qui nous convient.

Pour obtenir un mouvement quelconque, le problème revient donc à établir l'équilibre qui lui est propre. Le cheval est alors entraîné à exécuter le mouvement qui en dérive et se trouve dans les meilleures conditions pour le bien faire.

J'en conclus qu'en fait de dressage, le grand point est d'apprendre au cheval à se laisser mettre dans la position d'équilibre voulue par son cavalier et qu'en fait d'équitation, l'important est de savoir l'y mettre.

J'ai pensé que des procédés de dressage et d'équita-tion fondés sur de telles bases seraient justes et généraux : justes, puisqu'ils ne font qu'utiliser les lois imposées à l'organisme du cheval ; généraux, puisqu'ils ne compor-tent que la connaissance et l'observance, faciles pour tous les cavaliers, de ces lois qui s'étendent à tous les chevaux.

De la sorte, nous pourrons travailler avec succès et intérêt, quels que soient le tempérament, le sexe ou la taille de notre élève.

Je ne conteste pas que les chevaux de beaucoup de sang et de petite taille soient particulièrement aptes à faire honneur à leur dresseur ; je ne disconviens pas que les juments présentent des difficultés particulières ; mais j'estime que des chevaux grands ou lymphatiques, s'ils sont bien entrepris, peuvent donner aussi d'excellents résultats.

Quant aux juments, j'avoue que c'est leur dressage qui m'intéresse le plus, parce que je trouve dans la nervosité qui les fait mettre de côté par certains écuyers, une source précieuse de finesse dans le tact et de délicatesse dans les aides.

J'ai appliqué les procédés que je vais exposer dans cet ouvrage à des chevaux bien différents de race, de caractère et de tempérament et je m'en suis toujours bien trouvé, parce que mon plus grand et presque mon unique souci est de ne rien leur demander sans les y avoir préparés, engagés par leur équilibre.

J'ai cherché à satisfaire un désidératum que j'ai eu lieu d'observer dans l'exposé de quelques méthodes. Leurs auteurs ont quelquefois négligé de rendre palpable pour tout le monde ce qu'un merveilleux sentiment du cheval leur faisait percevoir clairement. Dans le but d'être plus facilement compris, je me suis astreint à toujours expliquer le pourquoi de mes exigences et de mes procédés. Les uns et les autres dérivent d'un raisonnement dont je n'ai jamais cru devoir faire grâce au lecteur.

Ce travail est divisé en trois parties : la première exposera les lois auxquelles est soumis l'équilibre et les moyens mis à notre disposition pour le commander.

La deuxième partie montrera l'utilisation des équilibres dans l'équitation ordinaire ; enfin, la troisième traitera de l'application des résultats obtenus aux airs de Haute École.

Par cet ensemble, j'ai cherché à rendre facile la compréhension des choses du cheval et à en développer le goût. En équitation, comme dans les autres sciences, tout le monde ne peut arriver à la perfection, parce qu'il faut pour cela que le sentiment du cheval ou, selon l'expression consacrée, le tact équestre, soit arrivé à un degré qu'il n'atteint pas toujours. Mais cependant, c'est à tort qu'on dit trop souvent : « A quoi bon travailler ! je ne me sens pas le tact suffisant pour arriver ! » Pour arriver à la perfection, soit ; mais, en dehors d'elle, il est des résultats importants auxquels presque tous les cavaliers peuvent prétendre avec de l'esprit de suite, une pratique opiniâtre et une étude approfondie de ce qui, en équitation, constitue les causes et les effets.

C'est là qu'intervient l'utilité de la méthode : en aidant à reconnaître quels effets on doit rechercher et par quelles causes ils sont produits, elle conduit à comprendre l'équitation en tant que science et guide dans son application en tant qu'art. Par suite, elle perfectionne les dispositions naturelles, les développe et les oriente et, grâce à elle, tous les cavaliers ont entre les mains des éléments de progrès.

PREMIÈRE PARTIE

PREMIÈRE PARTIE

CHAPITRE IER

DE L'ÉQUILIBRE

§ Ier — DIFFÉRENTS ÉQUILIBRES

1° ÉQUILIBRE NORMAL

Lorsque le cheval repose en station libre sur ses quatre membres, la verticale de son centre de gravité tombe dans le quadrilatère formé par leurs points d'appui mais toujours plus près de l'avant-main que de l'arrière-main.

Des expériences faites sur des chevaux en station libre, de modèle et de poids différents, ont donné les résultats suivants :

1° Cheval ayant un poids brut de. . . . . 384 kil.

    Poids de l'avant-main 210

    Poids de l'arrière-main. 174

    Rapport de la surcharge de l'avant-main

    au poids brut. . . . . $\dfrac{1}{10,6}$

2° Cheval ayant un poids brut de. . . . . 400 kil.

    Poids de l'avant-main. 220

    Poids de l'arrière-main. 180

    Rapport de la surcharge de l'avant-main

    au poids brut. . . . . $\dfrac{1}{10}$

3° Cheval ayant un poids brut de . . . . . 500 kil.

    Poids de l'avant-main. 280

    Poids de l'arrière-main. 220

    Rapport de la surcharge de l'avant-main

    au poids brut. . . . . $\dfrac{1}{8.3}$

4° Cheval ayant un poids brut de. . . . . 450 kil.

    Poids de l'avant-main. 250

    Poids de l'arrière-main 200

    Rapport de la surcharge de l'avant-main

    au poids brut. . . . . $\dfrac{1}{9}$

5° Cheval ayant un poids brut de. . . . . 530 kil.

    Poids de l'avant-main 300

    Poids de l'arrière-main. 230

    Rapport de la surcharge de l'avant-main

    au poids brut. . . . . $\dfrac{1}{7.57}$

Ces expériences, renouvelées avec les mêmes chevaux, mais montés, ont fait voir que le poids du cavalier est porté environ pour les deux tiers par l'avant-main et pour un tiers par l'arrière-main.

Il en résulte que, chez un cheval, seul ou monté, le centre de gravité de la masse peut sortir du quadrilatère de sustentation beaucoup plus facilement par la base antérieure que par la base postérieure, ce qui facilite considérablement le mouvement en avant en vue duquel, au reste, tout le système locomoteur se montre construit. Les membres postérieurs, forts et puissants, sont articulés de telle sorte que toute leur action s'exerce d'arrière en avant. La structure des membres antérieurs, au contraire, est telle qu'on leur reconnaît de suite un rôle, non plus de propulsion, mais de sustentation. Ils sont là pour supporter la masse et en permettre la translation. Tout, chez le cheval, concourt donc à faciliter le mouvement en avant.

Mais ce mouvement peut être réglé et recevoir des vitesses et des directions variables ; il peut aussi se combiner avec un mouvement latéral pour produire les déplacements parallèles, ou même se transformer en marche en arrière. La position normale du centre de gravité subit, dans chacun de ces cas, des modifications particulières qui sont de deux sortes suivant que le centre de gravité est déplacé dans le plan vertical de l'axe ou en dehors de ce plan.

2° DÉPLACEMENTS DU CENTRE DE GRAVITÉ
DANS LE PLAN VERTICAL DE L'AXE DU CHEVAL

Si le cheval est arrêté, et veut se mettre en marche, il s'y prend comme un homme animé du même désir : il commence par porter instinctivement et simultanément son centre de gravité de côté et en avant ; de côté, pour dégager l'antérieur qui se lève le premier ; en avant, pour que l'action de la pesanteur agisse sur la masse dès que la stabilité de son équilibre sera rompue, l'entraîne en avant et diminue d'autant l'effort que les propulseurs ont à faire.

Nous aurons à revenir sur l'utilisation des déplacements latéraux ; mais j'attire ici, d'une manière toute particulière, l'attention du lecteur sur l'oscillation que le cheval donne d'arrière en avant à son centre de gravité et sur l'avantage qu'il en retire aussi, parce qu'à mon avis, c'est là qu'est la base de toute l'équitation ; c'est de là, ainsi qu'on le verra, que découlent, comme les corollaires d'un théorème, toutes les théories qui régissent l'art équestre.

J'ai rencontré, à ce sujet, de nombreux et éminents contradicteurs qui disaient en principe : « Le cheval, pour se mettre en marche, ne commence pas par porter son poids en avant, mais, au contraire, par le ramener en arrière pour le mettre à la disposition des postérieurs qui le rejettent alors en avant. » J'avoue ne pouvoir me résoudre à partager cette opinion. D'abord, elle semble admettre que, lorsque le cheval est arrêté droit, les postérieurs ne sont pas en bonne situation pour mouvoir la masse. Ce serait vrai si l'animal était campé parce que, dans cette position, les postérieurs sont au bout de leur jeu et, par conséquent, hors de leur effort utile ; mais cela devient une erreur, à mon sens du moins, lorsque ces postérieurs sont sous les hanches comme cela a lieu dans le cas du cheval droit. Ils sont alors au meilleur moment de leur effort utile, étant donné que cet effort a pour but, non pas de projeter ou de soulever la masse, comme dans le saut ou les airs élevés, mais seulement de la pousser d'arrière en avant. Ils sont, en un mot, par rapport à la masse, dans la situation d'un homme derrière une brouette : les forces et les résistances sont, dans les deux cas, placés dans les mêmes positions respectives. Or, pour pousser sa brouette, l'homme ne se penche pas en arrière, ne recule pas son poids, mais, bien au contraire, le porte en avant pour aider sa progression.

Il semblerait que ces raisonnements prouvent suffisamment ce que j'ai avancé. Mais j'en vais donner encore des preuves expérimentales tirées de faits que tout le monde pourra constater comme moi : il suffit pour cela de regarder un cheval nu ou monté se mettre en marche de bon gré et sans se retenir ; (c'est naturellement le seul cas qui nous intéresse).

On verra d'abord la masse se porter en avant, ou, en quelque sorte, se pencher en avant, comme nous, lorsque nous passons de l'arrêt à la marche, et les membres se mettre en mouvement en suivant l'entraînement du poids. Cette expérience, je l'ai renouvelée bien des fois, avec des quantités de chevaux, dans les excellentes conditions que voici ; une troupe étant en colonne et à l'arrêt, je recommandais à un cavalier quelconque, de laisser son cheval se porter en avant de lui-même, lorsque la colonne repartirait. Le cheval se mettait en marche de son plein gré pour suivre ceux qui le précédaient et, invariablement, on pouvait constater un glissement sensible et incontestable de toute la masse vers l'avant, sans que ce glissement soit, en aucune façon, précédé par une rétrogradation de la masse vers l'arrière. En un mot, il n'y avait pas de balancement du poids d'avant en arrière et ensuite d'arrière en avant, mais seulement translation de ce poids vers les épaules.

Au reste, si ce balancement existait, le cavalier le sentirait dans son assiette ; or, pour ma part, j'avoue ne l'avoir jamais senti, du moins avec un cheval se mettant en marche délibérément et sans se retenir.

Enfin, cette rétrogradation du poids se sentirait aussi dans les doigts ; le cheval, revenant vers ses jarrets, serait moins sur ses rênes et, si celles-ci sont ajustées, on sentirait la perte du contact, ou, tout au moins, une diminution dans son intensité. Or, je ne sache pas que ce phénomène se produise puisqu'au contraire, en même temps qu'on demande le mouvement en avant, on est obligé d'ouvrir les doigts pour le laisser se produire.

Pour ceux que ces raisonnements et expériences ne convaincraient pas et qui objecteraient que le déplacement préliminaire vers les jarrets se manifeste d'une manière trop peu sensible pour que l'œil et le tact le puissent saisir, j'ai fait des essais d'un autre ordre et, ceux-là, mathématiques.

Sur une balance dont le plateau est à fleur de terre, j'ai placé successivement l'arrière-main de plusieurs chevaux, l'avant-main reposant sur le sol. L'animal étant droit et arrêté, j'ai mis le fléau en équilibre, puis j'ai déterminé le cheval à se mettre en marche par un claquement de langue ; j'avais soin de le laisser complètement libre de sa tête et de son encolure de manière à ne pas risquer de déplacer par une traction étrangère le poids vers l'avant. Toutes les fois, le fléau de la balance tombait sans s'être élevé un seul instant ce qui prouve que la diminution du poids supporté par l'arrière-main commence, sans aucun recul préliminaire de la masse, dès que l'animal veut se mettre en marche.

On comprendra même que cette diminution doit être

très considérable, si l'on se rend compte qu'au moment de la mise en marche, l'effort des propulseurs se répercute sur la balance et lui fait marquer un poids supérieur à celui qu'elle porte, cette majoration de poids étant égale à l'effort produit par les postérieurs.

C'est ainsi que, si nous appelons :

P le poids supporté par l'arrière-main à l'arrêt,

P' le poids supporté par l'arrière-main quand on détermine le cheval à se mettre en marche,

F l'effort des propulseurs,

Nous pouvons poser, puisque le fléau baisse

$$P > P' + F \text{ ou } P - P' > F$$

c'est-à-dire que non seulement, pour se mettre en marche, le cheval dégage son arrière-main d'un certain poids comme je le prétends, mais encore que cette diminution de poids est plus considérable que l'effort produit par les propulseurs pour pousser la masse.

Or, j'ai fait l'expérience que je viens de citer avec 7 chevaux différents et plusieurs fois avec chacun. Ces 7 chevaux étaient d'ordres bien divers et se composaient de : 1 cheval de haute école, 1 cheval sortant de l'entraînement et n'ayant jamais été manègé, 2 chevaux de troupe, 2 chevaux de trait, 1 trotteur américain. Chaque fois, l'expérience est venue donner raison à la théorie que le raisonnement et le sentiment de ce que je ressens à cheval m'ont amené à poser en théorème comme une vérité indiscutable et que je répète : à savoir que le cheval commence, pour se mettre en marche, par avancer son poids et non par le reculer d'abord pour le renvoyer ensuite en avant.

Plus le cheval veut accélerer l'allure, plus il avance son centre de gravité, au point qu'à l'allure la plus vite, l'afflux du poids sur l'avant-main est si considérable que les antérieurs sont impuissants à le supporter et que, si le cheval est monté, il demande à son cavalier un appui énergique sur la main[1].

Contrairement, si le centre de gravité recule, les forces de la pesanteur sollicitent moins la masse en avant ; c'est un appoint enlevé à la vitesse qui, par conséquent, ne peut plus être aussi grande.

L'asservissement du cheval à ces lois mécaniques nous amène à conclure que, pour que le cavalier puisse être maître de la vitesse, il est de toute nécessité qu'il puisse déplacer à sa volonté le centre de gravité dans le plan vertical de l'axe du cheval.

---

1. Cet effort exercé sur la main du cavalier l'est surtout par les chevaux que l'atavisme ou l'éducation prédisposent à prendre les allures les plus vites et spécialement le galop de course. Il peut avoir une cause soit mécanique, soit psychique, soit l'une et l'autre à la fois, ce qui est peut-être le cas le plus général.

La cause physique réside en ce que le cheval qui se place pour galoper vite, avance son centre de gravité de manière à ce que ses propulseurs ne perdent rien de leur effort et poussent la masse aussi horizontalement que possible d'arrière en avant. Mais les débuts du dressage, habituellement très rudimentaire, n'enseignent malheureusement pas à l'animal à s'équilibrer équitablement suivant le degré de vitesse auquel on le maintient. Obligé d'avancer son centre de gravité, il le fait avec d'autant moins de mesure que la puissante propulsion des postérieurs l'y engage déjà et que sa conformation l'y prédispose davantage. Dans ces conditions, les antérieurs reçoivent, au moment de leur appui, le choc de la masse projetée en avant, choc représenté en mécanique par une formule connue. Il s'agit d'un produit considérable dont le cheval, en pesant sur les rênes, livre une partie au cavalier. Celui-ci, qui se trouve plus près que les épaules des postérieurs, reporte ainsi sur les seconds une partie de l'effort qui serait supporté par les premières. L'antérieur qui est associé à un postérieur est donc soulagé d'autant au moment de l'appui.

Il est des chevaux qui, même dans les galops vites, n'avancent leur centre de gravité que dans l'exacte proportion demandée par la vitesse à laquelle

3° DÉPLACEMENTS DU CENTRE DE GRAVITÉ
HORS DU PLAN VERTICAL DE L'AXE DU CHEVAL

En se portant hors du plan vertical de l'axe du cheval, le centre de gravité provoque les changements de direction ou les déplacements parallèles. C'est ainsi que, si l'on marche à hauteur de l'épaule gauche d'un cheval au pas, et si, au moment où le pied droit de devant se lève, on pousse les épaules de manière à envoyer le poids vers la droite, l'avant-main tombe de ce côté ; le pied droit se pose à droite de sa piste primitive et le cheval change de direction vers la droite. Ce déplacement du centre de gravité, le cheval le produit de lui-même s'il n'est pas monté, tant pour faciliter ses changements de direction que pour résister, aux allures vives, à l'action de la force centrifuge. Si le cheval est monté, le cavalier doit provoquer les mêmes déplacements dans le but d'aider le tourner et de le rendre presque forcé.

Quant aux déplacements parallèles à l'axe, il faut,

on les met ; ceux-là s'équilibrent naturellement ; ils ne tirent pas. En maintenant leur centre de gravité juste où il doit être, ils font d'eux-mêmes ce que les autres, en exagérant l'équilibre qu'ils doivent prendre, font faire au cavalier.

Dans l'hypothèse d'une raison psychique, le cheval *veut* aller plus vite que le cavalier ne le désire. L'effort ressenti par les mains n'est plus alors celui d'un poids supporté par elles, mais celui d'une traction du cheval qui veut allonger son encolure pour allonger ses foulées.

Ces explications se trouvent d'accord avec la manière dont se comporte le cheval monté à l'américaine : il ne tire pas parce que, mécaniquement, le jockey étant sur les épaules, le poids qu'il porterait ne les allégerait pas ; et, psychiquement, parce que toute raison volontaire de tirer disparaît, car la manière des jockeys américains étant de ne pas faire de courses d'attente, ne s'oppose pas à la vitesse que le cheval veut prendre. Pour ces deux raisons, le cheval monté à l'américaine est obligé de s'équilibrer lui-même, et par conséquent ne tire pas.

pour les obtenir, que le poids de l'arrière-main soit sollicité en même temps et dans le même sens que celui de
l'avant-main ; le corps tout entier tend alors à tomber
du même côté ; pour éviter une chute, le cheval est
obligé de déplacer latéralement à la fois ses antérieurs
et ses postérieurs, ce qui le déplace parallèlement à lui-
même.

4° EFFETS OBTENUS PAR L'AFFLUX DU CENTRE DE GRAVITÉ VERS UN MEMBRE

Le centre de gravité, en venant charger un membre,
peut produire des effets très différents.

Si le cheval veut projeter sa masse par la détente d'un
de ses membres, il est obligé de le charger de tout son
poids ; c'est ainsi que, pour faire agir un ressort, on le
bande en lui appliquant l'objet à mouvoir. Ici, le ressort,
c'est le membre, l'objet à mouvoir, c'est la masse.

Si, au contraire, le cheval veut ralentir ou immobiliser
un de ses membres, il s'y aide encore en le chargeant ;
seulement, le membre ainsi chargé, au lieu de se détendre, se soumet à l'influence du poids qu'il porte et
ralentit son mouvement.

Un membre recevant le poids de la masse peut donc en
profiter pour la rejeter en se détendant, ou pour ralentir.
Ces effets différents d'une même cause n'ont rien qui
puisse nous étonner, car les choses se passent exactement de même pour nous.

En effet, pour sauter, nous plions les jarrets de manière à ce que leur détente fasse office de ressort et nous projette en l'air ; tandis que, si on nous met un fort poids sur les épaules, notre marche devient plus difficile et plus lente. A cela près que la structure du cheval lui permet de charger un membre sans le secours d'un poids étranger, tout se passe dans son cas comme dans le nôtre.

CONCLUSION

Que le cheval soit monté ou en liberté, l'équilibre propre à chaque mouvement reste le même, car l'ensemble formé par le cavalier et le cheval est naturellement soumis aux mêmes sollicitations que la masse du cheval seul. On devra donc avoir une connaissance approfondie des équilibres à obtenir ; en les faisant préalablement prendre par le cheval, on commandera, ou tout au moins, on facilitera considérablement la bonne exécution des mouvements correspondants. C'est là un principe évident qu'on doit considérer comme fondamental en dressage et en équitation, si l'on veut faciliter le premier, justifier la seconde. Qu'on me permette d'en résumer en deux mots les applications exposées plus haut

1° Le maximum de vitesse d'une allure ne peut s'obtenir que si le centre de gravité est aussi avancé qu'il peut l'être sans gêner le mécanisme des membres. La vitesse maxima d'une allure décroît si on recule le centre de gravité, parce qu'on supprime un de ses facteurs.

Si le centre de gravité est déplacé de côté dans des proportions suffisantes, le cheval est obligé de tourner pour ne pas tomber et son instinct le contraint à l'obéissance.

2° Pour obtenir la détente ou l'action prépondérante d'un membre, il faut le charger et l'actionner. Si l'on désire, au contraire, le ralentir ou l'immobiliser, il n'y a encore qu'à le charger, mais sans lui demander de se détendre ; l'afflux du poids lui fera tout naturellement diminuer et ralentir son geste.

Mais, ce dont il faut se souvenir surtout et avant tout, c'est que le cheval est construit en vue du mouvement en avant ; en conséquence, pour qu'un mouvement soit bien exécuté, il faut qu'il soit fait en avançant. Un cheval ne sera bien dressé que si on lui conserve avec un soin jaloux l'habitude de toujours se plier à cette nécessité, afin qu'il ne cherche jamais à agir en désaccord avec ses moyens d'action. Si on lui laissait prendre de mauvaises habitudes à ce sujet, ce serait sa ruine et celle de son dressage ; si on l'en garde, si on le force à rester toujours dans le mouvement en avant, c'est-à-dire dans l'impulsion, il pourra se déplacer d'accord avec les lois de son organisme et être un cheval juste.

§ II. AGENTS DE L'ÉQUILIBRE

Pour mieux nous rendre compte des agents dont relèvent les variations du centre de gravité chez le cheval, examinons comment nous opérons nous-mêmes

pour déplacer notre équilibre. Supposons un homme
debout les deux talons joints ; il a plusieurs manières
de porter son centre de gravité en avant : soit en pliant
seulement le haut de son corps autour de ses hanches,
les jambes restant verticales ; soit en laissant le haut du
corps sur la même verticale que les talons, mais en penchant les jambes en avant et en sortant la ceinture ; soit,
enfin, en penchant les jambes et le haut du corps.

Dans les deux premières manières, le centre de gravité se déplace fort peu et ne favorise guère la mise en
marche. Dans la dernière, au contraire, il avance rapidement ; pour éviter une chute, il devient vite nécessaire
d'avancer un pied et nous nous mettons en marche sans
effort et par le seul entraînement de notre poids ; aussi,
est-ce à ce moyen que nous avons recours lorsque nous
voulons nous mettre en marche ; instinctivement nous
penchons le corps en avant.

Ce sont les mêmes phénomènes qui se reproduisent
chez le cheval. Il peut avancer son centre de gravité de
trois façons : soit en se contentant de baisser et d'étendre l'encolure ; il y a un fort afflux du centre de gravité
vers l'avant-main. Soit en élevant l'encolure et en ne
penchant en avant, par le jeu des boulets et des jarrets,
que le reste du corps ; le centre de gravité n'est qu'à
peine déplacé et sa position est aussi peu favorable au
mouvement en avant que celle de l'homme qui avance
la ceinture, mais porte le haut du corps en arrière ; elle
n'est d'aucun secours pour la mise en marche ou l'accélération. Soit enfin, en baissant l'encolure étendue et en
marquant un glissement de toute la masse vers l'avant-

main ; cette action simultanée est visiblement la plus
efficace ; aussi est-ce à elle qu'en vertu du principe de
moindre action, le cheval a recours, lorsqu'il veut obtenir
ce déplacement du centre de gravité vers l'avant que
nous l'avons vu opérer pour se mettre en marche ou
accélérer son allure : il abaisse et étend l'encolure et la
tête et fait affluer par un certain jeu des membres le
reste de la masse vers l'avant-main. S'il veut au contraire
reculer son centre de gravité, il n'a qu'à recourir à une
action inverse soit de son encolure, soit de ses membres,
soit simultanément de l'encolure et des membres. Enfin,
ce sont encore l'encolure et les membres qui agissent
ensemble ou isolément pour déplacer le poids latéralement, comme nous allons le voir. Ce sont donc là les
réels agents de l'équilibre.

1° LES MEMBRES

Abstraction faite de l'encolure, le cheval peut déplacer
son équilibre par ses membres soit dans le sens de son
axe, soit perpendiculairement à cet axe. On peut encore
se rendre facilement compte de ce fait en le comparant à
ce qui se passe pour nous. Supposez que vous soyez
dans la même position que tout à l'heure : arrêté, les
talons joints, les bras le long du corps. Vous pouvez,
sans bouger vos pieds, par une action particulière de vos
chevilles et de vos jambes, incliner le corps dans le
sens qui vous plaît. Si, au lieu d'être arrêté, vous êtes
en marche, un effort plus grand de ces articulations,
mais presque imperceptible et en tout cas instinctif,

vous permet d'augmenter l'inclinaison du corps à votre guise pour obtenir une vitesse plus grande. Ces déplacements peuvent d'ailleurs se faire dans tous les sens.

Il en est de même pour le cheval ; ses fléchisseurs et ses extenseurs lui permettent de porter ses boulets en avant, de tendre ses jarrets et de déplacer sa masse, soit vers l'avant, soit vers l'arrière, soit à gauche, soit à droite, soit aussi dans l'oblique par une combinaison du déplacement dans le sens de l'axe et du déplacement perpendiculaire à l'axe. Ces oscillations peuvent se faire d'une manière très sensible, sans que les pieds bougent, si le cheval est dans le rassembler, arrêté et droit.

2° L'ENCOLURE

L'encolure est incontestablement le facteur le plus important des déplacements de l'équilibre. Si elle ne les empêche pas ou ne les produit pas complètement, du moins, par sa position élevée ou basse, elle les entrave ou les facilite considérablement. Elle est véritablement pour le cheval un balancier et un gouvernail. Un balancier, car, lorsqu'elle se meut dans le plan vertical de l'axe, elle déplace le centre de gravité suivant cet axe et ralentit ou accélère les allures. Un gouvernail aussi, parce qu'en se déplaçant à droite ou à gauche, elle porte le poids de l'avant-main du même côté et provoque un changement de direction. On comprend combien il est important de se rendre un compte exact de la manière dont le cheval l'utilise dans ce double rôle, puisqu'en somme, ainsi qu'on vient de le voir, c'est par elle qu'il donne à son centre de gravité la position la plus favorable à l'exécution du mouvement qu'il veut faire.

L'ENCOLURE CONSIDÉRÉE COMME BALANCIER

Nous avons vu que pour passer de l'arrêt à la mise en mouvement, le cheval commence à s'aider en portant son centre de gravité le plus en avant possible, ce qui nécessite, comme je l'ai montré plus haut, qu'il allonge son encolure; ce mouvement, combiné avec celui des boulets, fait glisser tout le poids de la masse en avant et la mise en marche en résulte.

Pour une allure donnée, à chaque vitesse correspond une position particulière de l'encolure, la vitesse la plus grande nécessitant sa plus grande extension, tandis que son élévation recule le centre de gravité et force le ralentissement, ou, du moins, s'oppose à l'obtention de la vitesse maxima.

L'encolure aux allures accélérées.

Le pas le plus vite ne pourra donc s'obtenir que si l'encolure est basse[1]. A cette allure, le cheval donne, en

---

[1]. Il est bien entendu, ici une fois pour toutes, que lorsque je dis « encolure basse », je sous-entends : « et étendue ». L'encolure basse et rouée est une position détestable dont j'aurai lieu de reparler.

outre, à sa tête un mouvement de va et vient de haut en bas dont il aide sa marche comme nous le faisons par le balancement de nos bras. Au trot, la vitesse est encore réglée par l'extension de l'encolure, mais nous ne retrouvons presque plus le mouvement de va et vient constaté au pas parce qu'au moment où la rapidité de la marche en nécessiterait le concours, la succession des diagonaux est trop répétée pour que l'encolure puisse l'accompagner. Il en est de même pour l'homme qui, en courant, ne peut presque plus s'aider par le balancement de ses bras.

Si le cheval est au galop de course, son encolure et sa tête s'allongent l'une au bout de l'autre jusqu'à être presque en ligne droite. Le mouvement de haut en bas est remplacé par un mouvement d'arrière en avant, qui, au moment du rush final, devient une projection puissante de l'encolure et de la tête accompagnant chaque foulée et agissant concurrement avec la détente des propulseurs.

L'encolure aux allures ralenties.

Si le cheval veut ralentir, quelles que soient son allure et sa vitesse, il relève son encolure afin de produire le recul du centre de gravité et par conséquent de diminuer l'entraînement subi par sa masse.

Il ne faudrait pas croire, d'après cela, que l'extension de l'encolure provoque fatalement la rapidité de l'allure, mais elle la permet et y concourt, tandis que son élévation l'empêche. Le cheval peut aller à un trot ou à un galop lents avec l'encolure basse et détendue parce que les boulets et les jarrets s'opposent à ce que le centre de gravité soit complètement entraîné par l'encolure. Mais aucun cheval ne peut donner le maximum de vitesse dont il est susceptible à une allure, si son encolure est plus haute que ne l'exige le mouvement des membres.

Ce qu'il importe de bien comprendre, c'est donc :

1° Que la mise en marche n'est facile et que la vitesse maxima n'est possible que si l'encolure est basse et détendue.

2° Que, réciproquement, la position élevée de l'encolure rend la mise en marche difficile et, à une allure donnée, diminue la vitesse. Ceci est exact, même pour le trot de course bien qu'en réalité l'encolure soit relativement haute à cette allure. Cette hauteur tient à ce que dans le trot de course, même régulier, les antérieurs ont un mouvement très élevé qui ne saurait se produire avec l'encolure basse. Le mécanisme de l'allure exige donc ici que l'encolure ait une certaine élévation. Mais, la part de cette nécessité étant faite, si l'encolure s'élevait encore, ce serait au détriment de la vitesse qui ne bénéficierait plus de l'appoint que lui apporte la position du centre de gravité *lorsqu'il s'avance autant que faire se peut sans gêner le jeu des membres.*

L'ENCOLURE CONSIDÉRÉE COMME AGENT DE DIRECTION

Le cheval s'aide encore de l'encolure dans les changements de direction en la tournant du côté vers lequel il veut marcher pour porter le poids de son avant-main de ce côté.

Toute la masse est alors entraînée dans la même direction et le cheval suit son encolure comme le bicycliste suit sa roue de devant dans les changements de direction. Cet emploi de l'encolure est d'une utilité considérable en équitation.

Dans les déplacements parallèles à l'axe, c'est aussi l'encolure qui entraîne l'avant-main dans le sens du déplacement, laissant aux jambes le soin de déplacer l'arrière-main.

Nous avons vu que le cheval déplaçait à son gré son équilibre de manière à charger un ou plusieurs de ses membres. Ici, l'encolure fait encore office de balancier. Etendue, elle porte le centre de gravité sur les antérieurs ; tournée en même temps à gauche, l'antérieur gauche est surchargé. Relevée, elle porte le poids sur l'arrière-main. Ces effets, combinés d'après certaines lois et réglés dans certaines proportions, sont d'un usage constant ; il importe que le cavalier en ait une connaissance approfondie et une habitude presque instinctive, soit qu'il ait à faciliter un mouvement, soit qu'il veuille tromper et vaincre une résistance.

3° DÉPLACEMENTS D'ASSIETTE

Dans tous ces changements d'équilibre, l'encolure et les membres peuvent être puissamment secondés par l'assiette du cavalier. En effet, si celui-ci porte son poids en avant ou en arrière, à droite ou à gauche, en même temps que celui de son cheval, les déplacements du centre de gravité de l'ensemble n'en auront que plus de puissance et d'effet. Un déplacement d'assiette facilite bien souvent la bonne exécution d'un mouvement en en favorisant l'équilibre ou peut triompher d'une résistance en rompant un équilibre que le cheval s'obtine à prendre. Pour ma part, je considère, dans bien des cas, l'assiette comme une aide aussi importante que les deux autres. En sachant combiner ses aides et son assiette, le cavalier est maître de l'équilibre du cheval, c'est-à-dire, maître du cheval lui-même.

Les déplacements d'assiette doivent être à peine apparents Le centre de gravité du cavalier étant très sensiblement plus haut que celui du cheval, a sur lui une action très puissante, grâce à laquelle un déplacement presque insensible de l'assiette suffit pour influencer fortement l'équilibre du cheval. Il ne faut donc pas utiliser l'assiette par des contorsions aussi ridicules qu'inutiles ; les mouvements discrets, presque invisibles, sont suffisants et se font avec plus d'à-propos et de justesse.

CHAPITRE II

L'étude précédente nous a montré d'abord que le
cheval prépare chacun de ses mouvements par une position préliminaire de son équilibre et qu'il obtient cette
position au moyen de ses membres et de son encolure.
Lorsque le cavalier, à son tour, voudra obtenir un mouvement, il devra le préparer par l'équilibre que prendrait
naturellement le cheval, afin de provoquer l'obéissance
en facilitant l'exécution. Pour cela, il n'aura qu'à s'emparer des agents qui commandent la position du centre
de gravité. Ce sont ses jambes et ses rênes qui le lui
permettront en agissant respectivement sur les membres
et sur l'encolure.

Les jambes commandent l'arrière-main, ses actions et
ses déplacements. Les rênes reçoivent la masse ainsi
envoyée par les jambes et concourent avec elles à l'établissement de l'équilibre par la mise en main, le rassembler et le placer.

TITRE Ier

DES JAMBES

La condition primordiale de toute exigence devant être la tendance au mouvement en avant, je parlerai d'abord des jambes. C'est par elles que le cavalier actionne et dirige l'arrière-main. Elles le rendent maître du moteur.

ACTION SIMULTANÉE DES DEUX JAMBES

En agissant simultanément, les jambes sollicitent le cheval à se mouvoir. Les premières fois qu'il les sent, il peut être surpris et, dans l'ignorance de ce qu'on lui demande, ne pas bouger tout d'abord. Mais, la persistance de leurs sollicitations provoque bientôt un mouvement.

Si l'encolure est laissée libre, le centre de gravité qui est plus près de l'avant-main que de l'arrière-main, entraîne tout naturellement ce mouvement à se faire d'arrière en avant et les jambes ont produit leur effet.

En pratique, on peut donner la leçon d'obéissance aux deux jambes en partant de l'arrêt : il n'y a qu'à laisser l'avant-main complètement libre et à fermer en même temps les deux jambes près des sangles, jusqu'à ce que le cheval témoigne qu'il les sent. Cette action, si légère soit-elle, suffit le plus souvent pour obtenir un mouvement qui, par les raisons que j'ai dites, se fait d'arrière en avant et devient la mise en marche. Il faut alors cesser l'action des jambes, rendre complètement et caresser pour récompenser le cheval et le confirmer dans son obéissance.

Après deux ou trois tours de manège, on pourra recommencer la même leçon ; pour cela, il faudra arrêter, mais simplement en résistant au mouvement de l'encolure par la fermeture des doigts, sans se servir des jambes. Il importe peu, en effet, à ce moment, que l'arrêt soit régulier ; il est nécessaire, au contraire, que les jambes n'accompagnent pas de leur action la cessation de tout mouvement, au moment même où l'on veut habituer le cheval à considérer cette action comme un ordre de se mouvoir. Quand l'arrêt sera obtenu, on fera de nouveau sentir les jambes pour demander la mise en marche ; après obéissance, nouvelles caresses, nouveaux tours de manège. Le cheval qui a ainsi cédé plusieurs fois et en a été récompensé se le rappellera et sera disposé à obéir encore aux mêmes sollicitations.

Ici, comme en toute circonstance, il ne faut pas ménager les caresses ; elles sont une récompense et entretiennent le cheval dans une bonne humeur qui sera le plus sûr garant de sa soumission.

Le cavalier ne devra pas trop se presser d'arrêter après avoir obtenu la mise en marche ; le cheval finirait par s'énerver de demandes trop réitérées et pourrait ne plus se porter en avant puisqu'on l'arrête à chaque instant.

Lorsque l'action des jambes étonne le cheval et le

laisse hésitant, je me garde bien d'augmenter leur pression si j'ai reconnu que, telle qu'elle est, elle a éveillé sa sensibilité et qu'elle est suffisante pour déterminer sa volonté. Je me contente de porter le poids de mon corps en avant, ce qui provoque un déplacement du centre de gravité auquel le cheval cède presque toujours. S'il y résiste d'une manière persistante, sa désobéissance provient de sa mauvaise volonté ou de sa nervosité. Nous verrons à propos du travail à pied comment on peut y mettre fin.

On peut aussi remplacer la pression continue des jambes par de légers battements de mollets. En tous cas, je crois qu'il est mauvais d'augmenter beaucoup une action que le cheval sent mais à laquelle il ne sait comment répondre : on ne fait que l'énerver, l'affoler quelquefois, le contracter toujours et le mettre dans l'impossibilité d'obéir. En entraînant le mouvement par l'équilibre et en caressant ensuite, l'obéissance est amenée sans à coup et la récompense qu'elle reçoit en prépare de nouvelles manifestations. La douceur aura obtenu le résultat cherché bien mieux que la violence.

Si le cheval, au lieu de se mettre en marche exactement dans le sens de son axe, prend une direction un peu oblique, il n'y a pas lieu de s'en inquiéter ; quand il sera confirmé sur l'action des rênes, il sera temps de lui demander une mise en marche absolument régulière.

ACTIONS LATÉRALES DES JAMBES

Lorsqu'on n'agit que d'une jambe, il n'est pas rare, dans les débuts, que le cheval ne lui cède pas ; quelquefois même il se couche sur elle, semblant en ceci chercher un obstacle contre lequel se frotter pour écarter l'objet qui excite sa sensibilité. On en a conclu souvent et bien à tort, je crois, que le cheval n'obéit pas naturellement à la jambe. Mon avis est que, s'il se comporte ainsi quand il la sent, c'est qu'il ne la connaît pas et croit son action étrangère au travail dont on l'occupe. La preuve en est que, s'il est bien habitué à l'action simultanée des deux jambes, il ne s'étonne plus du contact de l'une d'elles et ne met jamais longtemps à lui céder. Donc pour éviter que le cheval ne se couche ainsi sur la jambe et pour le faire obéir à son action, deux choses à faire :

1° Ne lui demander l'obéissance à une jambe seule que quand il est parfaitement habitué au contact des deux jambes et se porte immédiatement en avant sous leur action ;

2° Donner, par l'assiette, au centre de gravité une position qui sollicite les hanches à se porter du côté opposé à celui de la jambe agissante.

On amène ainsi le cheval à ne plus s'étonner de l'action isolée d'une jambe ; il s'aperçoit qu'en la lui faisant sentir, le cavalier lui demande un mouvement ; de plus, il fait tout naturellement ce mouvement en déplaçant les hanches du côté vers lequel elles sont sollicitées par l'assiette et par la jambe.

Il est bon de commencer cette leçon au pas. Il est vrai que les hanches se mobilisent plus facilement à l'arrêt ; mais je crois qu'il peut quelquefois être mauvais de maintenir arrêté un cheval neuf pendant qu'on fait agir les jambes. Sa franchise ne peut qu'y perdre. Il sera toujours temps, plus tard, de demander des déplacements de hanches plus considérables lorsqu'on pourra faire travailler le cheval sur place sans risquer de compromettre son impulsion. Le but à obtenir maintenant n'est que de le confirmer dans l'idée qu'une jambe agissant seule doit pousser ses hanches de l'autre côte ; or, les déplacements que nous pouvons obtenir au pas sont suffisants pour remplir ce but et ne sont pas dangereux.

Supposons que je veuille enseigner l'action de la jambe droite. Je mets mon cheval à un bon pas à main droite sur un cercle assez petit pour que les hanches aient à se jeter à l'extérieur une tendance dont je profiterai tout à l'heure.

Après deux ou trois tours destinés à bien établir le cheval dans son mouvement circulaire, je cesse les actions de jambe et je ralentis l'allure afin que l'arrière-main, n'étant plus employé à entretenir un rapide mouvement en avant, puisse se déplacer plus aisément de côté. Je me contente pour obtenir ce ralentissement, de m'opposer au mouvement de l'encolure en serrant les doigts et fixant mes poignets. Il faut soigneusement éviter de se servir des jambes à ce moment, afin que le cheval encore neuf ne soit pas amené à faire un rapprochement entre leur action et le ralentissement que l'on provoque. On ne lui demandera le ralentissement par des aides régulières que lorsqu'il sera assez convaincu que l'action des jambes est toujours impulsive pour que rien ne puisse lui en enlever l'idée. Mais nous n'en sommes pas encore là.

Après un ou deux tours au pas ralenti, je porte tout le poids de mon corps à gauche et ma jambe droite légèrement en arrière.

J'ai soin aussi de tenir ma jambe gauche près, de manière à être en posture de porter immédiatement le cheval en avant avec mes deux jambes s'il accompagnait d'un nouveau ralentissement l'action de ma jambe droite. Pendant l'action de cette jambe, la tendance qui pousse le cheval, placé sur un cercle de petit diamètre, à jeter ses hanches en dehors, agit concurremment avec mon poids pour entraîner la croupe en dehors.

Aussitôt ce déplacement obtenu, je remets mon cheval à un bon pas ou même au trot, le soumettant ainsi de nouveau à l'action impulsive de mes jambes, et je le caresse longuement.

Si le cheval marque un ralentissement quand il sent ma jambe droite, j'agis immédiatement de ma jambe gauche autant que de la droite pour obtenir une accélération vigoureuse. Je reprends ensuite l'allure ralentie pendant un tour ou deux et je redemande aux hanches de se mobiliser à la demande de ma jambe droite.

Si l'animal marque une tendance à appuyer sur la jambe agissante, c'est qu'il n'est pas encore familiarisé avec l'impression que lui cause ce contact étranger; il faut alors redemander de nombreuses mises en marche par l'action simultanée des deux jambes afin que le cheval, s'habituant à leur contact, ne se méprenne plus sur sa signification quand il n'aura lieu qu'avec une seule jambe.

Si le cheval s'irrite, il faut le calmer par des caresses ou la voix, ou revenir encore à l'action d'ensemble des deux jambes.

Ces difficultés se présentent rarement lorsqu'on a commencé par faire prendre au cheval l'habitude de toujours se porter en avant sous l'action des deux jambes ; il arrive plutôt que, lorsque l'une d'elles agit seule, l'allure s'accélère ; si, en même temps, le cheval cède ses hanches, il n'y a pas de mal, au contraire. Mais si les hanches ne se déplacent pas, et c'est ce qui arrive le plus souvent en pareil cas, je refuse toute concession des doigts de manière à revenir au pas ralenti et à éviter l'allongement d'allure dont le cheval profite pour ne pas livrer les hanches. Dès que j'ai obtenu une concession, je caresse et je reprends un pas rapide. Par des moyens semblables mais inverses, je fais le même dressage à l'autre jambe.

On exécutera ensuite ce travail sur la ligne droite ; on n'éprouvera alors aucune difficulté et l'obéissance ne tardera pas à être aussi complète qu'elle l'était sur le cercle. Il faut seulement avoir la précaution de marcher assez loin de la piste pour qu'on puisse porter immédiatement le cheval en avant s'il marquait une tendance à reculer.

Dans les débuts, on devra se contenter de déplacements légers ne durant guère qu'un pas ou deux. On en augmentera l'importance progressivement jusqu'à faire

faire à la direction du cheval un angle de 45° environ avec celle de sa marche, pendant quelques pas.

Dans le travail en cercle, la rêne intérieure agit juste assez pour produire le tourner. Il m'a toujours paru inutile de prononcer davantage l'effet latéral, la tendance qu'ont les hanches à se porter d'elles-mêmes en dehors du cercle et l'action du poids du cavalier sont amplement suffisantes pour provoquer l'obéissance à la jambe. Le cheval qui a pris l'habitude de déplacer ses hanches par effet latéral, c'est-à-dire par l'action prépondérante d'une jambe et la rêne directe du même côté, présente souvent les plus grandes difficultés quand, plus tard, on veut les lui faire déplacer par des effets diagonaux.

Pour la même raison, lorsque je demande les déplacements des hanches sur la ligne droite, j'agis des deux rênes avec la même intensité.

DIFFÉRENTES MÉTHODES EMPLOYÉES

Je sais que cette méthode de dressage aux jambes diffère essentiellement de celles qui sont généralement employées et qui sont principalement de deux sortes. D'après les unes, on donne cette leçon d'abord à l'arrêt ; d'après les autres on commence par la donner à pied et on utilise les résultats obtenus pour travailler le cheval monté.

La première de ces méthodes me semble tout d'abord pécher contre la prudence, car si elle n'est pas appliquée avec énormément de tact, elle est incontestablement dangereuse puisqu'en la pratiquant on est amené à arrêter le cheval s'il se porte en avant à l'action de la jambe. Or, il ne faut pas oublier que nous avons ici affaire à un cheval dont le dressage ne fait que commencer et peu habitué aux jambes. Sa franchise, que le temps n'a pas encore confirmée, risquera fort de ne pas résister à la rude épreuve à laquelle on la soumet.

La raison d'être de cette méthode est de mettre, il est vrai, le cheval dans les conditions les plus favorables pour mobiliser ses hanches. Le cavalier assez sûr de lui et de son cheval pourra s'en servir, mais qu'il prenne garde à l'écueil, il a bien des chances de s'y briser.

Quant à l'autre méthode, elle commence le dressage à la jambe par le dressage à la cravache ; ce qui, à mon avis, est aussi illogique qu'imprudent. Illogique d'abord, car entre les manières dont la jambe et la cravache sont susceptibles d'agir, il y a un abîme de dissemblances, de sorte que le dressage à la jambe ne se complique pas seulement du dressage à la cravache mais encore de la nécessité de faire comprendre au cheval monté qu'il lui faut obéir aux jambes comme il obéissait à la cravache ; c'est un retard qui, sauf de rares exceptions dont je reparlerai au travail à pied, n'a pas de raison d'être. Ce système est imprudent aussi, parce que, pour amener le cheval à céder ses hanches à la jambe comme on lui a appris à le faire à la cravache, on est obligé d'avoir recours à des tractions de rênes qui se font sentir en même temps que l'action des jambes. Le danger est visible. Si l'on employait en dressage beaucoup de procédés semblables, on ne verrait guère de chevaux y résister et rester dans l'impulsion.

Je ne disconviens pas que ces méthodes ne puissent apprendre au cheval à céder à la jambe, mais je leur trouve de grands dangers auxquels on ne saurait échapper sans un tact aussi parfait que celui des maîtres qui les ont enseignées. Il me semble préférable d'utiliser simplement les lois qui régissent l'équilibre du cheval et qui, seules, doivent guider dans le choix de tout procédé d'équitation.

Pourquoi voyons-nous tant de chevaux être si déplorablement en dedans de la main ou acculés ? La seule raison en est que les cavaliers qui les ont dressés n'ont pas su éviter les dangers que la méthode qu'ils appliquaient leur faisait côtoyer ; ils avaient entre les mains un instrument trop difficile à manier pour eux et utilisable seulement par des écuyers consommés.

Toutefois, pour des chevaux de chasse, de promenade ou d'armes, ces inconvénients sont moindres. En effet, ces chevaux se dressent plus, bien souvent, par l'usage qu'autrement. Le temps consacré à leur dressage est assez court pour que le travail auquel ils sont employés leur rende l'allant que leur dressage rudimentaire de manège aurait pu leur enlever.

Cependant les chevaux de troupe de nos régiments de cavalerie restent en dressage pendant un an. Ce temps suffit pour qu'ils contractent fréquemment des germes d'indiscipline, provenant de ce que les cavaliers qui les travaillent sont loin de posséder la science du dresseur. Sortis du rang qu'ils suivent le plus souvent par esprit de routine ou d'imitation, ces chevaux gardent de leur premier dressage et, en particulier, de leur dressage aux jambes, une grande partie de ces défauts qui les rendent si désagréables à monter isolément. Cela ne tient pas à l'officier chargé de diriger leur dressage ; il est un cavalier rempli de tact, de savoir-faire et possédant les aptitudes propres à lui permettre d'éviter, pour son compte, les dangers inhérents à la méthode qu'il emploie. Mais cela tient à ce que cette méthode, dont il peut tirer parti pour lui-même, est souvent hérissée de difficultés que ne savent pas vaincre les cavaliers mis à sa disposition. Donnez-leur une méthode rationnelle, procédant par l'emploi des moyens d'action que leur donnent leur poids et celui de leur monture, ils auront ainsi un instrument d'un maniement facile, d'une portée sûre, avec lequel ils ne risqueront plus de dépasser ou de manquer le but à atteindre.

Aux procédés que je préconise je trouve les avantages suivants qui me les ont fait adopter :

1° Ils sont d'un emploi facile.

2° Ils ne mettent jamais le cheval sous l'action à la fois des jambes et des rênes, ce qui est extrêmement important chez un cheval neuf et ce qui ne nécessite que peu de délicatesse dans l'application.

3° Ils sont sûrs dans leurs résultats parce qu'ils ne demandent rien au cheval sans l'y avoir préparé par un équilibre qui l'amène tout naturellement à l'obéissance.

On évite ainsi bien des défenses et par conséquent bien des luttes au moment où l'on a besoin de trouver

chez le cheval le plus de confiance calme et d'attention
docile.

Il est presque superflu de dire combien il importe que
le dressage aux jambes soit fait avec prudence et justesse.
Mal compris, il a bien des chances de rendre le cheval
rétif, et le mieux qui puisse arriver sera de laisser l'animal sans mauvais vouloir, mais incapable de s'équilibrer
suivant le désir de son cavalier et par conséquent de lui
obéir avec précision.

Ne perdons pas un instant de vue, durant ce dressage,
que toute action des jambes doit provoquer une tendance au mouvement en avant se traduisant d'abord
par l'extension ou un essai d'extension de l'encolure,
puis par la mise en marche, ou tout au moins par un
afflux du poids vers les épaules reçu, modéré ou trans-
formé par l'action des rênes.

DE LA SENSIBILITÉ AUX JAMBES

Il y a longtemps qu'on est revenu de l'opinion des
auteurs qui croyaient que, si les chevaux étaient inégalement impressionnables aux jambes, du moins, chez un
même sujet, cette sensibilité ne variait pas suivant l'endroit où se produisait le contact. Autant vaudrait dire
qu'une corde de violon vibre de la même manière en
quelque endroit que l'attaque l'archet. Le cas est sensiblement le même. Je m'explique cette erreur par le
fait que, pour ceux qui l'ont commise, qui dit jambe dit
éperon ; l'impression produite sur le cheval par l'éperon

étant toujours très grande, il peut, en effet, la manifester toujours avec une vivacité dont les degrés soient difficiles à saisir. Mais, en réalité, le cheval montre une sensibilité d'autant plus grande à la jambe que celle-ci agit plus en arrière et plus vigoureusement. Nous avons donc deux moyens d'en varier les effets : agir plus ou moins fortement ou plus ou moins en arrière.

Dans le dressage aux jambes, le cavalier devra avoir soin de ménager la sensibilité du cheval pour ne pas l'émousser et se réserver la faculté de graduer ses effets. Si, dès le début de ce dressage, on impressionne énergiquement le cheval, on ne tardera pas, suivant son caractère, à l'affoler ou à lui donner une insensibilité dont on ne le réveillera plus que par des attaques violentes excluant, dans l'habitude de l'équitation, toute finesse et toute graduation. On fera d'aussi mauvaise besogne qu'un pianiste ferait de la mauvaise musique sur un instrument qu'il ne pourrait faire vibrer qu'en le frappant à tour de bras.

Le cavalier devra donc proportionner la force de son action au degré de sensibilité du cheval et ne demander à cette action que de déterminer la volonté de l'animal. Il évitera ainsi d'irriter son cheval en excitant sa nervosité plus qu'il n'est utile, et il ménagera toute la puissance de son moyen d'action le plus important.

Avec quelques chevaux naturellement mous, lymphatiques ou simplement froids ou inconscients, l'action des jambes peut être insuffisante, si elle est légère. Pour les tirer de leur apathie, on devra les réveiller par quelques coups d'éperon appliqués énergiquement à la suite de la sollicitation de jambes restée sans résultat. Dans la suite, l'action de la jambe fera craindre celle de l'éperon et la première empêchera le cheval d'attendre la seconde.

DE L'ÉPERON

Malgré la foule de raisonnements faits à ce sujet, je ne puis me décider à considérer l'éperon comme une aide. Je vois dans son emploi, même discret, une source de douleur propre à rendre odieux au cheval un travail dont toutes les demandes sont scandées par des piqûres tout au moins énervantes, sinon douloureuses. L'animal, victime de cette persécution, en perdra bientôt sa bonne humeur et sa gaieté. Son travail ne sera plus pour lui qu'une corvée qu'il ne fera que contraint et sans goût.

Ce sont là des dispositions déplorables; comme l'homme, le cheval ne fait bien que ce qu'il fait volontiers. Dégoûtez-le de son travail, vous perdrez tout le bénéfice de son bon vouloir et vous serez obligé de réduire sa mauvaise humeur par la force et par les corrections.

De plus cette action continuelle de l'éperon aura bientôt fait d'émousser cette sensibilité qu'il faut ménager avec un soin si jaloux.

Si l'action de la jambe n'est suivie de l'emploi de l'éperon que lorsqu'elle est restée sans effet, et si l'éperon n'agit qu'avec énergie et à titre de châtiment, l'action de jambe acquiert bientôt une autorité qui la rend aussi puissante qu'on peut le désirer, parce que le cheval sait que, s'il lui prend la fantaisie de ne pas y répondre, vous avez à votre disposition un moyen de châtiment propre à l'y contraindre. L'attention qu'il prêtera à la moindre indication de vos jambes vous sera un sûr garant de son obéissance, et vous permettra d'avoir des aides délicates, n'ayant rien de douloureux et par conséquent n'excitant pas sa mauvaise humeur.

Enfin on aura beau, au début, se servir de simples garde-crotte, la douleur n'en sera pas moins réelle dès qu'on les remplacera par l'éperon. Le cheval verra là une injustice, une attaque qu'il ne comprend pas et se défendra. Si vous sortez vainqueur de la lutte engagée, il n'en gardera pas moins une rancune et une aigreur de caractère qui seront bien souvent cause d'un travail refusé et de châtiments qu'on aurait pu éviter.

Cet inconvénient est bien plus sensible encore avec les juments, celles de pur sang surtout. Elles auraient bientôt fait de devenir pisseuses, couineuses et complètement rétives.

Aussi ai-je vu bien des chevaux, mais pas une seule jument, poussés loin en haute école avec l'emploi de l'éperon comme aide ; ce système n'admettrait donc que le dressage des chevaux à l'exclusion des juments. Pour ma part je serais désolé qu'il en fût ainsi car je trouve que la nervosité de ces dernières offre des ressources immenses à qui sait la ménager et s'en servir.

Si encore je voyais de grands avantages à employer l'éperon comme aide, je pourrais admettre que le bénéfice que l'on en retire dépasse en importance les inconvénients que j'y trouve. Mais non, la seule raison alléguée en faveur de cette aide est qu'elle donne plus de mouvement et de brillant. C'est possible si, admettant *à priori* la nécessité d'employer l'éperon en toutes circonstances et bravant les inconvénients précités, on a habitué le cheval à ne plus agir que sous son action. Mais si, au contraire, on a ménagé la sensibilité dès le début du dressage, les jambes obtiendront, sans risque aucun, le même résultat, surtout si deux bons coups d'éperon viennent châtier l'indolence, quand il y a lieu. Je ne me sers donc jamais de l'éperon comme aide. Il vient quelquefois au secours de mes jambes quand elles ne sont pas obéies ; mais alors il agit par une application vigoureuse et brève, à laquelle le cheval ne me force pas longtemps à recourir.

On doit toujours employer l'éperon par coups brusques et sans jamais le laisser dans le poil, afin de ne pas accompagner le châtiment d'une impression qui deviendrait suprêmement irritante si elle était prolongée. Il faut châtier mais non exaspérer ; c'est là, du reste, une règle qui ne souffre pas d'exceptions. Il va de soi que la fréquence et la force des coups d'éperon doivent dépendre de la violence à donner au châtiment et de la durée de la résistance.

Quant à l'éperon lui-même, il doit avoir une longueur variant avec celle des étriers et des jambes du cavalier, la forme du cheval, etc. Mais, pour un cavalier et un cheval donnés, cette longueur devra être telle que l'emploi de l'éperon soit facile sans risquer d'être involontaire. Il faut aussi que les éperons soient bien fixes afin que le cavalier, toujours sûr de leur position, le soit aussi de leur action. Les molettes ne devront avoir que la sévérité exigée par l'insensibilité ou le mauvais vouloir du cheval. Elles peuvent même avantageusement être supprimées avec les juments et les sujets particulièrement impressionnables.

TITRE II

DES RÊNES

Les rênes sont un intermédiaire entre la main du cavalier et la bouche du cheval. Les barres, qui sont leur point d'application, sont d'une sensibilité extrême dans les débuts et ce que j'ai dit à propos de la nécessité de garder au cheval toute la sensibilité aux jambes pourrait se répéter ici, car si les jambes provoquent le mouvement de la masse et la mobilisation du centre de gravité, ce sont les rênes qui s'emparent de ce dernier pour établir l'équilibre général. Sensibilité aux jambes, sensibilité aux rênes, telles sont les sources de toute finesse d'équitation.

Les rênes ayant un rôle tout différent de celui des jambes, je n'aborde le dressage qu'elles comportent que lorsque le cheval est entièrement confirmé sur l'action des jambes. Pendant tout le dressage aux jambes on est bien obligé de se servir des rênes, mais il faut faire en sorte que le cheval ne puisse établir aucune corrélation entre le ralentissement qu'elles provoquent et l'action des jambes.

Il me semblerait oiseux d'insister sur le rôle des rênes. De même que les jambes nous rendent maîtres de l'arrière-main, de même les rênes commandent l'avant-main, ce qui nous permet de régler et de diriger le mouvement, d'établir et de déplacer l'équilibre.

La manière de les employer et les différents buts qu'elles ont à atteindre donnent lieu à une étude qu'on peut diviser en trois parties principales :

1° Prise de possession de l'encolure et de la tête par les rênes.

2° Emploi des rênes pour utiliser l'encolure comme agent régulateur de la vitesse.

3° Emploi des rênes pour utiliser l'encolure comme agent directeur.

§ I. PRISE DE POSSESSION DE L'ENCOLURE ET DE LA TÊTE PAR LES RÊNES

La manière d'établir le contact entre la bouche et le mors a une influence prépondérante aussi bien sur le dressage du cheval, que sur l'équitation du cavalier.

C'est quelquefois à grand'peine, qu'on est arrivé à apprendre au cheval que les jambes doivent toujours avoir une action impulsive.

Le bénéfice de ces soins peut être perdu et le cheval mis en dedans de la main et rendu rétif par un mauvais emploi des rênes.

Pour éviter ce résultat désastreux il faudra que les rênes n'agissent que par l'effet de l'impulsion donnée par les jambes ; de la sorte, l'usage des rênes, loin de nuire à l'impulsion, en devient une conséquence, en nécessite l'emploi, l'exerce et par conséqueut la développe.

Pour mettre ce principe en pratique, *il faut non pas que le mors vienne sur le cheval, mais que celui-ci soit envoyé sur le mors.*

Voici comment on y arrive : en faisant agir les jambes, nous savons que nous provoquons chez le cheval dans l'impulsion un allongement de l'encolure pour entamer ou accélérer le mouvement en avant. Si à ce moment, on serre les doigts, l'extension de l'encolure fait prendre à la bouche un contact plus fort avec le mors, ce qui le fait agir.

L'action des rênes se produit ainsi par l'effet de la soumission aux jambes en mettant à profit l'impulsion qu'elles donnent ; de sorte qu'au lieu de nuire à la franchise, on la met en œuvre et on l'augmente.

Cette manière de procéder a encore l'avantage de ne pas provoquer les résistances à la main, comme cela arrive si l'action du mors est en contradiction avec celle des jambes, au lieu d'en être la conséquence.

Enfin, lorsque les rênes agissent, elles trouvent toutes les puissances du cheval déjà tendues et prêtes à déplacer son centre de gravité et sa masse à la moindre indication ; en sorte que le cavalier trouve la légèreté la plus complète à la main, la puissance et la grâce maxima dans le mouvement.

Au lieu d'employer les rênes comme je viens de l'exposer, on les fait souvent agir par tractions, sans songer

à l'inconséquence de cette manière de faire, aux inconvénients multiples qui en résultent et aux dangers sans
nombre dont elle menace la franchise du cheval. En effet
si les rênes agissent par tractions, elles peuvent agir
seules ou concurremment avec les jambes.

Dans le premier cas, elles trouvent le cheval inerte
et sans impulsion ; elles sont aux prises avec le poids
de la masse ; et le cheval, au lieu de se mouvoir lui-
même, laisse déplacer son centre de gravité par leur
effort.

Il est lourd à la main et d'un maniement difficile, ce
dont il peut efficacement tirer parti pour résister aux
volontés de son cavalier.

Si, au contraire, les jambes agissent en même temps
que les rênes tirent sur la bouche, ces aides sont
en contradiction, car l'encolure est ramenée en arrière
au moment où elle devrait chercher à s'étendre sous
l'action des jambes.

Pris entre ces deux actions inverses, le cheval est
forcé de désobéir à l'une pour se soumettre à l'autre, à
moins qu'il n'échappe aux deux en se révoltant et ne
donne à des demandes aussi inconsidérées la réponse
qu'elles méritent.

S'il est d'un caractère mou ou lymphatique il fait abstraction des jambes et n'obéit qu'aux rênes, il agit alors
sans impulsion, s'accule même, ou devient aussi lourd
à la main que si les jambes n'agissent pas. Neuf fois sur
dix ce sera la ruine de sa franchise.

Si, au lieu d'être paresseux, le cheval est d'un caractère allant ou impressionnable, ou si les jambes sont

assez énergiques, elles l'excitent à échapper aux tractions qui l'entravent et dont il ne peut prévoir la fin. Pour cela, tous les moyens lui seront bons ; il forcera la main, encensera, portera au vent, ou s'emballera ; plus le cavalier tire, plus il tire, c'est une révolte ouverte rendant toute direction impossible.

Les inconvénients de faire agir les rênes par traction montrent surabondamment, il me semble, combien ce procédé devra rester étranger au cavalier soucieux d'avoir une équitation fine et judicieuse.

Donc fermez vos jambes et vos doigts et ne tirez jamais sur vos rênes. C'est ainsi que l'entendait mon professeur à Saumur, qui était bien le cavalier le plus fin et le plus logique que je connaisse, lorsqu'il criait à l'un de nous : « Serrez, mais serrez donc ! plus fort, plus fort ! » cela voulait dire : « Serrez donc vos jambes et vos rênes. » Tout le secret de l'équitation vraiment impulsive qu'il personnifiait est là.

RÊNE D'OPPOSITION

Une rêne est dite d'opposition ou rêne opposée lorsqu'au lieu d'agir seulement d'avant en arrière, elle est, en outre, dirigée vers le côté du cheval qui lui est opposé. Ainsi, la rêne droite d'opposition agit d'avant en arrière et de droite à gauche ; cela s'obtient en portant la main droite vers la gauche d'une quantité proportionnée au résultat cherché, puis en fermant les jambes pour envoyer le cheval sur le mors, s'il n'y vient pas suffisamment de lui-même, et en résistant des doigts.

Si la direction de la rêne droite d'opposition passe
en avant ou sur l'épauche gauche, l'avant-main tend à
être dévié à gauche. Si cette rêne est dirigée en arrière
de l'épaule gauche, elle agit simultanément sur l'avant-
main et sur l'arrière-main, au point qu'elle peut faire
appuyer le cheval tout entier, épaules et hanches, vers la
gauche sans qu'il soit besoin de faire primer l'action de
la jambe droite. Ce fait, facile à constater, prouve la
fausseté de la théorie d'après laquelle la main droite
portée à gauche aurait pour effet de faire venir les
hanches à droite.

Lorsqu'on a à agir puissamment sur les épaules comme,
par exemple, pour maintenir un cheval qui veut se dérober
à droite, la rêne droite d'opposition doit agir dans la
direction de l'épaule gauche; c'est avec ce degré d'obliquité qu'elle a le plus d'action sur l'avant-main. Mais,
dans l'habitude de l'équitation, il suffit, pour employer
la rêne droite comme rène opposée, de lui donner une
direction passant approximativement par la hanche
gauche. Elle produit ainsi tous les effets dont on a besoin.
hors du cas de résistance du cheval et lorsque le dressage
est assez avancé.

Par son action sur les épaules, la rêne opposée con-
tribue utilement au tourner ou peut même le déterminer
seule. Elle sert aussi, d'une manière générale, dans tous
les mouvements où les épaules sont inégalement chargées; aussi son emploi est-il constant.

§ II. EMPLOI DES RÊNES POUR UTILISER L'ENCOLURE COMME AGENT RÉGULATEUR

Lorsque nous avons étudié les questions relatives à l'équilibre du cheval, nous avons vu que le centre de gravité change de position suivant la hauteur de l'encolure.

L'opération par laquelle on relève l'encolure pour reculer le centre de gravité porte le nom de « ramener » ; celle par laquelle on abaisse l'encolure pour avancer le centre de gravité porte le nom de « descente d'encolure ».

I

LE RAMENER

Le ramener est l'opération des jambes et des doigts par laquelle on élève l'encolure pour engager l'arrière-main.

Pour l'obtenir, il faut prendre le contact de la bouche en ajustant les rênes, puis envoyer avec les jambes le cheval sur les doigts fermés. Si, en y arrivant, il donne la flexion, un retrait de main, accompagnant la mâchoire, le force à élever l'encolure pour pouvoir refermer la bouche. C'est un commencement de ramener. Pour l'avoir plus considérable, on n'a qu'à demander de la même manière plusieurs élévations consécutives.

Si le cheval ne donne pas la flexion en arrivant sur les doigts fermés, ou bien l'allongement d'encolure exigé par l'action des jambes se change en une élévation qui n'est autre chose que le ramener simple et sans flexion ; ou bien l'encolure s'abaisse en se rouant ce qui est l'encapuchonnement. Ce dernier cas est rare, heureusement. On le corrigera en agissant sur le filet par des actions alternatives de rêne droite et de rêne gauche ; c'est ce qu'on appelle scier du filet.

A ces élévations correspondent des reculs consécutifs par lesquels le centre de gravité se rapproche des propulseurs et les engage.

Il importe que les raccourcissements de rênes par lesquels on obtient le ramener, suivent et ne précédent pas l'encolure dans ses élévations successives ; sans quoi, ce serait la traction de rênes avec tous ses inconvénients.

Dans les débuts, on devra toujours demander le ramener au pas, car son action, qui ne saurait pendant la marche provoquer l'acculement, pourrait, à l'arrêt, produire ce funeste résultat. Cette précaution ne devient inutile que lorsque le cheval est confirmé et habitué à porter son centre de gravité en arrière tout en restant dans l'impulsion.

Le ramener commence et fait partie de la mise en main et du rassembler dont l'élément impulsif est précisément l'engagement des propulseurs. Que, par les flexions, on adjoigne au ramener une extrême mobilité du centre de gravité, on tombe dans le rassembler.

ANGLE AU GARROT

J'ai entendu professer quelquefois que l'angle formé dans le plan vertical de l'axe par la direction de l'encolure et celle de l'épine dorsale doit rester invariable.

Je crois que c'est une erreur, car si cet avis était juste, l'encolure ne s'élèverait qu'autant que l'arrière-main s'abaisserait. Or cet abaissement, bien que réel dans l'engagement des postérieurs, est extrêmement faible ce qui limiterait les variations de hauteur de l'encolure dans des proportions considérables.

Il en résulterait que le centre de gravité resterait toujours très avancé, ne serait pas à la disposition des propulseurs et chargerait l'avant-main ; dans ces conditions, il n'y a pas de rassembler possible.

Aussi, pour arriver à la légèreté, doit-on élever l'encolure par le ramener, dans des proportions variant, il est vrai, avec l'équilibre naturel du cheval, sa conformation et le mouvement à exécuter, mais voisines de celles qu'on peut voir dans les photographies reproduites dans cet ouvrage. On constatera que l'angle au garrot est sensiblement moindre qu'à l'état de nature : c'est une nécessité si l'on veut que les postérieurs élèvent la masse.

Si, en outre, on observe des chevaux d'école travaillant les uns avec la simple élévation d'encolure qu'ils peuvent prendre sans diminuer l'angle au garrot, les autres avec une élévation d'encolure limitée seulement par la nécessité de ne pas écraser l'arrière-main, ce qui serait l'acculement, on aura tôt fait de constater combien ces derniers ont plus de hauteur dans les gestes, de facilité et d'harmonie dans les mouvements. Cela n'a rien d'étonnant, car, le centre de gravité étant plus près des propulseurs, ceux-ci en disposent mieux et les antérieurs sont plus libres.

On aurait donc tort de vouloir s'astreindre à fixer l'angle au garrot. Ce serait se priver d'un secours fort utile à l'établissement de l'équilibre et aux déplacements du centre de gravité.

Peut-être devrait-on cependant chercher à s'y résigner si l'on avait à redouter des inconvénients analogues à ceux qui accompagnent le jeu latéral de l'encolure aux épaules préconisé par Baucher.

Mais rien de semblable n'est à craindre si on ne fait jouer que verticalement l'articulation du garrot. En effet, le vice de la flexion Baucher, telle que l'enseigne ce maître jusque dans la 13ᵉ édition de ses œuvres (Paris 1867), est qu'elle assouplit l'encolure de manière à la faire tourner à droite et à gauche, dès les épaules.

Ainsi amollie, l'encolure devient aussi impropre à la direction qu'un gouvernail dont la partie submergée serait en caoutchouc. Elle permet au cheval de refuser de tourner tout en obéissant aux aides. Il peut, en effet, se soumettre aux jambes en continuant à marcher droit ou en déplaçant les hanches à la demande du cavalier, il peut obéir aux rênes en tournant complètement l'encolure du côté où il en est sollicité, et néanmoins, l'encolure, rendue indépendante des épaules par la souplesse dont on l'a douée, entame le mouvement sans que les épaules le continuent.

Le cheval refuse ainsi le tourner tout en livrant ses hanches et son encolure aux aides du cavalier qui, dès lors, n'a plus de moyen d'action et reste désemparé.

Il n'en est pas de même, tant s'en faut, lorsque l'encolure ne fait que se déplacer verticalement au garrot, car, si le cheval est dans l'impulsion[1], l'action des jambes commande forcément l'extension de l'encolure et la prise de contact entre la bouche et le mors, ce qui nous met dans les conditions de toute équitation juste et laisse au cavalier tous ses moyens d'action.

Ainsi donc, le jeu de l'angle au garrot est d'une part inévitable dans le ramener par impulsion ; d'autre part, il est nécessaire au cavalier pour déplacer le centre de gravité, et enfin il ne présente aucun inconvénient. En conséquence, j'estime qu'on aurait le plus grand tort d'en vouloir faire abstraction.

IMPORTANCE DU RAMENER

Je considère le ramener comme ayant une importance considérable parce que c'est lui qui, en élevant l'encolure, produit l'engagement des postérieurs, engagement qui ne peut d'ailleurs être produit d'aucune autre façon si le cheval est dans l'impulsion.

---

1. S'il n'y était pas, il faudrait commencer par l'y mettre, car il n'y a pas de dressage possible sans impulsion, ainsi que l'a dit Fillis.

Engager l'arrière-main consiste, en effet, a amener le centre de gravité au-dessus des points d'appui des postérieurs ou à le rapprocher de cette position. Nous pouvons essayer d'y arriver soit par les rênes seules, soit par les jambes seules, soit par l'entente des mains et des jambes. Examinons ces divers procédés.

Si l'on veut engager l'arrière-main par les rênes seules, il faut forcément qu'elles agissent par tractions ; or, nous savons à quels inconvénients et à quelles résistances cela nous expose. Cette manière de faire doit être formellement réprouvée.

Le deuxième procédé n'est pas meilleur parce qu'il exigerait que, les jambes agissant à l'exclusion des mains, le cheval s'assît sur les hanches ; c'est l'inverse de ce qui se passe s'il est dans l'impulsion, ainsi que nous l'avons vu précédemment.

Pour obtenir l'engagement des postérieurs, il ne reste donc que le troisième procédé qui consiste dans une action combinée des rênes et des jambes. Or, pour arriver à engager l'arrière-main de cette façon et sans tirer sur les rênes, il n'y a qu'une méthode possible ; son application se décompose de la manière suivante :

1° Action des jambes à laquelle le cheval répond par un essai d'accélération de vitesse et d'extension d'encolure.

2° Arrêt de cette extension par la résistance des doigts et retrait de la main, s'il y a lieu, pour suivre la mâchoire dans la flexion ; d'où, élévation d'encolure.

3° Comme conséquence, recul du centre de gravité et engagement de l'arrière-main.

On voit par là que cet engagement est la conséquence de l'élévation de l'encolure ou ramener ; ou, autrement dit, que c'est le ramener par impulsion qui produit l'engagement de l'arrière-main.

Aussi, au lieu de trouver dans l'abaissement des hanches la cause de l'élévation de l'encolure, je pense qu'en raison des effets de l'impulsion c'est, au contraire, dans l'élévation de l'encolure qu'il faut prendre les causes de l'engagement des postérieurs se manifestant par l'abaissement des hanches.

Cette explication prouve suffisamment l'importance du ramener et la nécessité d'y exercer le cheval avec soin, si l'on est soucieux de rester en concordance avec les lois de l'impulsion.

II

LA DESCENTE D'ENCOLURE

ET LA DESCENTE DE MAIN [1]

Nous venons de voir comment, par le ramener, on fait jouer l'encolure au garrot, de bas en haut, pour charger et engager l'arrière-main.

Il est nécessaire aussi de la faire jouer de haut en bas

---

1. Dans la première édition de cet ouvrage, j'avais compris ces deux exercices sous le nom génerique de « descente de main », par lequel on les désigne souvent l'un et l'autre. On m'a fait remarquer avec raison que ce nom ayant été pris par La Guérinière et par plusieurs auteurs après lui dans un sens bien déterminé, il n'est pas loisible de l'employer dans une autre acception. Aussi, ai-je rendu le nom de « descente d'encolure » au mouvement auquel il appartient.

pour avancer le centre de gravité et décharger les propulseurs.

On y arrive par la descente d'encolure. Ce mouvement peut être limité à un abaissement plus ou moins faible de l'encolure pour dégager légèrement l'arrière-
main, et laisser avancer un peu le centre de gravité, tout
en maintenant le cheval dans la mise en main.

Ainsi comprise, la descente d'encolure est universellement admise et employée. Quant à moi et contrairement
à l'avis de quelques auteurs, j'estime qu'elle doit être
fréquemment demandée, à titre d'exercice, d'une manière
beaucoup plus prononcée.

Des hippiâtres croient qu'il est inutile et nuisible de
demander au cheval l'abaissement complet de l'encolure ;
c'est lui apprendre, au dire de l'un d'eux, « l'art de préparer le couronnement ».

Ce danger ne serait réel que si la descente d'encolure
en était l'affaissement. C'est ainsi qu'elle a été comprise,
il est vrai, par bien des écuyers. Elle serait alors, en effet,
un mouvement défectueux, nuisible même, car qui dit
affaissement dit affalement, abandon de toute énergie.
Mais telle n'est pas la descente d'encolure : elle ne comporte pas l'affaissement de l'encolure et de la tête abandonnées par le cheval à l'entraînement de leur poids ;
elle est leur abaissement par une dépense d'énergie
appliquée aux extenseurs pour amener l'encolure à sa
position la plus basse ; ce n'est qu'une fois que la descente d'encolure est terminée que le cheval peut profiter,
pour se mettre au repos, de la posture dans laquelle on
l'a mis.

Ainsi comprise, elle n'est donc pas un acte de mollesse, mais une manifestation d'énergie à laquelle il est utile d'avoir souvent recours.

La descente d'encolure est, en effet, une excellente manière d'entretenir l'impulsion en habituant la bouche à poursuivre le mors et à en chercher le contact sous l'action des jambes. Ce résultat suffirait à lui seul pour recommander l'emploi fréquent de cet exercice.

Pour obtenir la descente d'encolure complète, il faut marquer un peu plus énergiquement l'action des jambes afin d'augmenter l'impulsion et desserrer les doigts pour permettre l'extension de l'encolure.

Si le cheval est dans l'impulsion et pour l'y maintenir, ce mouvement doit être accompagné d'une accélération d'allure.

Quelques écuyers ne pensent pas ainsi, mais j'avoue ne pas pouvoir me ranger à leur opinion.

En effet, ou bien la descente d'encolure comporte un abaissement du balancier répondant, comme je viens de l'expliquer, à une action de jambes accompagnée d'un desserrement des doigts ; ou bien elle se demande sans action de jambes : les doigts se desserrant, le cheval étend l'encolure pour garder le contact du mors.

Or, dans le premier cas, les aides employées sont précisément celles par lesquelles on demande l'allongement de l'allure. Elles sont même encore plus prononcées que d'habitude puisqu'on ne laisse pas ordinairement le cheval prendre autant de rêne et s'étendre autant que dans la descente d'encolure. Dès lors, puisqu'on le met exactement dans les mêmes conditions que lorsqu'on

veut obtenir une grande augmentation de vitesse, pourquoi vouloir que cet augmentation ne se produise pas ?
Cela ne paraît pas très logique et, de plus, il me semble
assez dangereux de ne pas exiger du cheval qu'il se mette
en marche ou qu'il allonge lorsqu'on le mer dans l'équilibre particulier à la mise en marche ou à l'allongement
d'allure. C'est lui enseigner nous-mêmes à pécher contre
les lois sacro-saintes de l'impulsion, lois qui exigent que
les jambes commandent toujours le mouvement en avant
lorsque les mains ne reçoivent pas ce mouvement pour
l'arrêter, le modérer ou le modifier.

C'est cette manière d'obtenir la descente d'encolure,
que je préfère parce qu'elle comporte l'emploi des jambes
dont le rôle, toujours impulsif, ne peut que s'affirmer
davantage en s'exerçant dans tout travail destiné à entretenir l'impulsion. Néanmoins, la descente d'encolure
obtenue sans jambes et faisant courir le cheval après son
mors au fur et à mesure que les doigts se desserrent, ne
peut qu'être très salutaire pour l'impulsion. Mais encore
faut-il pour cela que, bien que les jambes n'agissent pas,
l'allure s'accélère. Sans cela, en effet, nous apprenons
nous-mêmes au cheval à se retenir puisque, par cette
descente d'encolure sans accélération, nous lui ensei-
gnons à ne pas allonger bien que la position de l'encolure sollicite la masse en avant. A cela on me répondra
peut-être que, lorsque les jambes se feront sentir, le
cheval allongera. C'est possible, mais en tous cas nous
lui montrons le moyen de ne pas le faire, et il reste certain que toute descente d'encolure demandée avec ou
sans jambes, mais sans accélération d'allure, habitue le

cheval à ne pas se livrer puisque, tout en le mettant dans des conditions qui l'engagent au mouvement en avant, elle lui enseigne à ne pas s'y laisser aller bien que rien ne l'en empêche. Or, la tendance au mouvement en avant doit être inculquée et conservée au cheval avec un soin tellement jaloux qu'il faut s'interdire de la mettre à la merci de procédés pouvant avoir, de près ou de loin, le résultat de l'amoindrir.

Autant l'impulsion peut être développée par la descente d'encolure avec accélération de vitesse, autant elle peut-être atrophiée par la descente de main, qui est le mouvement inverse. Cet exercice, fort préconisé par La Guérinière et par Baucher qui s'en servait beaucoup, s'exécute en principe de la manière suivante : le cheval, étant dans le ramener, bien engagé et à une certaine allure, le cavalier laisse les rênes se détendre complètement et *met ainsi le cheval dans le vide sans qu'il doive changer ni sa position, ni son allure.*

Un pareil cheval n'a plus rien à apprendre pour être complètement rétif. Il n'y a qu'à prier le Ciel de ne lui envoyer aucune mauvaise pensée. Si, en effet, on lui enseigne à se renfermer de lui-même au point que, sans rênes, il reste assis sur les hanches, on lui enseigne, du même coup, la position la plus favorable dans laquelle il puisse se mettre pour refuser le mouvement en avant ; c'est celle, d'ailleurs, que le cheval rétif prend naturellement quand il ne veut pas avancer. En dressant à la descente de main, le cavalier donne donc lui-même au cheval la meilleure arme dont il puisse se servir et, qui plus est, la lui rend familière.

Si, au lieu de commettre une semblable imprudence, on habitue le cheval par des exercices fréquents à toujours allonger son allure dès que les jambes agissent et que les doigts le lui permettent, nous pourrons obtenir cet effet lorsque nous le voudrons et par conséquent nous pourrons toujours avoir notre cheval sur la main et en être maîtres. C'est précisément le résultat de la descente d'encolure telle que je la préconise.

Il n'y a rien de commun entre la descente d'encolure et l'action du cheval qui plonge brutalement, cherchant par là à éloigner son mors pour se soustraire à ses indications ; c'est de l'indiscipline que l'on guérira en fermant les doigts au moment où elle se manifeste. L'arrêt du mors causera au cheval une douleur qui l'empêchera de recommencer. La descente d'encolure, au contraire, exige, pour être bien faite, une grande soumission aux aides, le cheval n'allongeant son encolure qu'autant que les jambes le lui demandent et que les doigts le lui permettent. C'est plus qu'il n'en faut pour que ce mouvement ne puisse être confondu avec un acte d'insoumission.

§ III. EMPLOI DES RÊNES POUR UTILISER L'ENCOLURE COMME AGENT DIRECTEUR

Il n'est pas de cavalier qui n'ait eu occasion mainte et mainte fois de constater avec quelle facilité il manie son cheval lorsque les indications du mors sont reçues avec souplesse et quelle difficulté, au contraire, la contraction de la nuque et de la mâchoire apporte à la direction.

C'est que, si l'encolure et la tête restent raides dans toutes leurs articulations, elles sont comme invariablement soudées à tout le reste du corps ; la puissance propulsive de l'arrière-main est transmise sans amortissement à la main du cavalier qui, réciproquement, doit réagir avec une grande énergie sur les propulseurs pour les commander.

Dans ces conditions, le cavalier est aux prises avec la force motrice dont l'effet lui est intégralement transmis ; en sorte que la direction ne peut se faire avec aucune délicatesse.

Si au contraire, les articulations de la mâchoire et de la nuque sont souples, elles deviennent entre l'arrière-main et le mors un intermédiaire dont l'élasticité amortit, d'une part, la poussée de la masse jetée sur la main par les propulseurs et ajoute, d'autre part, sa force à celle du doigté, ce qui permet à ce dernier de commander les propulseurs tout en restant léger.

C'est quelque chose d'analogue à ce qui se passerait dans le cas d'un wagon lancé contre un heurtoir de manière à y rester appliqué. En se comprimant, les tampons amortissent le choc reçu par le heurtoir et, en outre, emmagasinent une force qui, lorsqu'on voudra reculer le wagon, s'ajoutera à celle qu'il faudra mettre en œuvre et par conséquent lui permettra d'être moindre. Il en est de même pour l'encolure et la mâchoire. Logiquement assouplies, elles font office de tampons. Elles amoindrissent la poussée de la masse lancée par les propulseurs sur la main et augmentent l'action de la main sur les propulseurs ; en sorte que les efforts reçus ou faits par le cavalier peuvent être infiniment légers. C'est le dernier terme de la légèreté ; c'est aussi la raison d'être des flexions.

Le jeu de l'articulation du garrot, dans le ramener, donne déjà à l'encolure une certaine souplesse, mais elle serait insuffisante, et même fortement compromise, si les articulations avoisinantes étaient contractées.

Il faut donc qu'au jeu de cette articulation se joignent celui de la nuque et celui de la mâchoire. Leur concession porte le nom de « flexion directe » si elle se fait dans le plan vertical de l'axe du cheval, et de « flexion latérale » si elle se fait dans un plan oblique.

I

FLEXION DIRECTE

La flexion directe est la concession que font la nuque et la mâchoire dans le plan vertical de l'axe du cheval, lorsqu'une action symétrique des rênes arrête une extension de l'encolure. La concession de la nuque est limitée à la partie supérieure de l'encolure ; elle donne à l'axe de la tête une position proche de la verticale mais légèrement au-delà, et lui fait faire d'une manière presque imperceptible, au moment où elle se produit, le même mouvement de tête que nous faisons pour répondre « oui ».

Cette comparaison qui n'est pas de moi me semble

très juste et qualifie bien le mouvement de la tête dans la flexion.

La concession de la mâchoire consiste dans une ouverture de la bouche provoquant l'abandon complet du mors et suivi immédiatement de la fermeture de la bouche et de la reprise du contact.

Tant que le cheval ne donne pas cette ouverture de la bouche jusqu'à lâcher le mors, c'est que la plus grande décontraction possible de la mâchoire n'est pas obtenue et que le cheval est prêt à se recontracter.

Ce n'est que lorsqu'il est habitué à faire cette concession complète dès qu'on la lui demande que sa mâchoire reste continuellement souple.

Le cheval ne doit pas être maintenu pendant tout le temps du travail dans la flexion directe complète. La nuque seule reste ployée pour maintenir la tête dans une bonne position. La bouche garde un appui moelleux et souple et ne donne la flexion complète que lorsque le cavalier ferme les doigts et les jambes.

A ce moment seulement, la flexion complète de mâchoire a sa raison d'être qui est de décomposer la poussée de la masse sur la main et d'augmenter l'action du doigté sur les propulseurs pour lui permettre de produire son effet avec l'intensité voulue tout en restant léger. Si la flexion directe complète se produisait en dehors du resserrement des doigts et par le simple effet du contact qui doit toujours exister entre le mors et la bouche, ce contact se perdrait continuellement sans raison, la bouche ne serait plus en communication permanente avec le cavalier et le cheval ne serait plus sur la main.

Il ne faut pas confondre la flexion directe avec la
détestable position de certains chevaux qui ont constamment la bouche ouverte. Ce défaut fait perdre à la
mâchoire toute mobilité et toute souplesse. C'est pour
le cheval une manière de se braquer qu'on guérira par la
flexion juste.

MANIÈRE D'OBTENIR LA FLEXION DIRECTE

Pour apprendre au cheval la flexion directe, il faut
le placer dans le ramener, puis fermer les jambes pour
provoquer une extension d'encolure, en refusant toute
concession des doigts.

Dans les débuts, le premier résultat du fort contact
ainsi obtenu entre la bouche et le mors est souvent une
nouvelle élévation d'encolure.

Les jambes doivent alors agir plus énergiquement
pour rejeter de nouveau le cheval sur la main jusqu'à ce
que, obligé de s'appuyer sur le mors, ce qui lui est douloureux, il cède de la mâchoire et de la nuque pour
échapper au mal qu'il se fait lui-même.

Les premières concessions, si légères soient-elles, devront être accompagnées d'un relâchement des doigts et
de caresses.

Le cheval ainsi confirmé dans l'idée qu'il a bien fait,
et qui, du reste, trouve son intérêt aux concessions qu'il
vient de faire, les recommence presque toujours volontiers et en arrive progressivement à donner la flexion
complète.

Le cavalier se rend très facilement compte si la flexion s'est produite, parce qu'on éprouve, pendant le temps extrêmement court que le cheval met à abandonner son mors et à le reprendre, l'impression de ne plus rien avoir dans la main [1].

Lorsqu'on aura récompensé le cheval de la première flexion qu'il a donnée, on lui en demandera consécutivement deux ou trois nouvelles afin de l'empêcher de se recontracter après avoir cédé. Pour qu'en effet le but qu'on se propose soit obtenu, il faut que la souplesse des articulations subsiste après la flexion. On arrive à ce résultat en demandant d'abord deux flexions consécutives, puis trois, puis quatre, etc.

Lorsque le cheval tombe dans la flexion à toute fermeture des doigts et des jambes, alors seulement sa mâchoire et sa nuque sont vraiment souples.

Certains chevaux sont rebelles à la flexion et la donnent difficilement.

Ce sont surtout ceux qui sont doués de beaucoup d'allant ou ceux qui, au contraire, aiment à se faire porter. Ils se braquent sur le mors et profitent, pour refuser la flexion, de ce fait que lorsqu'un objet impressionne la sensibilité par son contact, cette impression est beaucoup plus forte lorsque le contact se produit ou lorsqu'il cesse que pendant qu'il dure : appuyez par exemple un doigt sur une partie quelconque de votre corps ; après

---

1. Si l'action des rênes et des jambes provoque une tendance à l'acculement avec ralentissement d'allure, c'est que les rênes sont trop courtes. Si, au contraire, le cheval accélère l'allure sans céder de la bouche et de la nuque, c'est que les rênes sont trop longues. Quelques courts tâtonnements permettront de prendre la longueur convenable.

l'avoir senti se poser, vous ne vous rendrez bientôt plus compte que le contact existe et vous ne le sentirez de nouveau que lorsqu'il cessera. Le mors produit le même effet sur la bouche. Une fois que le contact est pris, le cheval ne le sent presque plus et, pour cette raison, aime souvent mieux le garder que le quitter. Pour vaincre cette difficulté, il suffit au cavalier ou bien d'augmenter la sévérité du contact en rendant les jambes plus énergiques, ou bien de faire cesser le contact par un desserrement des doigts, puis de le reprendre aussitôt en les refermant : à chaque fois, le mors impressionne la bouche.

Il n'y a qu'à continuer jusqu'à ce que la mobilité de la mâchoire s'en suive.

Si ces moyens ne suffisent pas, on peut essayer de garder les doigts d'une main fermée en resserrant et desserrant alternativement les doigts de l'autre main. L'embouchure en reçoit un mouvement de va-et-vient qui impressionne constamment la bouche. Le cheval se rend vite compte par ces différents moyens qu'il ne gagne rien à garder la mâchoire fixe et se décide à céder sur la fermeture des doigts, ce qui, somme toute, le gène moins.

Mais il faut toujours chercher à obtenir la flexion par l'insistance de la fermeture des doigts et des jambes ; le cheval est ainsi dans les conditions mêmes où il doit savoir faire la flexion. Il ne faut recourir aux autres procédés que lorsque celui-ci n'a pas abouti.

Quand la flexion directe s'obtient facilement au pas, il faut la demander au trot puis au galop.

Le ramener s'obtenant par les mêmes aides que la flexion directe lui est une excellente préparation et il n'est pas rare que le dressage au ramener soit à peu de chose près suffisant pour enseigner la flexion.

FAUTES A ÉVITER EN DEMANDANT LA FLEXION DIRECTE

Il est bon de donner la leçon de flexion d'abord au pas, et non à l'arrêt, afin d'éviter que le cheval, encore neuf, ne tende à s'acculer sous l'action simultanée des rênes et des jambes. En outre, le mouvement de l'encolure pendant le pas apporte une aide utile à l'action des doigts.

Il ne faut pas se contenter longtemps des premières concessions afin que le cheval ne prenne pas l'habitude de s'y tenir.

On ne devra jamais demander la flexion sur l'encolure libre et détendue puisque cette position d'encolure est particulière aux allures rapides qui exigent que, sans tirer, le cheval cependant sente bien la main. Car s'il est certain qu'au train de course, par exemple, il se fatigue en tirant très fort, il est certain aussi que lâcher la main est, dans ce cas, de sa part, signe de détresse ou de mauvais cœur.

LA FLEXION DIRECTE ET LA DESCENTE D'ENCOLURE

La flexion directe et la descente d'encolure se demandent par le cavalier et se commencent par le cheval de la même manière. Dans les deux cas, le cavalier prononce d'abord une action des jambes ; mais pour obtenir la descente d'encolure, il relâche les doigts afin de laisser l'encolure s'étendre ; tandis que pour demander la flexion directe, il les ferme, afin d'obtenir le retrait de la mâchoire et de la nuque.

Quant au cheval, les demandes de descente d'encolure et de flexion lui font marquer une extension d'encolure qui se produit effectivement dans la descente d'encolure, mais qui est arrêtée dans la flexion.

II

FLEXION LATÉRALE

La flexion latérale est la concession que font la nuque et la mâchoire en tournant la tête face à droite ou à gauche, lorsqu'une action dissymétrique des rênes arrête une extension d'encolure.

La mâchoire cède dans la flexion latérale comme dans la flexion directe.

La nuque cède en faisant faire à la tête un à droite ou à gauche complet.

Comme la flexion directe, et pour les mêmes raisons, la flexion latérale ne doit se demander que dans le ramener et, pour commencer, au pas.

Pour obtenir la flexion à droite, par exemple, voilà comment je m'y prends : le cheval étant dans le ramener, j'augmente l'action des jambes et je ferme les doigts sur les rênes droites directes en laissant les rênes gauches moelleuses.

L'extension d'encolure sollicitée par les jambes se change, en raison de la résistance des rênes droites, en un mouvement de rotation de la tête de gauche à droite. Des retraits successifs de la main droite suivent la tête dans ses mouvements de rotation et en provoquent de nouveaux jusqu'à rendre le plan du front parallèle à l'axe du cheval. A ce moment, la nuque a fait une concession suffisante pour que ce mouvement, qui est un simple exercice d'assouplissement, donne les résultats qu'on en peut attendre. Lorsque la tête est arrivée à cette position, je ferme les doigts sur les rênes gauches pour obtenir de la mâchoire la même concession que dans la flexion directe.

Pendant la flexion, les rênes droites sont directes, les rênes gauches agissent par opposition sur l'encolure et la tête est à droite du plan vertical de l'axe. Pour ces raisons, le poids de l'avant-main est porté à droite et le cheval s'engage dans le tourner. Dès que la flexion a été donnée, je laisse l'encolure se redresser et le cheval reprendre la marche directe.

On peut éviter que le cheval tourne en donnant la flexion. Il suffit pour cela que les rênes droites agissent, non plus parallèlement au plan vertical de l'axe, mais diagonalement de droite à gauche.

Le poids de l'avant-main peut ainsi être reporté également sur les deux épaules, ce qui laisse le cheval marcher droit. Mais j'estime qu'on a tort de demander ainsi la flexion latérale, tout au moins avant que le cheval y soit complètement dressé ; et cela pour deux raisons :

La première est que cette action diagonale des rênes conduit le cheval à sa résistance la plus habituelle quand il veut refuser la flexion, qui est de s'arc-bouter sur l'épaule extérieure en la chargeant de tout le poids de son avant-main.

La seconde est que, si on dresse le cheval à faire la flexion latérale en reportant le centre de gravité de son avant-main dans le plan vertical de l'axe, on risque de l'habituer à toujours prendre cet équilibre en donnant la flexion, au lieu de laisser à celle-ci l'effet qu'elle doit avoir dans la pratique et qui est de charger l'épaule du côté où elle se produit.

Le mécanisme de la flexion latérale est assez simple en théorie, mais en pratique, il comporte d'assez grandes difficultés dues à ce que le jeu latéral de la nuque n'est pas habituel au cheval, le reste de l'encolure restant droit. Aussi, ne faut-il procéder que très lentement, caresser à la moindre concession et éviter toute cause d'irritation.

Les difficultés qu'on rencontre sont de différentes sortes. Le plus souvent, le cheval résiste de la bouche et de l'encolure et aide sa résistance par le poids de sa masse en s'arc-boutant sur l'épaule gauche, si on demande la flexion à droite, par exemple. Il n'y a alors qu'à agir très énergiquement des jambes pour donner une action vigoureuse tant aux rênes directes qu'à celles d'opposition. Dès que le poids sera jeté à droite, la résistance sera rompue et le cheval donnera plus facilement une concession.

D'autres fois, au contraire, sous l'action des aides employées, le cheval incurve toute l'encolure de la nuque à l'épaule. Nous avons vu que c'est une flexion défectueuse et combien il importe de s'en garer : pour y arriver, je passe trois rênes dans la main gauche si je demande la flexion à droite, et je garde la quatrième dans la main droite. Lorsque je me sers d'un mors de bride, je passe la rêne droite de bride dans la main gauche. J'emploie alors, comme rêne directe, celle que j'ai dans la main droite, tandis que j'appuie l'autre rêne droite contre l'encolure pour l'empêcher de s'incurver à droite.

En ne contrariant que progressivement· par la rêne d'opposition l'incurvation provoquée par la rêne directe, le cheval finit par incurver de moins en moins son encolure à la base et de plus en plus à la nuque.

A partir de ce moment il suffit, pour obtenir la flexion par des aides régulières, de diminuer peu à peu l'action de la rêne droite d'appui, de manière à ce que la rêne droite directe finisse par obtenir seule la flexion correcte de la nuque.

Quand ce résultat est obtenu, je fais concourir les rênes gauches à l'obtention de la flexion de mâchoire.

Il arrive aussi, assez souvent, que le bout du nez cède

seul à l'action des rênes directes, la nuque et la partie adjacente restant dans le plan vertical de l'axe.

Ce fait se produit, lorsque la nuque ne se décontracte pas suffisamment. On la fait céder en relevant les rênes gauches de manière à les faire agir par opposition près du haut de l'encolure.

Quelquefois enfin, le cheval cherche à résister à la demande de flexion à droite en couchant son encolure à gauche. On remédiera à cette faute en agissant encore par l'opposition des rênes gauches appliquées à l'endroit où l'encolure devrait rester droite.

UTILITÉ DE LA FLEXION LATÉRALE

1° Déplacer le poids de l'avant-main du côté vers lequel se produit la flexion.

Ce déplacement du centre de gravité est provoqué à la fois par l'action des rênes directes, par celle des rênes opposées et par l'incurvation du haut de l'encolure plaçant la tête hors du plan vertical de l'axe. Pour les déplacements obliques ou parallèles, c'est un appoint nécessaire.

Quelques écuyers pensent que la flexion latérale répartit également le poids de l'avant-main sur les deux épaules.

C'est une opinion d'autant plus singulière que ces écuyers se servent, bien entendu, de la fléxion latérale dans les cas où le poids doit être inégalement réparti sur les deux épaules, comme dans le tourner et les deux pistes.

Si leur opinion était exacte, la flexion directe et les flexions latérales à droite et à gauche auraient toutes les trois le même effet, ce qui est évidemment impossible chez un cheval bien équilibré.

Je m'explique cette façon de voir par la manière dont on demande ordinairement la flexion latérale. Cette manière qui consiste, dans la flexion à droite, à faire agir par opposition et diagonalement les rênes droites de droite à gauche, peut, en effet répartir également le poids sur les deux épaules et laisser le cheval marcher droit.

Mais cela ne fait que prouver mon dire, car pour que le cheval reste dans la marche directe malgré l'opposition des rênes droites, il faut que le poids de son avant-main, attiré vers la gauche par cette opposition, soit ramené vers la droite par une autre influence. Cette influence est celle de la flexion à droite.

La flexion latérale a donc bien pour effet d'amener le poids de l'avant-main du côté où elle se produit. C'est, du reste, sa plus grande utilité.

2° *Faire regarder le cheval du côté vers lequel il marche.*

Si le cheval ne regardait pas le terrain à parcourir, sa direction serait aussi difficile que celle d'un cheval aveugle. La flexion latérale fait regarder l'animal du côté vers lequel elle déplace le poids de l'avant-main, c'est-à-dire du côté vers lequel on marche. Dans ces conditions le cheval peut régler ses foulées et mesurer ses mouvements.

Je me suis vu faire la singulière objection suivante : il n'est pas nécessaire que le cheval regarde où il va. Un cheval aveugle, s'il est bien mis, doit se manier aussi bien qu'un autre.

C'est vrai ; mais de ce qu'un aveugle peut se diriger grâce à son chien et à son bâton, s'ensuit-il qu'il est à son aise ? Et de ce que le cheval aveugle mais bien mis peut se laisser diriger par les aides de son cavalier, faut-il conclure que les chevaux bien mis ne doivent pas se servir de leurs yeux ?

3° Etablir entre l'avant-main et l'arrière-main
une certaine liberté d'action.

Cette indépendance relative permet de donner aux épaules et aux hanches, dans le tourner et les deux pistes, un mouvement propre, tout en les laissant liés l'un à l'autre [1].

---

1. C'est quelque chose d'analogue à ce qui se produit pour une baguette flexible qu'on incurve en la tenant par ses deux extrémités. Toutes les deux sont dans des directions différentes et chacune d'elles cependant ressent l'action de la force qui agit sur l'autre.

4º *Habituer le cheval à localiser les déplacements latéraux de son encolure dans la nuque et dans la partie qui lui est immédiatement adjacente.*

Quand cette habitude est prise, l'encolure est liée aux épaules, et, lorsqu'on a besoin de déplacer latéralement la position de la tête, on ne risque plus de voir le cheval donner ces flexions latérales aux garrot qui ont les graves inconvénients dont j'ai déjà parlé.

EMPLOI DE LA FLEXION LATÉRALE

Sauf lorsqu'on veut rompre la résistance d'un cheval qui refuse le tourner, cas où il est quelquefois utile de le faire tomber dans la flexion latérale complète, celle-ci n'est employée qu'à titre d'assouplissement.

Dans le cours du travail, il n'est pas nécessaire de la prononcer autant, on se contente d'une incurvation légère de la nuque, pour tourner la tête d'un demi-quart de cercle environ. Cette flexion présente à un degré moindre, mais suffisant dans l'emploi habituel du cheval, les mêmes utilités que la flexion latérale complète.

On donne ordinairement à cette demi-flexion le nom de « Placer ». J'aurai lieu d'en reparler à propos de l'accord des aides.

REMARQUES GÉNÉRALES SUR LES FLEXIONS

Les flexions, on le voit, ont une importance considérable en équitation ; elles doivent accompagner toute action des aides et l'usage en doit être aussi fréquent que celui des jambes et des rênes. C'est assez dire quel soin il faut apporter à les bien enseigner. C'est un dressage aussi délicat que nécessaire, présentant de nombreux écueils et pouvant avoir des conséquences très fâcheuses si l'on oublie le but à atteindre et les résultats à obtenir. Aussi vais-je résumer en deux mots les fautes à éviter et les précautions à prendre dans l'étude des flexions.

1° Il faut porter la plus grande attention à ce que l'action des jambes précède toujours celle de la main, afin que le cheval commence par se mettre dans l'impulsion et ne soit sollicité par les rênes qu'après avoir obéi aux jambes.

Faute de cette précaution, l'étude des flexions risquerait fort de se changer en exercices de « mise en arrière des jambes et de la main ».

2° Les flexions ne devront être demandées que sur l'encolure relevée par le ramener.

3° Le cavalier doit se rendre rapidement compte de la longueur de rênes convenable. Elles doivent être assez courtes pour que le cheval ne se contente pas de donner le mouvement en avant sans faire céder ses articulations ; mais assez longues pour qu'on ne risque pas de nuire à l'impulsion et de provoquer l'acculement.

4° On devra particulièrement éviter, ici plus que jamais, de se servir des rênes par traction. Comme le cheval est énergiquement encadré entre les jambes et les rênes, et comme l'encolure est déjà haute lorsqu'on demande la flexion, on aménerait, à coup sûr, l'acculement et la mise en arrière des jambes ; de plus, on s'exposerait à des défenses de la part du cheval qui, poussé d'un côté et tiré de l'autre, serait dans l'impossibilité d'obéir à la fois aux aides qui le sollicitent.

TITRE III

DE L'ACCORD DES AIDES

Au point de dressage où nous en sommes, le cavalier est maître de l'arrière-main car ses jambes provoquent à son gré le déplacement de la masse et la mobilisation des hanches.

Il est maître aussi de l'avant-main par le ramener, la descente d'encolure et les flexions, qui lui permettent d'obtenir des différentes positions de l'encolure le secours qu'elles peuvent lui apporter ; le contact se prend moelleusement entre la bouche et le mors et l'emploi continuel des flexions rend la direction facile et la légèreté complète. La suite du dressage confirmera encore ces résultats ; elle en fera, par l'habitude, une seconde nature et rendra instinctive et réflexe l'obéissance constante à ces premières leçons.

Par là, un grand pas a été fait : le cavalier a entre les mains tous les éléments voulus pour équilibrer le cheval et le mouvoir.

Mais il est clair que tout cela resterait stérile et peine perdue si l'avant-main et l'arrière-main, au lieu de préparer par une concordance absolue l'accomplissement de la volonté du cavalier, se nuisaient entre eux et se mouvaient avec discordance et désordre. Or, l'entente parfaite entre les différentes parties du cheval ne peut être obtenue que par une combinaison judicieuse des aides agissant avec à-propos et avec l'intensité précise qu'elles doivent avoir. Cet à-propos dans l'action, cette justesse dans l'intensité constituent ce qu'on appelle « l'accord des aides ». On peut donc le définir ainsi :

L'accord des aides est le concours que se prêtent mutuellement les jambes et les rênes ; 1° pour mettre entre les mains du cavalier la disposition de toutes les forces du cheval; 2° pour faire concourir ces forces à l'établissement de l'équilibre voulu et à l'exécution du mouvement correspondant.

L'accord parfait des aides est, comme on le voit, le triomphe du tact équestre et sa plus grande manifestation, car il réside dans l'exactitude absolue du rapport que doivent avoir entre elles les intensités d'action des doigts et des jambes; la méthode est impuissante à déterminer ces intensités; c'est au cavalier à les régler.

On peut dire quelles doivent être les aides prépondérantes et comment elles doivent agir; mais ce qui ne saurait s'enseigner, c'est le moment précis où doit commencer et finir l'action de chacune, ce sont les corrections à donner à leur intensité en raison de l'effet produit, ce sont les changements imperceptibles qu'il est nécessaire d'apporter à l'équilibre, changements dont le tact du cavalier peut seul saisir l'à-propos et les formes ; c'est, enfin, la perception du moment où, l'équilibre étant obtenu, il faut le maintenir tel qu'il est, sans le dépasser, sans revenir en deçà.

Ce sont toutes ces choses qui se sentent et ne s'expliquent pas, qui régissent l'accord des aides ; mais, s'il est difficile d'expliquer comment il s'obtient, il est facile, au contraire, de constater ses effets, car ils se résument dans l'entente complète de toutes les puissances du cheval se manifestant par la grâce et l'énergie du mouvement.

Suivant les cas, ces effets prennent le nom de « mise en main » de « rassembler » et « de placer »[1].

I° LA MISE EN MAIN.

La mise en main est l'opération par laquelle le cheval remet, en quelque sorte, la disposition de toutes ses forces actives entre les mains de son cavalier. Elle comporte un équilibre dont la stabilité peut être rompue à la plus légère sollicitation par toutes les forces du cheval tendues et prêtes à agir.

On ne saurait donc admettre la mise en main en dehors de l'impulsion ni la confondre avec l'état du cheval se

1. Le placer, comme on le verra, est inséparable de la mise en main et du rassembler.

tenant seul, suivant l'idéal que se sont proposé Baucher et quelques autres écuyers. Comme je l'ai dit à propos de la descente de main, le cheval qui ne vient pas sur le mors est un cheval qui ne cherche pas à marcher ; par suite, cût-il toute la mobilité de mâchoire désirable, il n'a pas l'élément que je considère comme le plus important de la mise en main, c'est-à-dire la tendance continuelle à se porter en avant, tendance sans laquelle l'animal est sujet dans les circonstances difficiles à s'enfermer malgré le cavalier et à refuser le mouvement en avant.

Aussi, pour que la mise en main soit juste, je pense qu'il faut, d'une part et surtout, que tous les ressorts soient bandés afin de se détendre dès que les doigts le permettront : c'est ce qui fait le cheval perçant ; et, d'autre part, que la soumission à notre volonté et la légèreté soient telles qu'une résistance insignifiante des doigts suffise à contenir cette ardeur : c'est ce qui fait le cheval léger. En sorte que la mise en main réside dans l'union de ces deux qualités mises en jeu : le perçant et la légèreté.

Je ne saurais mieux comparer le cheval, dans la mise en main, qu'à une tige élastique ployée par deux forces qui en rapprochent les extrémités. Qu'une de ces forces soit supprimée ou diminuée, la tige se détend de son côté. Ainsi fait le cheval dans la mise en main : il a une élasticité qui est la résultante de toutes ses puissances tendues et retenues par les aides ; que, par le placer, on augmente ou diminue l'intensité d'une des aides, toutes les forces vives concentrées par la mise en main s'échappent du côté où elles sont le moins vivement sollicitées ou retenues, entraînant à leur suite un changement d'équilibre et de sens dans le mouvement.

La mise en main comporte naturellement la souplesse absolue de tout le cheval et l'engagement des propulseurs : la souplesse pour rendre possible le changement immédiat de l'équilibre ; l'engagement des propulseurs pour les rendre maîtres de la masse et leur permettre de l'actionner suivant la nouvelle position du centre de gravité.

C'est assez dire qu'il n'y a de mise en main que s'il y a élévation de l'encolure et décontraction complète de la nuque et de la mâchoire : autrement dit, ramener et flexion.

Il va de soi que la mise en main ne doit pas être continuelle : elle exige une tension musculaire qu'on voudra faire cesser quand on voudra mettre le cheval au repos ; on ne devra pas l'employer non plus, quand on demandera la rapidité maxima d'une allure parce qu'elle suppose une position d'encolure et une souplesse de nuque et de mâchoire tout à fait défavorables à la vitesse.

L'intensité de la mise en main est variable aussi d'après les circonstances. Au travail d'armes, à la chasse ou à la promenade, la mise en main ne devra exister que dans une certaine mesure seulement ; car s'il importe que, dans l'équitation extérieure, le cheval soit léger et maniable, il faut cependant que le centre de gravité ne soit pas assez en arrière pour gêner la rapidité d'allure qu'on y emploie habituellement.

Dans le travail de manège, on pousse la mise en main

à son maximum pour que le centre de gravité soit doué
de sa plus grande mobilité.

Elle prend alors le nom de « rassembler ».

2° LE RASSEMBLER

Ainsi que l'a dit avec raison Fillis, le rassembler est
« le fin du fin de l'équitation ».

J'ajouterai qu'il est aussi le fin du fin du dressage.

Dans le rassembler, toutes les puissances du cheval
sont rassemblées dans la main du cavalier qui en joue
comme des fils d'une marionnette.

A chaque action de doigt et de jambe, correspond un
changement d'équilibre et de mouvement.

Le centre de gravité est au dernier terme de sa mobilité : une action imperceptible du cavalier le déplace.
L'élasticité des membres et l'attention du cheval sont
concentrées vers le but unique d'obéir aux aides, et la
délicatesse d'impression est alors telle que le cavalier
peut jouer de son cheval avec une précision infinie.

La souplesse et l'instantanéité d'obéissance dont le
cheval fait preuve dans le rassembler résument toutes ses
autres qualités.

Elles en sont la quintessence.

Le cavalier qui sait obtenir et utiliser le rassembler,
le cheval qui sait s'y mettre, ont des mérites égaux ; ils
ont tous les deux atteint la perfection qui est, pour l'un,
le fin du fin du dressage et pour l'autre le fin du fin de
l'équitation.

Pour déterminer la manière d'obtenir le rassembler, remarquons que l'instabilité qu'il exige du centre de gravité et la faculté qu'ont les postérieurs de mouvoir la masse instantanément dans tous les sens sont dues à ce que l'arrière-main est engagé et à ce que le cheval est entièrement souple. En effet, en raison du grand engagement des postérieurs, la masse est au-dessus de leurs points d'appui ; par suite, les appuis des antérieurs s'effectuent près des appuis postérieurs : il en résulte une diminution de la base de sustentation[1] d'où naît la mobilité du centre de gravité. De plus, l'engagement considérable des postérieurs les met dans la meilleure posture pour manier la masse déjà rendue si mobile ; en sorte que le moindre effort de leur part la déplace immédiatement. Cet engagement a donc, en définitive, pour résultat de donner aux postérieurs le commandement facile de la masse.

Mais cette condition ne suffit pas pour constituer le rassembler. Il faut encore que les déplacements de la masse puissent être faits avec justesse, c'est-à-dire dans la mesure, dans le sens précis et dans l'instant commandés par les aides ; cela nécessite que tous les ressorts

---

1. Cette diminution de la base n'est pas la même pour tous les chevaux. Chez chacun en effet, la construction et, par conséquent, la position du centre de gravité diffèrent, ce qui, naturellement, entraine suivant les sujets des différences sensibles dans la position que doivent avoir les postérieurs par rapport à la masse pour pouvoir la manier avec la même facilité. C'est ainsi que chez un animal lourd dans son avant-main, les postérieurs devront se rapprocher des antérieurs plus que chez le cheval ayant un avant-main léger, toutes choses étant égales d'ailleurs. Le rassembler ne constitue donc pas une position type, un gabarit, que l'œil du spectateur peut apprécier ; et, sans vouloir jouer sur les mots, je dirai qu'il est plutôt une prédisposition qu'une position ; prédisposition toujours la même pour tous les chevaux, consistant dans une grande aptitude à la mobilisation de la masse, mais qui est dûe en partie à une position variable suivant les sujets, ainsi que je viens de le dire.

agissent et se détendent avec harmonie, ce qui s'obtient par l'absence de toute résistance au commandement des jambes et des rênes et, par conséquent, par l'absolue légèreté.

Si donc, nous appelons *rassembler* « un état grâce auquel la masse peut être mue instantanément dans le sens et avec l'intensité voulus par les aides », nous voyons qu'il résulte de deux conditions : l'engagement des postérieurs, la légèreté parfaite aux aides. Ces conditions s'obtiennent respectivement par le ramener et par les flexions. Pour qu'on puisse mettre un cheval dans le rassembler, il faut donc qu'on ait la possibilité de le soumettre à un ramener intense et qu'il donne les flexions avec une soumission complète. Nous avons exposé par quels moyens on y peut parvenir ; mais il faut ici l'emploi des aides les plus fines, les plus délicates et les plus précises. Le meilleur maître, en cette matière, c'est le tact équestre. Si vous ne l'avez pas, vous ne conduirez jamais un cheval jusqu'au rassembler ; si vous l'avez, c'est lui seul qui pourra vous donner la perception des nuances infiniment délicates par lesquelles vos aides devront passer. Ce sera sa suprême manifestation.

3° LE PLACER

Le centre de gravité étant rendu extrêmement mobile par la mise en main et le rassembler, il reste à profiter de cette mobilité pour obtenir l'équilibre le plus favorable à l'exécution du mouvement ; c'est affaire au placer.

Le placer est l'opération qui donne au centre de gravité la position nécessaire à l'exécution du mouvement voulu.

Un exemple fera comprendre cette définition. Supposons un cheval marchant au trot, en ligne droite, son allure ayant une certaine vitesse et son centre de gravité une certaine position. Si le cavalier augmente l'action des jambes et laisse l'accélération d'allure se produire, le centre de gravité prend une position plus avancée qu'il conserve tant qu'on ne demande pas le ralentissement ou une nouvelle accélération. Le cheval a été *placé* en vue d'une augmentation de vitesse.

Si, au lieu de demander plus de vitesse, le cavalier veut obtenir un changement de direction à droite, il fait tomber le cheval dans une flexion latérale à droite ; le centre de gravité se porte du côté de la flexion et y reste jusqu'à ce qu'on marche droit. Le cheval a été *placé* à droite.

De là, deux sortes de placers : le placer droit et le placer latéral.

LE PLACER DROIT

Le placer droit laisse le centre de gravité dans le plan vertical de l'axe, mais lui donne différentes positions en variant la hauteur de l'encolure et l'énergie avec laquelle les aides agissent les unes par rapport aux autres. Ce placer, laissant le centre de gravité dans le plan vertical de l'axe, est le seul qui doive être employé dans la marche en ligne droite au pas et au trot, sauf dans quelques cas spéciaux dont j'aurai à reparler. En effet, ces allures sont symétriques par rapport à l'axe, c'est-à-dire que les antérieurs et les postérieurs ont deux à deux les mêmes gestes.

Si on rompait cette symétrie en chargeant un membre plus qu'un autre par un déplacement latéral du centre de gravité, on provoquerait un changement de direction ou des irrégularités dans le mécanisme de l'allure. Donc, tant qu'on veut rester sur la ligne droite, à un pas ou à un trot réguliers, il faut, sauf de rares exceptions, ne se servir que du placer droit.

PLACER LATÉRAL

Le placer latéral a pour but de charger une épaule au bénéfice de l'autre. Il est de deux sortes, suivant qu'il est ou n'est pas accompagné d'un pli à la nuque.

1° *Placer avec pli.*

Le placer avec pli à la nuque n'est autre chose qu'une légère flexion latérale limitant la rotation de la tête à peine à un quart d'à droite ou d'à gauche. Il produit, d'une manière moins accentuée, mais suffisante cependant dans la plupart des cas, les mêmes effets que la flexion latérale. Il s'obtient comme elle et se demande lorsqu'on veut charger un côté en faisant regarder le cheval de ce côté, comme dans les mouvements circulaires ou parallèles.

Dans le tourner à droite, par exemple, la rêne gauche agit par opposition, la rêne droite agit comme rêne directe et de façon à produire le pli à la nuque : le cheval est placé à droite. En dressant le cheval à la flexion latérale complète, on a eu surtout pour but de l'amener à donner instantanément le pli très léger du placer.

2° *Placer latéral direct.*

Outre ce placer latéral, il convient, à mon avis, d'en distinguer un autre qui déplace également le poids de l'avant-main en chargeant une épaule au bénéfice de l'autre, mais laisse le cheval droit. On l'obtient à gauche par exemple, c'est-à-dire chargeant l'épaule gauche, par les rênes droites d'opposition déplaçant le poids vers la gauche, et par les rênes gauches directes contribuant à ce déplacement et marquant sur la barre gauche une action telle que la tête reste directe et le cheval droit.

On devra demander ce placer toutes les fois qu'on voudra charger inégalement les épaules, tout en marchant droit : dans le galop, par exemple, ou encore lorsqu'un cheval a une allure irrégulière pouvant être corrigée par ce déplacement de poids.

Cette théorie du placer est souvent tout autrement comprise, car beaucoup d'écuyers donnent le nom de placer à droite, par exemple, à une certaine opération qui consiste à faire agir diagonalement la rêne droite, de l'épaule droite à la hanche gauche, en faisant faire le pli de la nuque à droite. On charge ainsi l'épaule et la hanche gauches en tournant la tête du cheval vers la droite. Je ne vois pas, je l'avoue, dans quels cas cet équilibre peut être juste ; car enfin, il n'est utile de faire regarder le cheval à droite que si l'on marche circulairement ou parallèlement vers la droite ; auquel cas ce n'est pas l'épaule gauche qui doit être chargée, mais la droite.

S'il y a des exceptions, elles sont assurément très rares et ne sauraient constituer la règle générale.

A côté de cela, au contraire, les trois opérations du placer droit et des placers latéraux dont j'ai parlé, doivent être d'un usage constant car elles placent le cheval dans les équilibres auxquels on a presque uniquement recours ; c'est pourquoi il me semble logique de les considérer comme constituant réellement les différents placers du cheval et de regarder comme une exception tout à fait rare l'emploi de l'opération qui porte communément ce nom.

Il me semble presque oiseux de dire que le placer, qu'il soit droit ou latéral, comporte forcément la mise en main ou le rassembler ; la mobilité qu'il suppose au centre de gravité n'existe que dans ce cas-là.

Ainsi qu'on en peut juger, le placer est une opération fort délicate, exigeant de la part des aides une entente et un accord parfaits. C'est à le rendre possible que tendent en dernier lieu le dressage aux aides et les soins apportés à assurer la souplesse et la docilité du cheval.

Son importance est extrême, car c'est lui qui, en « plaçant » le centre de gravité dans la bonne position, commande la justesse et la précision du mouvement.

Il exige, enfin, des preuves continuelles de ce tact équestre qui, ici plus qu'ailleurs, a toute sa raison d'être.

La méthode ne peut donner qu'une directive ; elle laisse à la perspicacité et au savoir-faire du cavalier le soin de suppléer a ce qu'elle a forcément d'incomplet.

3° *L'Inclinaison.*

C'est du placer latéral direct ou avec pli que dépend, on le voit, la position par laquelle le centre de gravité est rapproché d'un des côtés de la base de sustentation ou le dépasse, le cheval se penchant, en quelque sorte, d'un côté ou de l'autre. Cette position peut s'appeler l'*inclinaison.*

On peut, à vrai dire, distinguer deux sortes d'inclinaisons. La première est celle que le cheval prend de lui-même pour résister à la force centrifuge dans les changements de direction rapides. De celle-ci, je ne dirai rien : elle est commandée par l'instinct ; le cavalier n'a pas à l'imposer, pas plus qu'il ne pourrait, je pense, arriver par ses aides à empêcher l'animal de la prendre suivant les besoins du moment.

La seconde sorte d'inclinaison est celle qui dépend des aides et qu'on obtient par le placer latéral. Par son importance et par la fréquence des cas où il faut l'imposer, elle mérite d'attirer l'attention. Suivant son degré, ou bien elle fait intervenir les forces de la pesanteur pour entraîner la masse en dehors de la direction de son axe et permet de déterminer alors les mouvements circulaires ou parallèles ; ou bien, elle charge simplement un membre ou un bipède latéral, avec le concours de l'assiette. Trop faible, dans ce cas, pour entraîner la masse hors de la direction de l'axe, elle donne seulement au membre ou au bipède déchargés la faculté de s'étendre plus que leur congénère. Du degré d'inclinaison et, par conséquent, de l'intensité du placer latéral, dépendent donc des effets absolument différents.

Il y a lieu de remarquer aussi que, suivant le but qu'on se propose, l'inclinaison devra être obtenue soit par le placer latéral avec pli, soit par le placer latéral direct.

Si, en effet, on veut que l'inclinaison entraîne un mouvement se produisant en dehors de la direction de l'axe comme le tourner ou le travail de deux pistes, c'est au placer latéral avec pli qu'il faudra généralement avoir recours, parce qu'il y a ordinairement lieu, en pareil cas, de diriger la tête de l'animal dans la nouvelle direction. Si, au contraire, il ne faut pas que l'inclinaison fasse sortir le centre de gravité de la base de sustentation, mais seulement le rapproche quelque peu d'un membre ou d'un bipède latéral, comme cela est utile pour le départ au galop par exemple, la marche ne change pas de direction ; il n'y a par suite pas de raison de déplacer la tête du cheval. Il sera alors indiqué de demander cette inclinaison par le placer latéral direct.

TITRE IV

LES AIDES, LES RÉSISTANCES ET LA LÉGÈRETÉ

LES AIDES

Les aides, dans le sens le plus général du mot, sont les intermédiaires dont se sert le cavalier pour faire exécuter sa volonté par le cheval. En dehors des mains, des jambes et de l'assiette, on peut dire que les piliers, la cravache, la chambrière, le caveçon, la martingale, le jockey de bois et autres engins sont des aides. Mais trois doivent être seules employées à cheval : les mains, les jambes et l'assiette ; elles suffisent, quel que soit le résultat à obtenir. Le cavalier doit savoir s'en contenter, parce que, s'il lui faut des moyens étrangers à sa personne, il ne pourra pas utiliser son cheval le jour où ces moyens lui manqueront. Si, aux trois aides naturelles, on joint la voix comme aide morale, si je puis m'exprimer ainsi, et la cravache considérée comme moyen de correction, on a énuméré tout ce qu'il faut au cavalier pour dresser et manier sa monture. Il ne pourra être réputé habile, le cheval ne pourra être dit dressé que lorsque ces moyens d'action leur suffiront pour remplir leur rôle vis-à-vis l'un de l'autre.

Je viens d'en donner une raison pratique ; il en est une autre non moins importante, c'est que l'art l'exige ainsi. Que penserait-on de l'homme qui se dirait musi-

cien parce qu'il ferait fonctionner un pianista ? Son exécution fût-elle aussi brillante que celle de Litz ou de
Rubinstein, il ne viendrait à l'idée de personne de le
prendre pour un artiste. Le cheval n'est-il pas, lui aussi,
un instrument merveilleusement harmonieux ? On ne peut
prétendre en jouer que lorsqu'on utilise exclusivement
les dispositions spéciales de ses organes par les seuls
intermédiaires indispensables. Sinon on ne fait pas plus
de l'équitation que l'homme qui s'aide d'un pianista ne
joue du piano. L'art est exclu dans un cas comme dans
l'autre.

LES RÉSISTANCES

Les résistances que rencontrent les aides sont de
deux sortes, suivant que leurs causes sont morales ou
physiques. On peut, pour cette raison, et bien que les
manifestations des unes et des autres soient extérieures,
les distinguer en résistances morales et résistances
physiques.

RÉSISTANCES MORALES

On s'en rend maître par l'éducation, par l'apprivoi-
sement du cheval. C'est en s'adressant à ses facultés
psychiques qu'on peut assouplir son caractère et prendre
sur sa volonté un ascendant qui le prédispose à l'obéissance. C'est ainsi qu'agissent l'emploi judicieux des
récompenses et des châtiments, l'insistance jusqu'à la
concession, et la répétition des mêmes demandes,

jusqu'à ce que leur exécution soit familière. Par ces moyens, on s'assure et on entretient la bonne volonté du cheval ; il faut recourir aux uns ou aux autres à tous les instants, parce qu'il n'y a pas une minute où nous puissions nous passer des bonnes dispositions de l'animal : sans elles, pas de travail bien fait.

La soumission nous étant indispensable, il faut non seulement l'obtenir, mais encore ne pas lui nuire par des demandes inopportunes ou mal faites, et enfin la conserver si le cheval voulait en sortir. Cela nécessite trois qualités : de la progression dans les exigences, de la justesse dans la manière de les présenter, et enfin de l'autorité dans les aides.

La progression dans les exigences consiste à ne rien demander sans que le cheval y ait été préparé par les exercices précédents. Ce sont les résultats déjà obtenus qui permettent d'en acquérir de nouveaux. Aussi le cavalier doit-il s'inspirer de ce que lui donne son cheval pour apprécier ce qu'il peut lui demander de plus. Les progrès se succèdent alors normalement et s'entraînent les uns les autres comme les maillons d'une même chaîne ; tandis que des demandes prématurées se heurtent à une impossibilité matérielle et l'injuste exagération de nos exigences rebute notre élève et le détermine infailliblement à la lutte.

En dehors de l'à-propos avec lequel elles doivent être présentées, il faut encore que nos exigences le soient avec justesse et cela se passe de commentaires ; car il est évident que des aides fausses ne peuvent qu'égarer et rebuter l'animal : impuissantes à obtenir ce qu'elles demandent, elles sont tenues à une insistance qui, n'étant jamais couronnée de succès, lasserait la patience la mieux trempée. De là les désobéissances forcées, les défenses et les luttes.

Enfin, la nécessité de maintenir le cheval dans la soumission pour éviter les résistances morales exige que les aides aient sur lui un puissant ascendant. Si bien disposé qu'il soit, il n'est pas, pour cela, exempt de moments de paresse ou de mauvaise humeur ; un travail difficile lui paraît plus tentant à éviter qu'à exécuter ; il a aussi une prédisposition naturelle à se soustraire à nos sollicitations lorsqu'elles le dirigent vers un but qu'il ignore. Pour ces raisons, il est nécessaire que les actions de nos aides puissent être autre chose que de simples indications, et devenir, le cas échéant, les irréductibles agents de notre volonté. Il n'en sera ainsi que si nous ne cherchons pas à obtenir par nos aides d'autres effets que ceux que les lois naturelles rendent inévitables. L'animal, sachant qu'il ne peut enfreindre l'autorité des moyens que nous employons, ne cède pas à la tentation qu'il pourrait avoir de le faire. Il suffit, en effet, de remarquer comment le cheval le mieux mis et le plus docile, mais doué de générosité et d'allant, c'est-à-dire parfait, promène le cavalier dont il sent la mollesse ou l'incapacité, pour se rendre compte de la nécessité dans laquelle sont les aides d'être des moyens non seulement d'indiquer notre volonté, mais aussi, de l'imposer. Lorsqu'elles ont cette autorité, elles rencontrent une soumission complète. Leur rôle devient tout de délicatesse et d'intuition ; dès qu'elles agissent, elles sont obéies. A ce moment, elles peuvent en effet ne plus commander que par indications même les tâches les plus ardues. Mais ce résultat n'est possible sans qu'il y ait de révoltes à craindre que parce que le cheval sent, dans ces indications, des ordres émanés d'une autorité contre laquelle il ne saurait prévaloir.

Pour que nos aides acquièrent un pareil ascendant, il faut qu'elles agissent sur la masse en la disposant de manière à favoriser l'exécution de notre volonté et à rendre difficiles ou impossibles les intentions contraires du cheval.

Les mains, les jambes et l'assiette ont tout ce qu'il faut pour remplir ce double but. Les mains agissent directement sur l'avant-main, indirectement sur l'arrière-main. Les jambes, au contraire, agissent directement sur les propulseurs, indirectement sur l'avant-main. Les aides peuvent donc placer les deux parties du cheval dans des positions récipropres fort différentes pour faciliter l'exécution de notre volonté. Enfin, en raison de la position de notre centre de gravité plus élevé que celui du cheval, nous pouvons impressionner par l'assiette toute la masse, et la faire pencher dans le sens le plus conforme à nos intentions.

En facilitant ainsi l'exécution de notre volonté et en opposant aux résistances des difficultés matérielles souvent insurmontables, les aides acquièrent une puissance qui assure la soumission de l'animal ou son prompt rappel à l'ordre.

Il en est tout autrement si on ne donne aux aides qu'une valeur conventionnelle, car alors leur autorité est subordonnée au bon vouloir du cheval. Or ce serait vraiment lui supposer trop de vertu que de le croire toujours prêt à exécuter de bon gré des labeurs souvent rudes et difficiles sans qu'il s'y sente forcé, simplement parce que tel est notre bon plaisir. Pour assurer sa soumission il ne suffit donc pas aux aides d'avoir une valeur de convention basée seulement sur une entente factice ou sur une habitude donnée. Elles n'en tirent pas l'autorité voulue pour contraindre l'animal à l'exécution de travaux pénibles ou pour lutter contre ses passions si les circonstances les surrexcitent.

Je sais bien qu'on peut prendre sur un cheval un ascendant apparent en donnant ainsi aux actions des aides une signification artificielle. Ses facultés psychologiques s'y prêtent admirablement : il est un des animaux les plus enclins à devenir routiniers et maniaques. Ainsi nous pouvons fort bien l'habituer à s'arrêter si on lui touche la queue ou l'oreille. Tout moyen, fût-ce un éternuement, peut être utilisé conventionnellement pour obtenir un mouvement quelconque. Les jambes peuvent être employées pour arrêter si elles agissent aux sangles, faire avancer si elles sont en arrière, faire reculer si elles sont plus en arrière encore et autres combinaisons. Un cheval ainsi dressé est ce que d'Aure appelle un cheval routiné. De pareils procédés ne peuvent en aucune façon s'imposer à sa volonté.

C'est pour cela que cette manière de faire a été laissée de côté par les La Guérinière, les d'Abzac, les Chabannes, les d'Aure. Ces grands hommes et ceux qui les égalèrent pensaient que toute la science équestre réside dans la connaissance du mécanisme hippique et des lois naturelles qui le commandent.

Ces maîtres croyaient aussi que si telle est en équitation la part de la science, celle qui revient à l'art est d'utiliser les aides en conformité avec ces lois pour emprunter leur imprescriptible autorité. Grâce à cela, ils maniaient leurs chevaux avec une précision et une harmonie merveilleuses parce qu'au lieu de se servir de leurs aides suivant des conventions dont l'autorité ne pouvait être que précaire, ils s'en servaient en utilisant la puissance des lois mécaniques et physiologiques. Aussi, eussent-ils dressé chacun cent chevaux, tous les chevaux de l'un auraient pu être montés par les autres avec la même justesse et la même grâce.

Il n'en est plus de même à partir du moment où l'on tombe dans les fantaisies, car chacun peut avoir les siennes et, avec raison, les trouver aussi bonnes que celles de son voisin. Si MM. de Chabannes et d'Aure, par exemple, avaient suivi de pareils errements, M. de Chabannes aurait pu dresser ses chevaux à s'arrêter en leur touchant la crinière et M. d'Aure les y dresser en leur piquant les éperons aux sangles. Chacun de ces deux hommes qui, on me le concédera, ne montaient pas trop mal à cheval, chacun d'eux, dis-je, ne se serait guère entendu avec les chevaux de l'autre.

Ne cherchons donc pas à donner à nos aides une valeur conventionnelle et factice ; nous ne ferions plus de l'art équestre ; nous ferions une tout autre chose, ce qu'on voudra, mais pas cela. Voilà pour l'esthétique. Au point de vue pratique, nous perdrions le bénéfice de l'autorité que les aides acquièrent si elles ne font qu'exploiter les lois naturelles. Enfin, non seulement nos chevaux ne nous obéiraient qu'autant que cela leur conviendrait, mais encore ils ne seraient montables que par leur seul dresseur. Pour ces différentes raisons, il est nécessaire de donner aux aides toute l'influence qu'elles peuvent acquérir si elles exploitent uniquement les effets que les lois naturelles leur font produire. Alors seulement, elles seront en état d'obtenir la soumission et de la conserver parce que le cheval n'entrera pas plus en lutte contre leur autorité qu'il aura reconnue invincible que l'inférieur ne s'insurge contre le chef dont il connaît l'inébranlable fermeté.

RÉSISTANCES PHYSIQUES

Les résistances physiques sont celles que rencontre l'action particulière et immédiate de chaque aide.

Elles se produisent soit lorsque le cheval n'est pas dans la légèreté parfaite, sans qu'il refuse d'obéir, soit lorsque cette légèreté se trouve momentanément compromise. Supposons, par exemple, qu'on veuille tourner à droite. Le cheval obéit, cependant la main peut sentir une résistance plus ou moins considérable. C'est une contraction involontaire et inconsciente semblable à celles que fait naître en nous un exercice auquel nous ne sommes pas habitués et comportant un équilibre difficile à garder, comme par exemple le patinage. Ces contractions dont nous sentons par nous-mêmes les inconvénients sont aussi nuisibles chez le cheval. Elles entraînent de sa part une raideur en raison de laquelle nos effets de mains ou de jambes se répercutent sans amortissement, comme à travers une tige rigide, sur toutes les parties de l'organisme dont les forces se heurtent alors avec désordre et fatigue. Il en résulte, pour le cheval, l'impossibilité d'une obéissance instantanée et, pour le cavalier, la nécessité de recourir à des effets de force qui rendent toute justesse précaire.

Ces résistances peuvent être rencontrées par les jambes ou les mains. Nous allons en examiner la nature et les correctifs en nous limitant, puisque nous les supposons involontaires, à celles qui ne peuvent pas être combattues comme les résistances morales.

Résistances rencontrées par les jambes.

Les résistances physiques rencontrées par les jambes caractérisent, bien souvent, le tempérament du cheval neuf. S'il leur oppose la force d'inertie, la pesanteur de sa masse, c'est par mollesse et apathie. S'il se contracte à leur approche au point d'en être comme paralysé, c'est l'indice d'un caractère nerveux et impressionnable. Dans le premier cas, il faut les faire craindre ; dans le second, au contraire, on doit atténuer l'appréhension qu'elles inspirent.

Comme l'obéissance aux jambes est la base fondamentale du dressage et peut être rendue complète d'une manière définitive, on doit faire le dressage à ces aides dès le début et n'aller plus avant que lorsque leur autorité est absolue. On trouvera aux articles sur le dressage aux jambes, sur l'éperon et sur le travail à pied les procédés que je crois les meilleurs pour y arrriver. Si, dans la suite, les jambes rencontrent, je ne dirai pas des résistances, mais une instantanéité de mouvement insuffisante, la cause en est à un retour de mollesse ou à de l'inattention ; il n'y a alors qu'une manière de faire : c'est de châtier avec une énergie proportionnée à la faute, en exigeant que l'action des jambes ou des éperons à laquelle on a recours fasse bondir l'animal en avant. Le renfermer sur les attaques est, en effet, à mon sens, la dernière des fautes à commettre, car rien n'est plus propre à tuer l'impulsion que d'en empêcher les effets lorsque les jambes se font sévères. Au lieu de réveiller l'impulsion qui s'endort, on lui porte le dernier coup, on l'anéantit. C'est par de telles pratiques qu'on arrive à avoir des chevaux qui ne se meuvent plus que par l'éperon, au lieu d'être tellement dans l'impulsion que, suivant une belle expression attribuée au regretté général L'Hotte, « le vent de la botte » suffit à éveiller toutes leurs énergies.

Résistances rencontrées par les mains.

La légèreté la plus complète étant une condition *sine quâ non* du juste effet des rênes et de la précision des gestes, un mouvement ne peut être obtenu d'une manière irréprochable que s'il l'est en l'absence de toute résistance à la main. Il faut donc éviter qu'il s'en produise et, pour cela, cherchons quelles peuvent en être les causes.

Je ne crois pas qu'on puisse attribuer les résistances aux forces musculaires ou aux forces de la pesanteur considérées séparément. En effet, comme l'a très bien observé le colonel Gerhardt, les forces musculaires sont toujours appliquées au poids de la masse totale ou d'une de ses parties. Ce poids, à son tour, n'est soutenu ou déplacé que par les forces musculaires. Les forces du cheval et celles de la pesanteur sont donc inséparables et n'agissent jamais isolément ; en sorte qu'il ne semble pas que les résistances soient dues, dans certains cas aux premières, dans d'autres cas aux secondes, mais, en réalité, elles sont dues aux unes et aux autres et les causes qui les provoquent sont simples.

La première est celle-ci : la construction du cheval lui rend plus particulièrement commode une certaine position de sa tête, de son encolure et de son centre de gravité ; mais cette position n'est presque jamais conforme aux nécessités de l'équitation et nous sommes obligés de la changer. Il en résulte pour le cheval une gêne et une tendance à garder ou à reprendre la posture qui lui est familière. De là naissent la plupart des contractions. Ce qui le prouve c'est qu'elles sont d'autant plus prononcées que la construction du cheval est plus éloignée des positions auxquelles il faut l'astreindre.

Le problème de l'annihilation des résistances à la main revient donc à chercher comment on peut les éviter lorsqu'on veut mettre la tête, l'encolure et le centre de gravité dans les positions qu'ils doivent occuper.

Si le cheval tend naturellement à avoir l'encolure trop basse et les épaules trop chargées, ce qui est l'immense majorité des cas, il faut l'amener à ne présenter aucune résistance lorsqu'on lui demande de s'élever et de s'engager. D'après ce que nous avons vu déjà, le moyen d'y arriver réside dans le dressage au ramener et aux flexions obtenues, ainsi que je l'ai expliqué, par l'effet de l'impulsion venue des jambes et reçue par la résistance des doigts : prise entre les propulseurs qui la poussent et le mors qui l'empêche de s'allonger, la colonne vertébrale fléchit dans ses articulations ; le rein s'abaisse ; l'angle au garrot se ferme, ce qui élève l'encolure, surtout si les mains travaillent un peu haut lorsqu'il y a tendance à l'encapuchonnement ; la nuque se ploie, ce qui place la tête verticale. L'enseignement des flexions amène la bouche à céder instantanément pendant ces différentes opérations, sur des résistances de doigts devenant de moins en moins fortes jusqu'à être infimes. La question est ainsi résolue : lorsque l'encolure est trop basse et le devant trop chargé, c'est par le dressage parfait au ramener et aux flexions que nous amenons le cheval à prendre les positions qui nous sont utiles et à les conserver sans que les doigts sentent la moindre contraction.

Si, au lieu d'avoir la position naturelle dont nous venons de nous occuper, le cheval se grandit ou s'asseoit trop, il nous faut l'habituer à se tenir plus bas, tout en ne prenant la main qu'avec moelleux. Je suppose d'abord qu'il est dans l'impulsion et que, par conséquent, dès que les jambes agissent, il se met dans les conditions qui favorisent le mieux le mouvement en avant, c'est-à-dire qu'il baisse et étend son encolure et sa tête et avance son centre de gravité ; s'il ne se comportait pas ainsi, il ne serait pas dans l'impulsion et il faudrait d'abord l'y mettre. Ce point étant acquis, et le cheval se baissant à la demande de nos jambes, il reste seulement à obtenir qu'il le fasse en gardant la mâchoire et la nuque parfaitement souples, sans contractions s'opposant aux effets du mors. C'est encore comme tout à l'heure par le fini du dressage aux flexions que nous y arriverons.

On voit donc que le dressage parfait au ramener et aux flexions nous rend maîtres du balancier au point de le faire obéir aux actions les plus délicates des rênes ; nous pouvons dès lors établir le cheval dans les positions qui nous sont nécessaires et l'y maintenir avec une légèreté constante et absolue, parce que nous avons détruit toutes les causes de résistance inhérentes à sa nature.

Il est bon d'observer que, pour arriver à cette perfection, il peut être avantageux pendant le dressage, toutes les fois qu'une résistance se prolonge quelque peu, de remettre le cheval dans les conditions d'allure et de mouvement où on a reconnu qu'il se laisse le mieux ramener et fléchir. Puis, lorsque la résistance a disparu, il faut, pour en éviter le retour, ne se remettre qu'insensiblement dans les conditions qui l'avaient provoquée.

Par les moyens qui précèdent, nous amènerons le cheval à être dans un état habituel de légèreté, devenu pour lui comme une seconde nature. Mais comme ils comportent une action plus marquée des jambes du cavalier, ils suscitent généralement une augmentation momentanée dans l'énergie des gestes du cheval. Ceci est sans importance pendant le dressage, mais ne peut s'admettre d'un cheval mis, tout au moins, dans un travail de manège, dont les mouvements doivent être caractérisés par une puissance constante et réglée dans ses variations.

Aussi, lorsque, dans ce travail, des causes extérieures telles qu'une perturbation accidentelle de l'équilibre ou une erreur toujours possible des aides, rompront la légèreté, il nous faudra, pour la rétablir, employer d'autres procédés que les anciens maîtres appelaient le *demi-arrêt* et le *badinage des rênes*[1]. Ce sont de simples correctifs dont l'effet sur un cheval neuf serait à peu près neuf serait à peu près nul, mais qui sont suffisamment efficaces avec un animal déjà allégé et n'influent pas sur l'impulsion déployée.

[1]. Ces effets étaient déjà recommandés par Xénophon ; s'il ne les a pas complètement définis, il en avait néanmoins un sentiment très net, comme le prouve ce passage extrait de la traduction de Curnieu : « Du reste, quel que soit le « mors dont on se sert, on peut le rendre doux en jouant les rênes et en « donnant des demi-temps d'arrêt. » La Guérinière, Mottin de la Balme, Bohan, Hunersdorf, Boisdeffre et presque tous les écrivains qui ont traité de l'équitation avec quelque compétence jusqu'au commencement du xix⁰ siècle ont parlé du demi-arrêt et du badinage des rênes. N'est-ce pas pour nous une bonne leçon d'humilité que de voir des procédés si fins étudiés et pratiqués à une époque reculée, où l'on n'avait probablement pas encore beaucoup écrit ni parlé sur l'équitation ? A voir combien on a raisonné juste sur cette science depuis les temps les plus éloignés et à étudier les ouvrages écrits par les maîtres jusqu'aux premières années du siècle dernier, on se rend compte qu'ils n'ont pas laissé la possibilité d'innover. Tout ce qu'il y a de bon, au point de vue doctrine, ils l'ont énoncé. Aussi ne peut-on guère que comparer leurs théories et leurs procédés, prendre à chacun ce qu'il a dit de meilleur, montrer par des raisonnements nouveaux ou au moyen des progrès incessants des sciences physiques, la valeur relative des différents procédés, tirer enfin des déductions neuves de ce qui a déjà été prouvé. Par là, on fait une sélection dans les matériaux amoncelés, on élimine ceux que le temps a vieillis, on les remplace par ceux dont la solidité est mieux éprouvée ; mais tous ceux, ou peu s'en faut, qui peuvent servir à élever cet édifice qu'est une méthode d'équitation, ont été tirés de la carrière par nos devanciers ; nous n'avons qu'à les apprécier et à choisir parmi eux. La tâche est encore belle et vaste : elle peut être féconde en résultats. Mais prétendre innover quelque chose d'utile au point de vue doctrine, dans la science qu'ont illustrée et approfondie les maîtres de la vieille École Française, serait aussi présomptueux que de se donner maintenant comme l'inventeur de la bonne peinture ou de la bonne musique. Ceci ne s'applique pas, bien entendu, aux airs de Haute École qui ne sont que des applications différentes de la science et peuvent varier à condition de rester d'accord avec les principes, comme varient les compositions des musiciens ou des peintres.

La Guérinière définit ainsi le demi-arrêt : « Marquer
« un demi-arrêt, c'est lorsqu'on retient la main de la
« bride près de soi pour retenir et soutenir le devant
« d'un cheval qui s'appuie sur le mors ou lorsqu'on
« veut le ramener ou le rassembler.»

Le demi-arrêt est une résistance instantanée des doigts
qui, en raison de l'obéissance complète donnée au
balancier, suffit à provoquer une élévation de l'encolure
et à rejeter ainsi en arrière l'excès de poids que les
forces musculaires auraient amené sur les épaules. Si le
demi-arrêt est bien exécuté, il se fait sans ralentissement :
le centre de gravité, en se rapprochant de l'avant-main,
aurait occasionné une accélération, le demi-arrêt
empêche seulement cette accélération de se produire.

Le badinage des rênes peut se faire de différentes
façons également bonnes suivant les cas. Son nom qui
date de l'ancienne école mérite d'être conservé comme
très clair et moins exclusif que celui de « vibrations »
que Boucher a voulu lui substituer.

Est un badinage des rênes tout ce qui fait jouer les
embouchures dans la bouche soit par un va-et-vient
rapide et léger, soit par une agitation imperceptible des
rênes, soit par une action alternée des mors de bride et
de filet. Ces différents procédés sont également efficaces
suivant les chevaux et les circonstances.

Boisdeffre explique très nettement l'effet du badinage
des rênes en disant : « Le cavalier aura soin de badiner
« les rênes toutes les fois que l'animal voudra prendre
« un point d'appui ou résister à la bride et il rapprochera
« en même temps les jambes. Ainsi, il parviendra à le

« rendre léger à la main si une construction trop vicieuse
« ne s'y oppose pas. »

Et plus loin : « Si l'animal y résiste (au reculer), on
« badinera légèrement les rênes ; de cette manière, le
« point d'appui, lui échappant, le disposera plus facile-
« ment à obéir. »

Le badinage des rênes, sous une de ses formes, trouve
son emploi lorsque la résistance ressentie par la main se
produit sans que les forces musculaires aient changé la
position de la masse.

Il est assez difficile de définir les circonstances où il
faut agir par demi-arrêts et celles où l'on doit badiner
des rênes. Cependant, on peut dire que les premières
sont caractérisées par ce fait que le cavalier sent comme
une pesée s'opérer sur la main ; tandis que, dans les
secondes, il éprouve plutôt la sensation d'agir sur une
barre rigide.

LA LÉGÈRETÉ

Par ces différents moyens nous amenons le cheval à
la parfaite légèreté.

On est si souvent amené à parler de légèreté que je
crois bon de bien définir cet état qui, suivant la manière
dont il est obtenu, est le meilleur ou le pire, la vraie
légèreté étant une qualité aussi nécessaire au juste
emploi du cheval que la fausse légèreté lui est préjudi-
ciable.

La légèreté aux jambes ne peut être mal comprise ;
elle réside dans l'instantanéité avec laquelle les propul-

seurs se détendent à la plus infime sollicitation des jambes, soit obliquement si l'une agit plus que l'autre, soit d'arrière en avant si elles agissent également et si la main ne s'y oppose pas, soit enfin de bas en haut ou d'avant en arrière si la main empêche l'impulsion de s'écouler en avant.

Cette extrême sensibilité aux jambes s'obtient en rendant par tous les moyens leur action de plus en plus impulsive et en rejetant les procédés qui peuvent nuire à l'obtention de ce résultat le plus nécessaire, le plus indispensable de tous.

La légèreté aux rênes peut, au contraire, être comprise de différentes manières. Elle comporte dans tous les cas l'absence absolue de résistances à la main ; mais elle est juste ou fausse, excellente ou détestable suivant la cause qui la détermine.

Le cheval qui reste en arrière du mors, qui ne vient pas sur le mors, ne présente pas de résistances à la main ; mais il est dans une fausse légèreté parce qu'il manque de l'impulsion qui l'amènerait à venir chercher le commandement de la main. A partir du moment où il a l'habitude de rester ainsi en arrière d'elle, rien ne l'empêche plus de lui échapper et de continuer dans la voie où il est engagé jusqu'à s'acculer pour refuser le mors si celui-ci revient en arrière essayer de prendre la bouche ; l'organe essentiel de direction est faussé, sinon brisé.

La descente de main de La Guérinière et de Baucher et les attaques telles que les a comprises ce dernier sont les prototypes des exercices qui peuvent donner naissance à ce vice.

La légèreté du cheval qui est au contraire sur les épaules et qui cependant ne cherche pas à accélérer sa vitesse, bien que rien ne s'y oppose, est aussi une fausse légèreté. On voit l'animal galoper l'encolure basse, les rênes flottantes à une allure ralentie ; le cavalier, qui n'a aucun effort à faire pour l'y maintenir, peut le croire léger. Il n'y a cependant, là encore, qu'un manque d'impulsion. L'allure lente dans laquelle le cheval reste de lui-même, alors que sa position l'incite au contraire continuellement à allonger, prouve uniquement qu'il se retient, que l'impulsion lui fait défaut. Si l'on essaie simplement de le faire tourner un peu court, on verra ce que devient sa prétendue légèreté : ses jarrets placés trop en arrière de la masse ne peuvent la manier, les épaules trop chargées ne peuvent opérer leur déplacement latéral ; il y a incompatibilité entre l'équilibre et le mouvement ; aussi, au lieu d'obtenir un changement de direction facile et réglé, on trouve des résistances sans nombre. Il n'y avait pas de légèreté ; le cheval manquait d'impulsion, voilà tout.

La descente d'encolure sans accélération prédispose avec évidence à ce détestable défaut.

On voit que le manque de résistances à la main ne suffit pas pour constituer la légèreté qu'on doit rechercher. Dans les deux cas que nous venons d'examiner, cette absence de résistances n'est que le résultat d'un manque d'impulsion d'où naissent les graves inconvénients que j'ai signalés et d'autres encore. J'ai indiqué quelques-uns des procédés qui donnent cette légèreté si déplorable qu'il faut lui préférer les résistances du cheval qui se braque mais qui marche. Au rang de ces procédés on doit mettre encore tous ceux qui courent le risque d'amoindrir l'impulsion et même ceux qui ne la développent pas.

Si le rôle de l'équitation était de faire briller un cheval au manège, il pourrait être commode, pour l'y raccourcir comme il convient, de lui ôter l'idée de s'étendre. Mais il en est autrement. Le dressage a pour but de rendre le cheval apte à nous porter à l'extérieur où nous voulons, quand nous voulons, à l'allure que nous voulons : pour cela il faut, il est vrai, que l'animal soit souple et soumis moralement et physiquement, mais surtout qu'il soit doué d'un allant qui le rende toujours prêt à se livrer courageusement. Pour être rationnel, le dressage ne doit avoir pour but que d'obtenir ces qualités. Les airs savants eux-mêmes, en dehors des progrès qu'ils font faire à l'écuyer, n'ont d'autre raison d'être que de préparer le cheval à mieux remplir son véritable rôle en lui donnant l'obéissance aux aides, l'adresse et l'habitude de s'équilibrer avec une rapidité et une justesse qui engendrent la puissance et l'extension des allures. C'est surtout par cette utilité de premier ordre que vaut la Haute-École. Aussi doit-on rigoureusement en exclure aussi bien que de l'équitation courante, tous les procédés qui ne tendent pas à l'utilisation pratique du cheval et qui, sous prétexte de légèreté, lui ôtent l'allant, le perçant qui lui sont indispensables pour nous bien servir.

Eest-ce à dire qu'il faille renoncer à avoir des chevaux légers ? non certes il faut même admettre que le cheval n'est réellement prêt à remplir son rôle que lorsqu'il est absolument léger ; mais pour cela, il faut qu'il soit dans la légèreté vraie.

Celle-ci consiste dans la délicatesse avec laquelle le cheval soumis et tendant sans cesse au mouvement en avant, prend contact avec la main pour lui demander, en quelque sorte, la permission de passer. Si les doigts cèdent, l'encolure s'allonge, le centre de gravité avance, l'allure s'étend ; s'ils résistent, le cheval reste moelleusement fléchi, courbé sur la main, prêt à se détendre dès qu'elle ne s'y opposera plus, tel le ressort élastique et fin qu'une force imperceptible suffit à tenir tendu, mais qui se débande instantanément dès qu'elle disparaît. Cette tendance continuelle du cheval à se détendre différencie à première vue la vraie légèreté de la fausse ; elle n'est autre chose que l'allant, autrement dit, l'impulsion naturelle ou acquise. Le cheval allégé sans qu'on prenne sur son impulsion est donc un être vibrant prêt à s'employer ; mais, rendu obéissant, il soumet son désir à l'autorisation de son maître, se laisse placer par lui et se contient sans résistance ou se livre et se dépense sans compter. Voilà la légèreté dans l'impulsion ; voilà ce que je crois être la vraie légèreté.

CONCLUSION

Cette étude de l'influence des aides sur les résistances pour les réduire et engendrer la légèreté peut se résumer ainsi : les résistances sont de deux sortes suivant qu'elles ont leur principe dans les facultés psychiques du cheval ou dans ses facultés physiques.

Pour combattre les premières, nous devons nous assurer la bonne volonté de l'animal par son éducation morale et, la crainte étant le commencement de la sagesse, il faut, pour l'entretenir dans ses bonnes dispositions, que nos aides aient une autorité à laquelle il se sente obligé de se soumettre. Elles n'ont cette puissance que si leurs effets sont empruntés aux lois naturelles auxquelles le cheval ne peut se soustraire, ce qui exclut, en dehors même de toutes autres raisons, l'usage des aides conventionnelles.

Quant aux résistances issues exclusivement de l'organisme, elles sont, par cela même, involontaires. Celles que rencontrent les jambes doivent être vaincues dès le début du dressage et peuvent l'être comme je l'ai expliqué aux articles consacrés à l'emploi des jambes, de l'éperon et du travail à pied. Les résistances opposées à la main proviennent simultanément des forces musculaires et de celles de la pesanteur qui sont toujours inséparablement unies. Sauf lorsque le dressage est parfait, les résistances physiques naissent de la différence qui existe entre la position naturelle du cheval et celles que nous devons lui imposer. Nous pouvons vaincre cette source de résistance par le dressage parfait au ramener et aux flexions. Ce dressage, en effet, amène le cheval à déplacer son balancier pour une action infime des doigts, ce qui nous permet d'obtenir et de conserver le placer sans la moindre résistance.

Cependant, si, lorsque le cheval est affiné, il s'en produit quelqu'une, on s'y oppose utilement par le demi-arrêt ou le badinage des rênes.

Ces différents moyens nous permettent d'avoir des chevaux soumis et légers. Ces deux qualités qui s'entretiennent mutuellement et se confirment l'une par l'autre sont également nécessaires pour assurer l'exécution immédiate de notre volonté avec le maximum de justesse et le minimum de fatigue. Elles sont toutes les deux issues de l'impulsion que nous retrouvons ici encore comme la base nécessaire de l'équitation.

CHAPITRE III

MOYENS AUXILIAIRES DONT ON DISPOSE

POUR LE DRESSAGE

I

DU TRAVAIL A PIED

On entend par travail à pied le procédé qui consiste à travailler un cheval en restant à pied au lieu de le monter.

L'utilité de ce procédé a donné lieu à de nombreuses controverses. Pour moi, je crois qu'il n'est licite *que lorsqu'il ne se substitue pas aux aides naturelles.* Le travail à la longe, par exemple, qui nous permet de faire donner un travail facile à un cheval que nous sommes empêchés de monter, ou le dressage en liberté à l'obstacle sont des procédés excellents, parce qu'ils ne remplissent pas un rôle qui pourrait être tenu par nos aides. Cela est évident pour le premier de ces deux cas et n'est pas moins vrai pour le second, car ce que nos aides ont de mieux à faire dans le mouvement du saut, c'est de ne pas intervenir ; il est donc très logique d'en faire abstraction et tout indiqué de ne pas monter le cheval dans un dressage où, en le montant, nous ne pourrions que le gêner et non l'instruire.

Toutefois, je reconnais qu'il est des circonstances où on peut être obligé de substituer le travail à pied aux aides : nécessité fait loi. Mais cela ne se présente guère qu'avec les cavaliers incompétents et reste absolument exceptionnel avec d'habiles écuyers. Cette obligation s'impose :

1° Lorsqu'on a affaire à un cheval si extraordinairement nerveux, irritable ou dangereux, que l'action des aides est une cause de ruine pour lui ou de danger pour le cavalier. Cela n'arrive pour ainsi dire jamais avec un écuyer ayant du tact et du savoir faire, dont les exigences sont bien amenées et la progression sagement conduite.

2° Lorsqu'on veut corriger un cheval plus énergiquement qu'on ne peut le faire en le montant, cas aussi rare que le premier.

En dehors de ces différents cas et de ceux qui leur sont analogues, le travail à pied est employé pour arriver à des résultats que l'utilisation logique de l'équilibre et des aides peut obtenir tout aussi bien, si ce n'est mieux. A ce titre, il me paraît une pratique condamnable comme sortant du domaine de l'équitation pure.

Je sais que de savants écuyers y ont cependant eu recours. Je ne le considère pas moins comme étant au-dessous de leurs grands talents et comme devant être abandonné aux dresseurs dont les aides naturelles dénuées de tact ou de puissance ne peuvent se suffire à elles-mêmes. L'art pur a d'autres exigences. Ce sont ses difficultés abordées et vaincues qui distinguent l'artiste et font les maîtres. Comme je l'ai déjà fait remarquer, ce n'est pas parce qu'on met un pianista en action qu'on peut se dire pianiste : le véritable artiste n'a pas besoin de l'intermédiaire nécessaire au profane qui veut l'imiter.

Les auteurs qui préconisent ce système de dressage en font, *in extenso*, un exposé long et étudié comme il convient à un procédé constamment employé. Je ne juge pas que cette matière puisse faire l'objet d'une théorie, ni qu'elle la mérite ; j'en ferai grâce au lecteur ; je me contenterai, lorsqu'une leçon me semblera pouvoir tirer quelque utilité du travail à pied, d'expliquer comment il me semble logique d'opérer.

Une seule, parmi celles que nous avons déjà vues, me paraît être dans ce cas, en ce sens qu'elle comporte quelquefois l'emploi de secours étrangers aux aides naturelles : c'est la leçon des jambes.

EMPLOI DU TRAVAIL A PIED

POUR LE DRESSAGE AUX JAMBES

Certains chevaux présentent des difficultés réelles lorsqu'on veut leur enseigner l'obéissance aux jambes. Mais combien sont rares celles de ces résistances que des aides justes et savantes, intelligemment sévères ou clémentes, ne peuvent réduire ! Si cependant on reconnaît, après des essais consciencieux, qu'en s'obstinant à faire ce dressage par les moyens habituels, *on risque de nuire à la conservation des membres,* on pourra avoir recours au travail à pied. Il faudra du reste en varier l'emploi d'après les difficultés rencontrées, lesquelles doivent être traitées bien différemment suivant qu'elles ont leur source dans un principe de rétivité, un vice de conformation ou une excessive nervosité.

Cheval rétif.

Le cheval qui refuse par entêtement l'obéissance aux jambes comprend ce qu'on lui demande et refuse d'obéir, mais n'éprouve aucune irritation nerveuse. A la première action des jambes, il ne marque qu'une sensibilité très modérée ; quelquefois même il semble ne les avoir pas senties.

Si elles agissent plus fortement, il s'arc-boute : qu'on en vienne aux attaques énergiques, il se met à ruer, à reculer ou à pointer.

Si vous avez un pareil cheval, essayez d'abord de le prendre par la douceur. Vous pouvez, par exemple, tout en agissant de vos jambes, ouvrir une rêne et déplacer en même temps et vigoureusement l'assiette du même côté. Vous produisez ainsi un mouvement de l'avant-main qui, en déplaçant l'équilibre dans lequel le cheval s'obstine, peut entraîner la mise en marche.

Cela obtenu, caressez beaucoup et laissez au repos. Puis arrêtez comme je l'ai expliqué, à propos de la leçon des jambes, et demandez une nouvelle mise en marche, rien que par les jambes.

Si vous ne l'obtenez pas, agissez comme la première

fois et recommencez jusqu'à ce que l'action des jambes suffise. Peu importe, du reste, que la mise en marche soit droite ou irrégulière ; quelle qu'elle soit, il faut s'en montrer content, au moins dans le début, et récompenser.

Si ce procédé ne suffit pas, on peut, toujours pour rester dans les moyens doux, recourir à un aide qui prend le cheval par la figure et l'amène à se déplacer pendant que le cavalier fait sentir les jambes.

On peut encore exciter la gourmandise du cheval en faisant tenir par un aide de l'avoine, du sucre ou des carottes. Au moment où le cheval flaire et veut saisir ce qu'on lui tend, on agit des jambes tandis que l'aide recule.

Presque toujours le cheval se met en marche pour prendre l'objet de sa convoitise. On lui fait faire ainsi quelques pas pendant lesquels on le caressera puis on lui donnera une partie de l'avoine ou des carottes. Pendant qu'il les mangera, l'aide ira se placer quelques pas plus loin et lui en montrera le reste ; le cavalier fera de nouveau sentir les jambes et récompensera la mise en marche comme tout à l'heure.

L'aide se plaçant de plus en plus loin, on arrivera à pouvoir s'en passer et à provoquer le mouvement par les jambes seules.

Si la douceur ne produit pas d'effet, si le cheval persiste à refuser d'avancer lorsque les jambes le sollicitent et que les bons procédés l'y encouragent, alors n'ayez plus de pitié, campez-lui énergiquement vos deux éperons dans le ventre, en arrière des sangles ; le premier résultat sera rarement l'obéissance ; plus souvent,

de nouvelles défenses répondront à votre attaque ; il
faut alors continuer par des volées de coups d'éperon,
corroborées, au besoin, par la cravache. Dans les mouvements désordonnés que vous occasionnerez, il y en a
bien un qui se fera d'arrière en avant, si vous avez soin
de rendre complètement en attaquant ; laissez alors le
cheval s'engager dans son mouvement en avant et ca-
ressez-le ; reprenez-le ensuite, mais doucement : un
à-coup sur la bouche récompenserait mal la concession. Après cette première marque d'obéissance, de-
mandez-en plusieurs, contraignez au besoin le cheval
par les mêmes moyens, jusqu'à ce qu'il cède sans hésiter ni marchander.

Il est extrêmement important que pendant toute cette
leçon, le cavalier laisse les rênes très longues, quels
que soient les bonds qu'il provoque. Elles ne doivent
jamais être un moyen de tenue, car si on les faisait sentir, le cheval n'en avancerait que moins et faciliterait
ses défenses par l'appui qu'il prendrait sur la main.

Surtout, ne vous laissez pas désarçonner. Si les
défenses sont par trop brutales, saisissez sans ver-
gogne le pommeau ou les crins pour assurer votre
assiette et vos attaques. Il importe que vous soyez le
maître, prenez-en les moyens. Plutôt que d'être le
moins fort, il aurait mieux valu ne pas commencer la leçon.

Quelquefois, des chevaux très vicieux se roulent de
rage. C'est alors, forcément, le cas de se servir du travail
à pied. Au moment où vous prévoyez la défense, sautez
rapidement à terre et continuez la rossée à coups de
cravache.

Si même vous vous fatiguez, faites-vous relayer et continuez jusqu'à ce que le cheval se relève de lui-même. Il y a gros à parier qu'après une pareille leçon, sa rétivité aura passé comme par enchantement. Je ne connais ce fait et le châtiment dont il y a lieu de l'accompagner que par ouï-dire, n'ayant jamais ni vu ni eu moi-même de chevaux qui en soient venus à cette extrémité.

Certains chevaux reculent ou pointent quand ils sentent les jambes. Cette habitude est ruineuse pour le cheval et extrêmement dangereuse pour le cavalier. C'est donc une occasion où on peut se permettre d'user de la correction à pied si on se reconnaît incapable d'arriver à un bon résultat en restant à cheval.

Ayez à votre disposition un aide armé d'une chambrière. Dès que la cabrade ou le reculer sembleront imminents, laissez les rênes très longues, augmentez l'énergie des jambes sans faire sentir l'éperon et commandez en même temps à votre aide, placé derrière vous, d'appliquer de vigoureux coups de chambrière sur la croupe jusqu'à ce que le cheval se porte en avant. Aussitôt que la mise en marche est obtenue, si brutale soit-elle, caressez longuement et laissez le cheval se calmer. Recommencez ensuite jusqu'à ce que l'obéissance suive l'action des jambes sans le secours de la chambrière.

Profitez d'une concession pour faire ouvrir les portes du manège et rentrer à l'écurie.

Si, au lieu de céder à la chambrière, le cheval continue à pointer, ce qui est très rare, n'insistez pas ; il pourrait se renverser, se tuer et vous avec. Laissez-vous glisser à terre en gardant les rênes et faites-lui administrer une maîtresse volée de coups de chambrière. Si la correction suit de très près la défense, le cheval ne se trompera pas sur la signification des coups qu'il reçoit. Remontez-le quand vous jugerez la correction suffisante et essayez de nouveau de le porter en avant.

Recommencez jusqu'à ce que vous ayez obtenu l'obéissance complète.

On peut encore se servir du caveçon commandé par une longe. Par ce moyen, on peut quelquefois empêcher le cheval de se renverser, mais on risque de l'ancrer dans sa résistance, parce que la correction qu'on lui inflige vient du côté vers lequel on veut le faire marcher. J'aime mieux la chambrière. Il peut cependant être quelquefois nécessaire de recourir à la longe avec les chevaux qui tapent du devant en pointant et mettent ainsi le cavalier dans l'impossibilité de les tenir par les rênes. La longe remédiera à cet inconvénient, mais alors on ne s'en servira que pour maintenir le cheval et non pour le corriger.

Cas d'un cheval chatouilleux.

Si le cheval ne se défend aux jambes que parce qu'une sensibilité excessive lui fait craindre tout contact étranger, il est facile de s'en rendre compte et de ne pas confondre son cas avec celui du cheval rétif. Celui-ci ne se défend pas tant que l'action des jambes est légère ; il se contente de ne pas avancer. Le cheval trop impressionnable, au contraire, donne des preuves de sa nervosité dès que les jambes le touchent et souvent même dès qu'il pressent leur contact.

Il faut alors être aussi doux et patient que sévère avec un cheval rétif, car, si les jambes étaient énergiques, cela n'aboutirait qu'à les faire craindre davantage.

Essayez, au contraire, étant arrêté, de caresser beaucoup avant de faire sentir vos jambes et ne les approchez que pendant que les caresses gardent le cheval en confiance. Toute crainte étant enlevée par les caresses, il n'est pas rare qu'on voie disparaître rapidement cette nervosité qui, la plupart du temps, n'est que la manifestation de la frayeur. Si les caresses ne suffisent pas, on peut, comme tout à l'heure, mettre la gourmandise en jeu. Avec beaucoup de douceur, de calme, de persévérance, je mets en fait que le cheval le plus impressionnable arrive à supporter sans peine l'action des jambes.

Mêmes défauts se manifestant sous l'action d'une seule jambe.

Nous avons vu, à propos du dressage aux jambes, que, lorsqu'un cheval est bien habitué à l'impression qu'elles lui causent en agissant simultanément, on peut passer sans crainte à la leçon des déplacements de hanches.

En effet, lorsque le cheval se porte en avant, les premières fois, sous l'action des deux jambes, c'est parce que, sollicité de faire un mouvement, il le fait dans le sens où il est entraîné par son centre de gravité, c'est-à-dire d'arrière en avant.

Comme les jambes agissent en arrière, il semble fuir leur action et, comme on le caresse, il s'habitue à considérer que, lorsqu'elles se font sentir, il doit s'en éloigner ; à ce moment, il en vient avec une grande facilité à déplacer ses hanches par l'action d'une jambe, surtout si on l'y aide un peu par l'assiette.

Quelquefois cependant, la rétivité ou l'extrême nervosité étant guéries lorsque les jambes demandent le mouvement en avant, reparaissent lorsqu'on demande le mouvement latéral des hanches.

Si l'on reconnaît la rétivité, le meilleur persuasif est encore l'éperon manœuvré avec force et sans relâche jusqu'à la concession complète.

Si, au contraire, malgré toutes les précautions prises, le cheval s'énerve et s'affole au contact de la jambe sans que les leçons qu'on lui a données soient accompagnées de progrès, on peut essayer de lui donner la leçon à pied.

Dans les cas très rares, je le répète, ou j'ai à le faire, voici comme je m'y prends : je commence par habituer mon cheval à sentir la cravache avec calme en le caressant sur l'encolure d'abord, puis sur les épaules et enfin et surtout sur les flancs.

Lorsqu'il reçoit ces caresses avec plaisir, je le mets au pas, à main gauche, en lui faisant décrire une piste à deux mètres du mur environ, et en me maintenant moi-même à hauteur de son épaule intérieure, puis je prends le montant gauche du filet dans la main gauche ; la main droite tient la cravache, le pommeau sortant du côté du pouce, et s'appuie sur le quartier gauche de la selle à peu près à demi-hauteur et le plus près possible du bord postérieur.

Au moment où je veux obtenir le déplacement des

hanches, j'agis sur le montant gauche du filet pour obtenir un ralentissement d'allure favorable au jeu latéral des hanches.

J'opère en même temps une poussée vers la droite avec ma main droite, en faisant légèrement sentir la cravache maintenue horizontale.

Cette poussée de la main droite provoque facilement le déplacement des hanches. Je caresse alors et je laisse marcher droit. Après un tour de manège, je recommence, mais en faisant sentir davantage la cravache que je rapproche de la verticale et en diminuant autant que possible la poussée de la main droite.

Peu à peu, la main droite agissant de moins en moins, la cravache finit par obtenir seule le déplacement des hanches en agissant verticalement et en arrière des sangles. Quand j'obtiens couramment ce résultat à main gauche, je le demande de la même manière à main droite ; en sorte que la cravache finit par devenir maîtresse des hanches tout en agissant verticalement près des sangles. Son action se rapproche alors, autant que possible, de celle de la jambe. Je termine cette série de leçons en amenant le cheval à céder ses hanches sans ralentissement préalable.

Comme on le voit, la position de la main qui tient la cravache n'est pas quelconque.

Elle doit être placée sur le quartier de manière à pouvoir opérer sa poussée sans faire de mal au cheval, ce qui est important puisque nous le supposons très impressionnable. Elle doit être aussi le plus en arrière possible pour avoir plus d'action et pour permettre à la cravache d'agir verticalement. Celle-ci, en effet, agit d'abord sur la fesse pour être plus efficace et mieux affirmer son action, mais elle doit finir par devenir verticale pour avoir, avec la jambe, autant d'analogie que possible.

. Pendant ces exercices, je préfère tenir le montant du filet, plutôt que sa rêne, parce que cela me permet d'être plus maître de la position générale de l'encolure et de la tête.

Malgré l'avis de quelques auteurs, j'estime que l'encolure doit être maintenue droite ou incurvée du même côté que les hanches mais très légèrement, de manière à préparer la position qu'elle aura dans les deux pistes. Quand à la tête, il faut la maintenir basse afin de rendre l'arrière-main plus mobile en surchargeant l'avant-main.

Lorsque ce dressage à la cravache est terminé, je passe au travail monté. La difficulté est alors de faire comprendre au cheval l'analogie d'action de la jambe et de la cravache.

Pour y arriver, c'est encore aux déplacements de poids et d'équilibre que j'ai recours. Comme le cheval travaille, presque toujours, plus volontiers à une main qu'à l'autre, je commence la leçon en le mettant à la main qu'il préfère, à gauche, par exemple. Je décris à cette main un cercle d'un diamètre restreint, puis je passe mes rênes dans la main droite, ma cravache dans la main gauche et je provoque un ralentissement en fixant mes doigts et ma main droite ; j'appuie alors, pour demander le déplacement, ma cravache au même point que lorsque j'étais à pied et j'aide, au besoin, son action par celle du poids de mon corps penché à droite ; tout cela, sans faire sentir la jambe.

Mon but est d'amener le cheval à obéir à la cravache lorsqu'il est monté comme lorsque je suis à pied. Lorsque j'y suis arrivé, je commence encore par demander les déplacements par la cravache, puis je remplace celle-ci peu à peu par la jambe en caressant beaucoup. Le contact de la jambe étant préparé par celui de la cravache, le cheval arrive à ne pas s'en effrayer et à céder peu à peu son arrière-main aux sollicitations de la jambe.

En définitive, la cravache n'est qu'une aide de transition qui, pouvant facilement être rendue indifférente au cheval, le prépare à recevoir le contact de la jambe en l'habituant à accepter sans énervement un contact étranger.

Les différents procédés que je viens d'exposer amènent, il est vrai, le cheval à obéir aux jambes ; mais, comme tout travail à pied, ils n'ont rien de savant ni de commun avec l'équitation, au point qu'on pourrait les employer sans être jamais monté à cheval. Qu'ils sont loin de la manière de faire qui par le tact, par le sentiment du cheval, par la sagesse enfin de la progression suivie, viendrait à bout des pires difficultés ! Recherchons donc cet idéal et n'ayons recours au travail à pied que comme à un pis-aller, lorsqu'il nous sera impossible de faire autrement, tout en reconnaissant que nous en aurons d'autant moins besoin que nous nous serons plus avancés dans la science.

EMPLOI DU TRAVAIL A PIED

POUR LE DRESSAGE AUX FLEXIONS

Je ne parle du travail à pied appliqué au dressage aux flexions que parce que beaucoup d'écuyers s'en servent. Je ne saurais vraiment y trouver de raison. J'ai travaillé des chevaux dont le dressage avait été mal fait, qui avaient toujours été mal montés et qui contractaient mâchoire et encolure à la moindre action des rênes. L'un d'eux même avait la conformation la plus défavorable à la légèreté à la main : bouche presque insensible, avant-main bas, rein long, arrière-main haut et très puissant, le tout joint à beaucoup d'allant.

Avec aucun de ces chevaux, je n'ai eu besoin de recourir au travail à pied pour les dresser aux flexions et tous sont arrivés à me les donner d'une manière irréprochable : cela n'a rien d'étonnant puisque la flexion est la conséquence d'une action impulsive lançant le cheval sur la main ; or, si le dressage aux jambes est complet, rien ne saurait mieux qu'elles mettre le cheval dans l'impulsion ni, par conséquent, le faire tomber dans la flexion.

Les écuyers qui commencent par demander la flexion à pied agissent du filet d'arrière en avant, puis, marquant un arrêt plus ou moins prononcé du mors de bride, ils provoquent un écartement des deux mâchoires qui peut amener l'abandon du mors. Lorsque cette pseudo-flexion s'obtient facilement, ils font cesser l'action du filet et la remplacent soit en sollicitant l'ouverture de la bouche par des tractions de rênes, ce qui fait sortir des conditions de la flexion juste qui doit être obtenue par l'effet de l'impulsion arrêtée par le mors ; soit en mettant le cheval dans l'impulsion au moyen de la cravache, ce qui est incontestablement plus difficile et moins complet que de l'y mettre par les jambes.

Les moyens d'obtenir la flexion à pied sont donc ou faux ou moins efficaces que ceux dont on dispose à cheval ; pourquoi les employer ?

Sans compter que le procédé que je viens de décrire comporte l'emploi trop hâtif du mors de bride, car la leçon des flexions doit être donnée relativement de bonne heure et à un moment où l'emploi du mors ne peut que nuire à l'impulsion, comme je l'expliquerai lorsque je parlerai des embouchures ; et, d'autre part, si l'on recule la leçon des flexions jusqu'au moment où l'ont peut impunément emboucher le cheval avec un mors de bride, c'est se résigner à faire sans flexions et, par conséquent, mal, une grande partie du dressage.

En un mot, je crois qu'on doit réprouver absolument la préparation aux flexions par le travail à pied, d'abord parce que cette préparation est fausse et plus difficile qu'à cheval : ensuite parce qu'elle exige l'emploi par trop prématuré du mors ou par trop tardif des flexions.

Je sais bien que quelques écuyers pourront, par ces procédés, arriver à de bons résultats et que certains chevaux s'y prêteront facilement ; mais, outre que ce travail est évidemment moins équestre et moins savant que celui qu'on peut faire à cheval, il ne procède pas de l'utilisation logique des moyens du cheval, ce qui fait qu'entre des mains insuffisamment adroites cette méthode peut donner de très mauvais résultats.

Or, ici comme toujours, il faut qu'une méthode soit applicable non pas seulement par l'élite, mais encore et surtout par la grande majorité. Ce n'est qu'à cette condition qu'elle peut être, ainsi que je le disais en commençant cet ouvrage, juste et générale.

Je termine cette étude du travail à pied en engageant le cavalier qui renonce à l'emploi de ses aides normales pour travailler à pied, à se demander si, en toute conscience, il n'y a pas dans son cas un peu de paresse ou le désir, non moins fâcheux, d'aller vite toujours et quand même.

S'il se répond affirmativement, il fera bien de se rappeler que le chemin qui semble le plus court est souvent le plus mauvais et qu'après avoir voulu prendre une traverse, il faut souvent revenir à la grande route. Bien loin de diminuer la peine et le temps, on les a considérablement augmentés. C'est dans la plupart des cas, le résultat unique du travail à pied.

II

TRAVAIL A LA LONGE

Autant il faut estimer peu le travail à pied proprement dit, autant on peut recommander le travail à la longe ; il a, en effet, de nombreuses utilités. Outre qu'il peut être utilement employé pour le dressage à l'obstacle, il est extrêmement commode pour donner un travail sûr et réglé. Si, en effet, on est empêché de monter un cheval en travail et obligé de le confier à un aide ou si une cause d'indisponibilité nécessite un travail léger, la mise à longe permet de doser le travail sans danger, sans crainte d'abus et d'une manière appropriée aux besoins du moment.

L'emploi de la longe nécessite une bonne préparation, présentant, il est vrai, quelques difficultés, mais qu'on sera récompensé d'avoir menée à bien par la fréquence des cas où l'on sera heureux de l'utiliser.

Pour mettre un cheval à la longe, le mieux est d'employer un caveçon dont la muserole soit en cuir, large et munie d'un anneau de chaque côté du chanfrein. La longe doit avoir une longueur de 12 à 15 mètres environ et être assez légère pour laisser aux actions de la main toute leur intégrité ; on l'attache à l'anneau de muserole du côté de l'intérieur du cercle.

La manière de tenir la longe a son importance, car si on l'enroule autour de la main, le cheval, en s'échappant, peut serrer les doigts et les désarticuler. Il faut passer la longe dans la main d'avant en arrière et d'arrière en avant, de manière à ce qu'elle soit tenue à pleine poignée.

La longe et le cheval étant ainsi préparés, supposons que je veuille faire marcher le cheval à main gauche ; je tiens dans la main gauche la longe et la chambrière, le pommeau sortant du côté du pouce, l'autre extrémité et la mèche traînant à terre, derrière moi. Je me place à hauteur du milieu de l'encolure et je saisis avec ma main droite la longe contre l'anneau. Cela fait, je mets mon cheval au pas en l'accompagnant sur un cercle de 10 à 12 mètres de diamètre ; je marche à côté de lui pendant plusieurs tours pour le confirmer dans le mouvement circulaire, puis je lâche la muserole et je me rapproche peu à peu du centre, en laissant glisser la longe dans mes mains ; je me place en même temps à hauteur de la croupe afin que ma présence un peu en arrière du cheval lui serve de stimulant. Lorsque je suis arrivé de ma personne sur un cercle n'ayant plus qu'environ deux mètres de diamètre, je m'y maintiens et je le parcours en restant toujours à la hauteur de la croupe. Tout en me rapprochant du centre, je passe la chambrière dans ma main droite, le pommeau du côté du petit doigt, la mèche traînant à terre en arrière du cheval.

Si le cheval cherche à me suivre lorsque je l'abandonne, je marche sur lui et je le remets sur son cercle jusqu'à ce qu'il se décide à y rester. Au besoin j'élève la chambrière ou même je le frappe légèrement à l'épaule.

Si, au contraire, le cheval tire sur sa longe, j'opère de mon côté de fortes tractions après chacune desquelles je rends brusquement pour rompre, par l'alternance de mes actions, l'appui que le cheval cherche à prendre. Si cela ne suffit pas je le mets sur un cercle beaucoup plus petit ; c'est une gêne pour lui. Lorsque j'ai recommencé plusieurs fois, il reconnaît là une correction qu'il évite de mériter de nouveau.

Quand la marche à main gauche est tout à fait régulière, je travaille à main droite en m'y prenant de la même manière.

On peut encore faire ce dressage autrement en se basant sur ce que le cheval pris entre le caveçon et la chambrière, est soumis à des actions analogues à celles des rênes et des jambes.

Supposons-le arrêté, par exemple, et droit. On se mettra à sa gauche, à hauteur des hanches et à environ deux mètres ; cet intervalle est suffisant pour qu'il voie la chambrière qu'on aura soin de tenir derrière lui. La longe sera tendue, mais sans traction.

Pour porter le cheval en avant, on lèvera légèrement la chambrière et on se mettra soi-même en marche en conservant la même position par rapport à lui. La chambrière agissant le plus directement possible derrière l'animal, tend à le chasser droit devant lui ; si, en même temps, la longe cède et si on suit une direction parallèle à celle qu'il doit suivre, il y a des chances pour qu'il marche droit. En tous cas, on peut l'y amener facilement par des correctifs très simples.

Lorsque le cheval a bien pris cette habitude, on commence à lui faire décrire un cercle. A cet effet, on n'a qu'à ralentir un peu le pas, en le forçant, au contraire, à maintenir son allure. La longe, par suite, résiste un peu et le fait tourner du côté de la résistance. Dès que la marche circulaire se trouve ainsi commencée, on se met soi-même sur un petit cercle en restant à hauteur des hanches et en maintenant toujours la chambrière derrière l'animal pour qu'il continue à tendre la longe comme on lui a appris à le faire lorsqu'on marchait droit.

Après avoir obtenu quelques pas sur le cercle, on cesse l'action de la chambrière, on se dirige vers la tête du cheval en pliant la longe, on l'arrête et on le caresse. Puis on se remet par rapport à lui dans la position que j'ai indiquée pour l'arrêt. On repart et, après quelques instants de marche directe, on remet sur le cercle. On laisse tourner le cheval de plus en plus longtemps sans l'arrêter, jusqu'à ce qu'il reste constamment régulier. On le met alors au trot sur le cercle, puis au galop.

Si les fautes dont j'ai parlé à propos de l'autre manière de dresser à la longe se produisent, on peut y remédier comme je l'ai indiqué. Mais elles seront d'autant plus rares qu'on aura mieux soigné le début en apprenant au cheval à marcher droit entre la chambrière et le caveçon. Cette méthode donne de rapides résultats parce que la première préparation qu'elle comporte met d'abord le cheval sous la dépendance des aides dont nous disposons.

Lorsque le dressage est terminé, les positions du cheval marchant à main gauche, par exemple, et du cavalier, sont les suivantes :

Le cheval décrit un cercle régulier et s'incurve légèrement dans toute sa longueur. La longe tendue sans effort établit la communication entre l'homme et le cheval ; elle est tenue dans la main gauche.

La main droite tient la chambrière, le pommeau sortant du côté du petit doigt, le petit bout et la mèche rasant terre en arrière du cheval. Le dresseur marche sur un cercle d'environ deux mètres de diamètre en se maintenant à hauteur des hanches.

Au travail à la longe, les actions de la main sont utilement secondées par celles de la voix. Pour ralentir, on dit sur deux tons différents et sans crier : « ho, ho !

— ho, ho ! » Pour arrêter, on dit de même « holà !
holà ! » — en traînant sur les deux syllabes.

Dans les débuts, on aidera le cheval à comprendre
ces intonations en les accompagnant par des actions de
longe plus ou moins accentuées et, au besoin, en raccourcissant le cercle jusqu'à ce que le ralentissement
ou l'arrêt s'ensuivent. Après obéissance, il faut caresser.

Il est important que le cheval s'arrête droit sur le
cercle afin que, lorsqu'on voudra le reporter avant, il
n'ait pas tendance à se rapprocher ou à s'éloigner du
centre. Pour cela, il n'y a qu'à l'arrêter souvent et à le
remettre droit toutes les fois qu'en s'arrêtant il tourne
les épaules ou les hanches vers l'intérieur du cercle.

Lorsque le cheval n'est pas naturellement bien équilibré et bien cadencé, il faut le faire travailler surtout à la
main qui exerce plus particulièrement les membres les
moins actifs. Mais si l'on n'a pas à lutter contre ce défaut, il importe que le travail soit égal aux deux mains ;
sans quoi on pourrait fortifier certains membres au
détriment des autres, ce qui romprait la symétrie des
allures, rendrait le cheval gaucher ou droitier et lui
ferait marquer une répugnance à travailler du côté le
moins exercé.

Pendant tout le cours du dressage à la longe, aucune
faute ne doit se produire sans être rectifiée de suite. La
grande indépendance dont jouit le cheval lui permettrait,
sans cette précaution, de prendre de mauvaises habitudes qu'on ne lui ferait perdre que difficilement.

III

DES EMBOUCHURES

La question des embouchures est de première importance en équitation, car l'embouchure est au cavalier, ce que l'archet est au violoniste, le style à l'écrivain; si elle est mal choisie, le tact et le doigté ne sont plus que de vains mots.

1° LE FILET

Tant qu'un cheval n'est pas complètement confirmé, je ne l'embouche qu'avec un filet simple ou double.

La première raison est qu'il importe de sauvegarder précieusement la sensibilité de la bouche. Ce n'est qu'à ce prix qu'on obtiendra du cheval la finesse de perception sans laquelle il ne peut saisir toutes les nuances d'un doigté délicat. A ce point de vue, le filet est excellent; il est une embouchure douce, impressionnant peu les barres et propre à ménager leur sensibilité originelle.

En outre, le cavalier ne saurait apporter trop de soins à ne pas écœurer le jeune cheval sur lequel le mors de bride, avec ou sans gourmette, produit toujours une impression désagréable qui peut lui faire redouter son travail comme une source continuelle de douleur et la main du cavalier comme une ennemie de tous les instants. Il encense, bourre à la main, s'encapuchonne, se retient. Le dressage lui devient pénible, ce qui expose sa franchise à de graves dangers et peut atrophier sa bonne volonté naturelle et son impulsion.

Enfin le cheval gai, vif et peureux peut constamment provoquer des fautes de main qui sont d'un résultat déplorable si elles sont douloureuses. Pour ma part, j'avoue humblement que cette raison suffirait à elle seule à ne me faire employer que le filet pendant longtemps.

Cependant il arrive quelquefois qu'un jeune cheval est emballeur, violent, ou n'est pas doué, même dès le début de son dressage, de cette précieuse sensibilité qu'il serait à désirer de rencontrer chez tous. Avec celui-là l'emploi du double filet donne d'excellents résultats. Les deux filets qui composent cette embouchure se prêtent à des combinaisons multiples dans leurs effets, et forment un instrument qui peut devenir très énergique sans être irritant ou douloureux. Il suffit pour cela de n'agir à la fois que par la rêne gauche d'un des filets et par la rêne droite de l'autre. Chaque filet n'agit ainsi que d'un côté : la résistance et l'appui de la bouche ne se produisent sur rien de fixe et deviennent à peu près impossibles ; on peut, du reste, les rompre facilement en inversant brusquement le rôle de chaque filet.

Si l'on n'a pas besoin d'avoir recours à des effets aussi décontractants, on peut se contenter d'employer les filets normalement mais en les faisant alterner. L'appui est ainsi complètement changé ; c'est souvent suffisant pour décontracter une mâchoire rebelle.

Enfin, si le cheval est léger à la main, le double filet peut être employé comme le filet simple et devenir une embouchure parfaitement douce.

Pour ces différentes raisons, le double filet est, à mon avis, l'embouchure de toutes les équitations et de tous les chevaux.

Je mets en fait qu'il n'est pas nécessaire d'en employer de plus énergiques pendant les six ou sept premiers mois du dressage. La plupart du temps même, le filet simple a une action assez décontractante pour qu'il suffise à pousser le dressage très loin.

Je conviens que l'emploi du filet exige quelquefois une grande activité de jambes, mais si le cavalier ne se laisse pas rebuter par les premières difficultés qu'il rencontrera peut-être, il en sera vite récompensé par l'allant et la délicatesse de bouche qu'il aura conservés à son cheval.

Différentes sortes de filets.

Certains filets, dits filets de course, sont très gros et portent à chaque extrémité un anneau trop large pour pouvoir entrer dans la bouche du cheval. Ces filets sont d'un usage excellent avec les chevaux ayant la bouche très délicate ou mauvais cœur. Mais ils sont lourds à l'œil et quelquefois chargent trop une tête fine et distinguée.

Les filets les plus employés portent des anneaux de dimension moyenne accolés chacun à une branche assez mince qui les empêche d'entrer dans la bouche. Ces filets sont commodes si on les emploie seuls ou avec un autre filet, mais ils sont peu pratiques si on s'en sert avec un mors de bride et une gourmette. La branche inférieure se prend dans la gourmette, et la branche supérieure peut accrocher les rênes de bride si le cheval donne un coup de tête.

Il est préférable, avec les mors de bride, de se servir du filet dit « à la Baucher ». Il diffère des filets à branches dont je viens de parler, en ce que les branches inférieures n'existent plus; quant aux branches supérieures, elles sont en tout semblables à celles d'un mors de bride. En sorte qu'on attache les rênes comme aux filets à branches et les montants de filet se fixent en haut des branches supérieures. Cette embouchure reste bien en place et ne peut accrocher la gourmette ni les rênes.

Les filets doubles les plus commodes sont ceux qui se composent d'un filet à branche et d'un filet Baucher.

On fait encore des filets qui, outre les anneaux ordinaires, en portent deux mobiles et plus petits, qui, en se plaçant à plat contre les commissures, empêchent les autres d'entrer dans la bouche. Ces filets sont bons, mais d'une mise en bouche peu commode.

Effets du filet.

Le filet a pour effet habituel de relever la tête du cheval et cela d'autant plus que la tête est plus basse et les mains plus hautes. Mais si le cheval porte au vent ou si les mains sont très basses, le filet, au contraire, agit de haut en bas et baisse la tête. Il en est de même si on l'emploie avec une martingale.

L'action du filet est très décontractante, car il ne provoque pas de douleur et agit sur la mâchoire inférieure dans le sens voulu pour la faire ouvrir. Simple ou double, il est la meilleure embouchure pour dresser le cheval aux flexions.

2° LE MORS DE BRIDE

Le mors de bride se compose de deux parties principales : le mors proprement dit et la gourmette. Il s'emploie lorsque, le travail étant devenu très serré, les jambes communiquent une impulsion intense que les doigts ont à diriger par des actions légères ; toutefois on ne devra employer, aussi longtemps que possible, qu'un mors sans gourmette. Celle-ci, en effet, fait agir le mors comme un levier dont le point fixe est au crochet de gourmette, le point de force à l'anneau de rêne, le point de résistance sur les barres. Les actions de la main sont donc multipliées par le rapport des longueurs des branches. C'est assez dire combien cette embouchure est délicate à manier et combien sa puissance peut être grande. Celle-ci varie avec la longueur des branches, la grosseur des canons, les dimensions de la liberté de langue et le degré de serrage de la gourmette. Ce n'est du reste que si quelques-unes de ces conditions sont réunies pour constituer une embouchure sévère, que la gourmette agit comme décontractant et produit les effets qu'on en attend. Son action propre est en effet une action contractante car elle agit dans le sens voulu pour maintenir fermée la bouche du cheval. Il est facile de s'en rendre compte en embouchant un cheval à mâchoire raide, avec un mors très doux, un mors brisé, par exemple : la décontraction s'obtient beaucoup plus facilement sans gourmette qu'avec gourmette. Cela tient à ce que l'embouchure étant très douce, l'action de la gourmette reste tout le temps prépondérante et provoque la fermeture et la contraction de la mâchoire inférieure.

Pour que la gourmette concoure à la décontraction, il faut que l'embouchure soit sévère. Dans ce cas et grâce à la gourmette qui fait agir le mors comme levier, l'action de l'embouchure sur les barres devient bientôt douloureuse et prépondérante et, comme elle se produit dans le sens voulu pour ouvrir la mâchoire, la décontraction s'ensuit. Encore ne faut-il pas qu'il s'agisse pour cela d'un cheval très sensible de bouche ; il ne ferait que se contracter davantage par l'impression douloureuse qu'il ressentirait. Il est clair, d'après cela, que l'emploi de la gourmette est loin d'être toujours utile. Avec des chevaux jeunes ou de bouche délicate, elle peut avoir de fort mauvais résultats et compromettre gravement leur franchise. Elle n'est utile qu'avec des chevaux ayant les barres très peu sensibles ou avec ceux qui sont susceptibles d'offrir, à un moment donné, de fortes résistances de bouche.

Le mors devra donc être employé presque toujours sans gourmette. Il ne transmet alors aux barres qu'une action égale à celle des doigts et il est ordinairement suffisant pour tout travail, quelque serré qu'il soit.

3° CHOIX D'UNE EMBOUCHURE

Si le dressage a été bien dirigé, a suivi une progression judicieuse, a ménagé la sensibilité des barres, s'il a enfin assuré, en quelque sorte, l'éducation de la bouche, le filet simple ou double suffit, au moins tant qu'on s'en tient à l'équitation courante.

En Haute École, le nombre d'airs enseignés, s'il est considérable, peut exiger l'emploi du mors de bride pour permettre de nuancer les effets de main plus que cela n'est possible avec le filet seulement. Mais tant qu'on n'en est qu'à l'équitation courante, le mors de bride ne peut être nécessaire qu'avec les chevaux dont la bouche est devenue réellement dure par suite d'un dressage mal fait. Car il est des bouches dures, quoi qu'en ait dit Baucher.

Pour étayer son dire, cet auteur arguait de ce principe que le dressage peut rendre tout cheval léger dans sa bouche en équilibrant sa masse avec justesse. C'est parfaitement vrai, mais cela ne prouve pas ce que voulait prouver Baucher, car un cheval peut être amené par le dressage à ne pas résister dans sa bouche et cependant avoir la bouche dure. En effet, on peut établir entre la sensibilité de la bouche dure et celle de la bouche délicate la même comparaison qu'entre la sensibilité de la cuisse de l'homme et celle de son tibia. La cuisse et le tibia perçoivent aussi bien un contact léger et cependant un choc douloureux pour le tibia peut ne pas l'être pour la cuisse. De même la bouche dure n'éprouve pas de douleur de la part d'une action de mains qui serait très pénible pour une bouche délicate ; c'est ce qui fait que, pendant le dressage, la première résiste beaucoup plus que la seconde. L'une et l'autre ont cependant, comme la cuisse et le tibia, la même aptitude à percevoir un contact même léger ; pour qu'elles obéissent également bien à l'impression produite par ce contact, il suffit, par suite, qu'elles appartiennent à des animaux également soumis ; or, c'est précisément cette même soumission qui est donnée par le dressage lorsqu'il est terminé. Cela montre comment deux chevaux ayant, l'un la bouche dure, l'autre la bouche délicate, et l'ayant prouvé pendant leur dressage, sont cependant aussi légers l'un que l'autre lorsqu'ils sont dressés, sans que, bien entendu, le degré de sensibilité de leur bouche ait pu changer.

La théorie de Baucher est d'autant plus extraordinaire qu'on ne peut raisonnablement admettre qu'une barre dont l'os n'est recouvert que de la muqueuse n'est pas plus sensible que celle où cet os est protégé par un épaississement charnu naturel ou amené par les mauvais traitements de la main.

Il est donc certain que des chevaux ont la bouche dure tandis que d'autres l'ont sensible, et c'est sur ce ait qu'on doit se baser pour le choix d'une embouchure. On pourra ainsi être amené à emboucher des chevaux, au moins momentanément, avec un mors de bride. Parmi eux, la plupart pourront être remis en filet après que la légèreté leur aura été donnée. Les autres, bien que conservant habituellement cette légèreté, resteront sujets à profiter de la dureté de leur bouche lorsque des circonstances extérieures les exciteront à une défense. A ceux-là, il y aura lieu peut-être de laisser le mors de bride, quitte à ne s'en servir que lorsque ce sera nécessaire.

Quand on entreprendra un cheval nouveau, on devra commencer par essayer les embouchures les plus douces et on s'y tiendra tant qu'on n'éprouvera pas la nécessité absolue d'en prendre de plus dures.

On peut classer ainsi qu'il suit les mors, d'après leur énergie, en commençant par les plus doux.

1º Mors à petite liberté de langue sans gourmette.

2º Mors à grande liberté de langue sans gourmette.

3º Mors à petite liberté de langue, branches courtes et gourmette.

4º Mors à grande liberté de langue, branches courtes et gourmette.

5º Mors à grande liberté de langue, branches longues et gourmette.

Ainsi que je l'ai dit, il faut que les embouchures employées avec gourmette soient dures. On ne devra, toutefois, prendre un mors à branches longues qu'à la dernière extrémité, parce que l'action de la main est d'autant plus multipliée et par conséquent d'autant plus difficile à régler, que les branches sont plus longues. Tant qu'on emploie le mors sans gourmette, il est clair que la longueur des branches n'a aucune importance, car, la gourmette étant absente, le mors n'agit pas comme levier.

En raison de la nécessité de sauvegarder la sensibilité de la bouche, il est excellent, lorsqu'un mors dur a produit son effet, de recommencer le même travail avec un mors plus doux. On l'obtiendra presque toujours aussi bien avec, en outre, plus de confiance et d'allant.

Il ne faut d'ailleurs pas se presser de prendre un mors plus dur que celui qu'on emploie. Si le cheval semble contracté ou se montre emballeur, cela peut tenir à ce qu'il est déjà embouché trop sévèrement et lutte contre la douleur qu'il en éprouve. Un mors plus énergique ne ferait naturellement qu'aggraver sa résistance.

Si le cheval est lourd à la main, cela peut provenir de ce que le cavalier n'est pas assez énergique dans ses jambes, ou de ce qu'il tire sur ses rênes. Une embouchure plus sévère ne changerait rien; le cavalier doit changer, non son embouchure, mais sa manière de faire. La lourdeur à la main peut aussi provenir de la position naturellement basse de l'encolure et de la tête; l'emploi du filet, dont l'effet est précisément de relever la tête, est alors tout indiqué.

En dehors du mors ordinaire, qui est aussi le meilleur et qui, avec ses différentes dimensions de branches et de liberté de langue, peut être approprié à toutes sortes de bouches, il y a lieu de parler du mors à pompe. Ce mors est caractérisé par la mobilité des canons le long des branches sur une longueur d'environ un centimètre. L'embouchure glisse ainsi sur les barres, les impressionne en différents endroits et en acquiert une action particulièrement décontractante.

Le mors ordinaire et le mors à pompe semblent être les seuls qu'il y ait lieu d'employer. Les mors brisés sont des embouchures qui n'ont pas de raison d'être ; là où le filet est insuffisant, ils le sont aussi, car, employés sans gourmette, ils agissent exactement comme un filet, et employés avec gourmette, ils sont plus contractants qu'un filet, comme je l'ai expliqué à propos de la gourmette.

Je ne parle pas des mors à grelots et autres engins dont le moindre inconvénient est de favoriser la paresse du cavalier et de truquer le cheval en l'habituant à obéir à des influences qui n'ont rien de commun avec les aides normales.

4° TENUE DES RÊNES

Je ne parlerai ici que de celle qui est employée à Saumur. Je crois qu'aucune n'est plus commode ni plus juste, car elle rend le doigté très sûr, permet de séparer commodément les rênes et facilite l'usage d'une ou plusieurs rênes indépendamment des autres.

En travaillant à droite, les rênes sont tenues dans la main gauche, la rêne gauche de filet sous le petit doigt, la rêne gauche de bride entre le petit doigt et l'annulaire, la rêne droite de bride entre l'annulaire et le médius, la rêne droite de filet entre le médius et l'index.

Toutes les extrémités des rênes sortent entre l'index et le pouce qui s'appuie sur elles et les empêche de glisser.

Si l'on travaille à gauche, on peut avoir avantage à tenir les rênes dans la main droite. La rêne gauche de filet est alors entre le pouce et l'index, la rêne gauche de bride entre l'index et le médius, la rêne droite de bride entre le médius et l'annulaire, la rêne droite de filet entre l'annulaire et le petit doigt. Les extrémités des rênes sortent du côté du petit doigt qui peut les enserrer toutes.

Cette tenue des rênes permet de faire agir les quatre rênes, ensemble ou séparément, en ne serrant les doigts que sur celles qu'on veut utiliser. Les rênes de filet, qui sont les plus utiles pour la direction, sont placées de telle sorte que, le mors de bride ayant produit la décontraction, un simple jeu de poignet permet de maintenir le contact entre le filet et la bouche.

La main qui n'est pas main de bride peut saisir n'importe quelle rêne sans crainte de se tromper, ce qui est moins facile lorsque les rênes sont alternées, pour ne pas dire enchevêtrées, comme cela a lieu dans plusieurs systèmes.

Enfin, rien n'est plus simple que de séparer les rênes, soit pour en tenir deux dans chaque main quand on a besoin d'encadrer fortement le cheval, soit pour en tenir une dans une main et trois dans l'autre ce qui est souvent utile.

Il suffit d'être un peu habitué à cette manière de tenir les rênes pour n'en plus vouloir employer d'autres.

IV

MOYENS D'ACTION ÉTRANGERS AUX AIDES

Certains moyens d'action étrangers aux aides, ou sortant de leur emploi ordinaire, permettent au cavalier de faire agir le cheval par persuasion, de l'engager et de l'habituer à l'obéissance, de lui faire goûter le prix de la soumission et redouter celui de la résistance. Il est facile de se rendre compte, en effet, combien le cheval est sensible à certains procédés. Il suffit de le voir entre les mains d'un cavalier brutal sans raison ; le malheureux animal se congestionne et ses mouvements saccadés sont complètement dépourvus de ce brio qui distingue le geste lancé avec bonne humeur. La voix, le regard, les caresses et les corrections sont autant de moyens d'impressionner l'instinct et la volonté du cheval.

LA VOIX

Le cheval comprend les intonations de la voix, c'est un fait incontestable. Parlez-lui sévèrement après une faute, vous le sentez s'agiter avec crainte ; que votre voix se fasse caressante, il prend une allure plus gaie.

Plus le cheval a confiance en son cavalier, plus il est justement traité par lui, plus aussi il cherche à comprendre sa voix et plus il s'y soumet volontiers.

En cela il se montre semblable à l'homme ; nous écoutons plus volontiers la voix d'un ami que celle d'un maître injuste et détesté.

Il arrive fréquemment que la voix produit des effets décisifs là où les aides sont restées impuissantes. Ce n'est pas, bien entendu, que le cheval comprenne les mots ; mais sa mémoire très développée lui fait reconnaître, indépendamment des caresses et des châtiments, les intonations qui les accompagnent ordinairement. C'est un moyen auquel on peut avoir souvent besoin de recourir, ne fût-ce que pour éviter des luttes et des châtiments.

LE REGARD

On a contesté la puissance du regard sur le cheval. Je crois ici, que ni l'affirmation ni la négation ne doivent être généralisées. A mon avis, l'influence du regard est réelle, mais dépend du cavalier, du cheval et des circonstances.

Évidemment, si un cheval est arrêté et au repos, on pourra se mettre devant lui et le regarder tant qu'on voudra, il restera parfaitement indifférent à cet honneur. Mais si, le tenant par la figure pendant qu'il se révolte, son cavalier le regarde bien en face d'un air décidé, le cheval reconnaît certainement la résolution menaçante du regard. Mais, pour cela, il faut que le visage respire l'énergie et la décision. Par l'écuyer que j'eus pour maître à Saumur, j'ai plusieurs fois eu la preuve de ce que

j'avance ici, lorsque, prenant des mains de l'un de nous
un cheval qui faisait des difficultés, il en obtenait, sans
lui parler et par le seul effet de son regard, la concession
désirée. Je suis donc en bonne compagnie pour croire
que le regard et l'expression générale du visage peuvent
influencer le cheval d'une manière plus ou moins prononcée, il est vrai, mais réelle.

LES RÉCOMPENSES

Le cheval est sensible aux caresses et en comprend la
portée. Elles stimulent sa bonne volonté, l'encouragent,
le rassurent lorsqu'il s'effraie d'une demande inconnue,
entretiennent sa confiance et sa soumission. Par elles,
le cavalier engage le cheval à réitérer une concession
obtenue ; jointes à la voix qui en augmente encore la
portée, elles peuvent avoir les meilleurs effets ; mais il
importe de ne les distribuer qu'avec à-propos. On voit
souvent des cavaliers caresser, pour l'amadouer, un
cheval en pleine insubordination. C'est une lourde faute.
Si votre cheval s'irrite parce qu'il a peur ou si, par ignorance, il ne se laisse pas conduire par les aides à la concession que vous lui demandez et s'en énerve, cares-
sez-le pour le calmer ou le familiariser avec l'objet de sa
frayeur. Mais s'il sait ce que vous voulez et vous résiste
sans raison, il serait d'une mauvaise politique de le caresser ; vous l'encourageriez à s'enfoncer davantage
dans sa résistance et à la recommencer ; vous le feriez
aussi douter de votre fermeté, ce qui vous obligerait à

recourir à des corrections d'autant plus fortes et plus répétées que vous les auriez fait attendre plus longtemps ;
enfin, vos caresses, après avoir été données à tort, per-
draient de leur portée. La caresse est un calmant et un
moyen de persuasion et ne doit être employée qu'avec
un cheval énervé ou après une concession, mais jamais
pendant un refus.

Les caresses sont les récompenses qu'on peut donner
le plus souvent et le plus facilement mais elles ne sont
pas les plus efficaces. En prenant le cheval par la gourmandise, on peut en obtenir les résultats les plus merveilleux. La satisfaction de cette passion est pour lui le
summum de contentement et peut l'amener à vaincre son
mauvais naturel et à se soumettre aux exigences les plus
dures.

J'ai connu un cheval de troupe qui s'appelait Totila. Il
n'était pas de moyen d'attache qui pût l'empêcher de
quitter l'écurie pour aller errer dans le quartier quand l'en-
vie lui en prenait. Puis, une fois dehors, il fallait déployer
des ruses machiavéliques pour le rattraper. Il était le
désespoir des gardes d'écurie. J'essayai un jour de
vaincre son amour de la liberté en faisant appel à sa
gourmandise. Je me contentai d'arracher une poignée de
feuilles à un arbre et de les lui montrer de loin ; il vint à
moi sans difficulté manger ces feuilles et, pendant ce
temps, il se laissa prendre et ramener à l'écurie. A partir de ce jour, toutes les fois qu'il se détachait, il se
livrait de la même manière bien qu'il lui en coûtât cette
liberté qu'il était, auparavant, si jaloux de garder.

Quelles que soient d'ailleurs les récompenses dont nous usons, ne nous en montrons pas avares. C'est ici le cas de nous souvenir de ce dicton populaire « On prend plus de mouches avec du miel qu'avec du vinaigre ».

LES CORRECTIONS

Si le cheval mérite d'être récompensé quand il a bien fait, il doit aussi être châtié quand il est fautif ; mais il est nécessaire de le corriger à temps et avec justice. La correction doit suivre immédiatement la faute, l'accompagner même si c'est possible, afin que le cheval y reconnaisse bien la cause de la douleur qu'il éprouve. Ce n'est qu'à ce prix que la correction sera salutaire, autrement elle ne serait plus comprise et le cheval la considérerait comme une attaque injuste et sans raison.

S'il importe de punir à temps, il n'est par moins nécessaire de le faire avec justice. Quand le cheval pèche par ignorance, par peur ou par suite d'un défaut de sa conformation, ce ne sont pas des coups qu'il lui faut, ils amèneraient l'écœurement et la rétivité parce qu'il n'en saisirait pas la cause. Mais si la faute est voulue, il faut affirmer votre autorité. Il importe que vous soyez le maître, soyez-le à tout prix : ne redoutez ni luttes ni défenses ; en vous montrant toujours le plus fort, vous ôterez au cheval l'idée de s'insurger et il prendra l'habitude de se plier à vos exigences parce qu'il reconnaîtra en vous une volonté et des moyens d'action contre lesquels il aurait mauvais jeu de lutter.

La correction doit être administrée en toute liberté d'esprit car, lorsqu'elle est donnée avec colère, elle l'est rarement avec mesure. Le cavalier doit conserver son calme afin de saisir le moment où le châtiment est suffisant ; il obtient alors une plus grande obéissance, tandis qu'en dépassant cette limite on provoque la rancune du cheval et on ne lui laisse que le souvenir d'une injustice.

Dès que la correction a produit son effet et que le cheval a cédé, il importe de le récompenser par des caresses ou des gourmandises, afin de lui faire sentir qu'il a tout à perdre en s'insurgeant, tout à gagner en se soumettant. De plus, la récompense apaise l'irritation, ramène le calme et permet de continuer le travail dans de bonnes conditions.

Les deux meilleurs instruments de correction sont l'éperon et la cravache employés ensemble ou séparément. Il faut que, sous leur action, le cheval bondisse en avant. Pour cela, il faut lui rendre en l'attaquant, quitte à le reprendre à temps. « Tirer dessus, taper dedans, » est une expression justement ironique et qualifiant bien le fait du cavalier qui accule son cheval en le corrigeant. Cette manière de faire provoque les défenses sur place ; ce sont les plus mauvaises, les plus déplaçantes, et elles confinent à la rétivité.

Dans certaines circonstances, il peut être utile de mettre pied à terre pour infliger une correction. J'en ai déjà donné un exemple à propos des chevaux qui se renversent. Il en faut encore venir là lorsque l'énergie dont on peut disposer à cheval reste insuffisante ou lorsque l'on craint d'être désarçonné. Il importe que le cheval se sente vaincu ; plutôt que de le laisser vous jeter à terre, ce qui lui ferait trop de plaisir, ou d'abandonner la lutte, ce qui amoindrirait l'idée qu'il doit avoir de votre puissance, mettez pied à terre sans fausse honte et administrez-lui une correction qui lui sera aussi profitable, donnée aussitôt après la faute, que si vous aviez pu la donner, monté.

En m'y prenant ainsi, j'ai obtenu plusieurs fois de bons résultats ; mais il faut tenir pour certain que la correction ne saurait être trop sévère tant qu'elle reste proportionnée à la faute qu'on veut châtier. Il faut que le cheval cède ; vous n'avez pour cela qu'à vous montrer plus fort que lui. Quand il l'aura éprouvé à ses dépens, il ne résistera plus.

Il ne faut pas cependant se laisser ailer à exagérer la sévérité jusqu'à devenir injuste. On n'arriverait, comme je l'ai déjà dit, qu'à aigrir le cheval qui sait fort bien distinguer une punition méritée d'une brutalité inutile.

CONCLUSION DE LA PREMIÈRE PARTIE

Dans cette première partie, je n'ai fait qu'étudier ce principe que je crois être fondamental en dressage et en équitation : tout mouvement comporte une position particulière du centre de gravité qui en facilite et quelquefois même en commande l'exécution.

Il résulte comme corollaire de ce théorème que lorsque le cavalier veut obtenir un mouvement, il doit établir le cheval dans l'équilibre correspondant afin de le faire mouvoir en concordance avec les lois mécaniques qui régissent sa constitution. Or les agents de l'équilibre sont les propulseurs et l'encolure ; le cavalier peut s'en emparer par les jambes et par les rênes.

Les jambes, en effet, mettent le cheval dans l'impulsion et l'engagent dans le mouvement en avant ; il en résulte une extension de l'encolure par laquelle le cheval avance instinctivement son centre de gravité pour faciliter la mise en marche ou l'accélération. Cette extension de l'encolure amène la masse sur les rênes qui peuvent alors s'emparer du centre de gravité et, grâce aux flexions, établir l'équilibre avec légèreté, décomposer le mouvement en avant et le distribuer suivant la volonté du cavalier.

Lorsque le dressage en est arrivé à ce point, ma volonté est substituée à celle du cheval qui laisse entre mes mains l'entière disposition de son équilibre, tandis que toutes ses puissances sont tendues pour mouvoir la masse suivant l'indication de mes aides.

Un premier pas est fait : le plus difficile, le plus important aussi. Il ne me reste plus qu'à donner aux muscles la souplesse nécessaire tant à l'établissement immédiat de l'équilibre demandé par mes aides qu'à l'exécution précise du mouvement préparé par cet équilibre. Ce résultat sera obtenu par le travail qui fait l'objet de la seconde partie. L'ensemble des exercices que nous y étudierons rend le cheval utilisable en toutes circonstances, le conduit à la mise en main et au rassembler et lui donne une facilité de mouvement et une mobilité d'équilibre grâce auxquelles il devient un instrument docile entre les mains de son cavalier.

DEUXIÈME PARTIE

DEUXIÈME PARTIE

ÉQUITATION COURANTE

Nous venons d'étudier les lois mécaniques auxquelles est soumis l'équilibre du cheval et les procédés par lesquels nous pouvons nous emparer des différents organes qui établissent ou déplacent cet équilibre.

Il nous faut maintenant étudier l'utilisation pratique des résultats obtenus.

On peut, à vrai dire, utiliser le cheval sans avoir aucune connaissance théorique. Nombre de cavaliers ne s'en servent que comme d'un moyen de locomotion commode ou agréable. Pourvu que leur cheval ne les emmène pas, tourne à peu près quand ils le veulent, passe au pas, au trot, au galop quand ils le désirent, le reste leur importe peu. Ils trouvent, heureusement pour eux, des chevaux d'un assez bon naturel pour leur obéir et ne pas se formaliser du sans-gêne avec lequel on les traite. Mais donnez-leur un cheval moins bon enfant, se refusant à se soumettre à des aides qui le mettent en désaccord constant avec les lois auxquelles son organisme est soumis, ou seulement un cheval un peu délicat qui cherche à répondre de suite aux aides, ou, enfin, un cheval bien mis, habitué à être dirigé par des aides logiques et d'accord entre elles, ils seront incapables d'en tirer profit. Ils ont sous eux un animal apte à bien faire, mais dont ils ne savent pas utiliser les dispositions et qu'ils ne parviennent qu'à révolter et à ruiner.

Je ne parle pas des chevaux présentant une difficulté quelconque. Les cavaliers en question, incapables de profiter de ce qu'un cheval a de bon, le sont encore bien plus de réprimer ce qu'il a de mauvais. Ils en sont donc réduits à ne monter que des chevaux se laissant mener n'importe comment, c'est-à-dire médiocres, car leur facilité de caractère provient souvent d'un manque d'énergie qui exclut la délicatesse et les moyens.

L'équitation vraie diffère autant de celle-là que le piano diffère de l'orgue de barbarie, ou l'enseigne d'un cabaret de village de la toile d'un maître. Le véritable écuyer sait utiliser les qualités qui rendent le cheval dangereux entre des mains inhabiles; il développe les moyens d'action de l'animal en facilitant le jeu des organes moteurs par la justesse des équilibres. Il sait cadencer et étendre les allures, demander beaucoup en fatiguant peu. Il donne de l'aisance aux mouvements par l'à-propos de ses demandes et la concordance de ses aides. Il mate la volonté d'un animal rebelle, et les chevaux les plus rétifs deviennent d'un usage parfait entre ses mains parce qu'il sait appliquer à l'accomplissement de sa volonté l'énergie prête à lui résister.

En un mot, plus le cheval est susceptible d'être fin, délicat et énergique, même par mauvais vouloir, plus le véritable écuyer sait obtenir de soumission, de grâce et de puissance. Mais ces résultats ne s'obtiennent pas n'importe comment. Il faut, pour y arriver, travailler beaucoup afin de savoir préparer avec justesse, demander avec à-propos, exiger avec énergie. Là, réside la science de l'écuyer ; c'est celle que nous allons étudier.

J'ai divisé cette étude en travail au pas, au trot et au galop. Cela ne veut pas dire, bien entendu, qu'on ne doive faire marcher un cheval au trot que lorsque son éducation au pas est complètement terminée. Il faut, au contraire, dès le début du dressage, alterner les allures avec sollicitude, afin de donner au cheval la dose de travail nécessaire à sa santé et au développement de ses muscles ; mais, comme le cheval manie son centre de gravité d'autant plus facilement qu'il va plus lentement, il faut, pour commencer par les moindres difficultés, ne demander des mouvements serrés aux allures vives que lorsque le cheval sait les exécuter aux allures lentes.

CHAPITRE IER

§ Ier. TRAVAIL AU PAS

AJUSTER LES RÊNES

La première chose à faire lorsqu'on veut commencer un travail quelconque est d'ajuster les rênes. Il est important, lorsqu'un cheval est au repos, de lui faire grâce de toute action des aides ; ce n'est qu'à cette condition qu'il se détend, que tous ses muscles et toutes ses puissances se relâchent, n'ayant que la tension voulue pour entretenir sa marche.

Le commencement ou la reprise du travail nécessitent qu'on fasse tomber le cheval sous la domination des aides en mettant la main en communication avec la bouche et en éveillant l'impulsion par l'action des jambes.

Pour cela, il faut raccourcir les rênes jusqu'à ce que le contact s'établisse avec la bouche et tenir les jambes près, tant pour éviter le ralentissement de l'allure que pour empêcher l'encolure de s'élever et de provoquer ainsi la perte du contact. Tout cela doit se faire moelleusement et sans précipitation pour ne pas exciter le cheval au moment où il va avoir le plus besoin de calme.

Lorsque les rênes sont ajustées et les jambes près, le cavalier est en posture de transmettre l'expression de sa volonté. Il peut mettre en main et commencer le travail ou ne rien demander de plus ; il laisse alors le cheval dans un demi-repos, mais il est prêt à demander la mise en main dès qu'il en aura besoin.

Il est un certain nombre de cas où il est bon d'ajuster les rênes sans mise en main ; par exemple avec un cheval très gai, peureux ou maladroit, qu'il serait imprudent de laisser complètement à lui-même. Il en est de même à la manœuvre où un commandement imprévu exige que le cavalier soit prêt à manier rapidement son cheval. Dans un repos, pendant le travail en reprise, les rênes doivent encore être ajustées sans mise en main, afin de laisser le cheval aussi libre que possible, tout en l'empêchant de diminuer ou d'augmenter sa distance.

MÉCANISME DU PAS

Grâce aux résultats donnés par la photographie instantanée, on a pu constater que le pas comporte quatre appuis différents par foulée, chaque foulée étant limitée par l'appui successif des deux antérieurs.

Supposons que le cheval vienne de terminer un pas à droite par le poser de son antérieur droit : à ce moment, il repose sur son postérieur droit et, à peu près également, sur ses deux antérieurs ; c'est le pas à gauche qui commence.

Le postérieur gauche reste au soutien, l'antérieur gauche s'y met pour se porter en avant de son congénère, le cheval n'est supporté que par son latéral droit, (premier appui).

Le postérieur gauche se met à l'appui pendant que le droit y est encore et avant que l'antérieur gauche s'y soit mis. Le cheval repose sur ses deux postérieurs et sur l'antérieur droit (deuxième appui).

Le postérieur droit se met au soutien, l'antérieur gauche y est encore, l'antérieur droit et le postérieur gauche sont encore à l'appui. Le cheval repose sur le diagonal droit (troisième appui).

L'antérieur gauche se met à l'appui ; le diagonal droit y reste ; le postérieur droit est toujours au soutien (quatrième appui).

A ce moment, le cheval est supporté par l'appui bipédal de l'avant-main et unipédal de l'arrière-main comme à la fin du pas à droite ; mais, maintenant, c'est le postérieur gauche qui est l'appui et l'antérieur gauche qui est en avant du droit.

Comme on le voit, un pas complet a été effectué par quatre appuis différents qui peuvent se résumer ainsi :

1° — Appui latéral (droit).

2° — Appui bipédal postérieur (gauche en avant) unipédal antérieur (droit).

3° — Appui diagonal (droit).

4° — Appui unipédal postérieur (gauche), bipédal antérieur (gauche en avant).

Dans le pas suivant, le cheval prendrait des appuis analogues dans le même ordre, mais en inversant la position des membres.

PASSER DE L'ARRÊT AU PAS

Étant arrêté, pour se mettre en marche, il faut commencer par provoquer le déplacement du centre de gravité vers l'avant-main. Dans ce but le cavalier n'a qu'à fermer les jambes et à céder des doigts pour laisser l'encolure s'étendre. Le cheval se met en marche, aidé par l'entraînement de sa masse.

La mise en marche n'est pas toujours correcte dès le début du dressage. Pour être régulière, elle doit s'effectuer exactement dans la direction de l'axe, à l'allure demandée, sans précipitation comme sans hésitation. Le cavalier obtiendra le mouvement dans le sens de l'axe en partant d'un placer très droit et en faisant agir ses aides avec une grande symétrie. Le placer droit est en effet nécessaire pour que le centre de gravité se déplace dans le plan vertical de l'axe. Les jambes doivent agir également afin que la prédominance de l'une n'amène pas un déplacement latéral des hanches ; enfin les rênes doivent faire une concession égale pour maintenir la rectitude du placer.

Il faut d'ailleurs, entre les jambes et les rênes, une concordance telle que le déplacement du centre de gravité et le mouvement provoqués par les premières, soient réglés par les secondes et maintenus par elles dans les proportions voulues pour donner soit le pas, soit le trot ou le galop suivant le désir du cavalier.

Pour éviter que le départ soit brusque, il faut régler l'énergie des jambes sur le degré de sensibilité du cheval. On empêchera la mise en marche d'être hésitante, en donnant progressivement, mais rapidement, aux jambes l'intensité d'action qu'elles doivent avoir et en cédant des doigts au moment précis ou l'encolure cherche à s'étendre.

Dans les premières leçons de dressage, consacrées à enseigner au cheval l'emploi des jambes, il n'y a pas lieu de s'inquiéter de la manière dont se produit la mise en marche. Mais lorsqu'on a abordé les leçons de rênes, il importe d'habituer le cheval à se porter en avant droit devant lui. S'il prend de mauvaises habitudes à cet égard, on est souvent embarrassé dans la suite ; aussi est-il nécessaire de corriger rapidement les mauvaises tendances qu'on a lieu d'observer.

Si le cheval déplace latéralement les hanches, malgré l'action symétrique des jambes, il faut les redresser aussitôt, arrêter et repartir. Si la même faute se renouvelle trop souvent il faut la corriger plus énergiquement et en venir au besoin à une attaque vigoureuse des deux jambes qui, ayant pour effet de provoquer instantanément le départ, ne laisse pas aux hanches le temps de se jeter de côté.

Si le cheval hésite à partir, en regardant à droite ou à gauche au lieu de se mettre en marche, on aura recours à des actions de jambes de plus en plus énergiques et répétées jusqu'à ce qu'il se décide sans tergiverser.

Les premières fois qu'on donne cette leçon de mise en marche, il est bon de continuer à marcher droit pendant quelque temps afin d'éviter que des changements de direction, succédant immédiatement à la mise en marche, ne nuisent à sa rectitude.

C'est dans cette leçon qu'on court peut-être le plus de risques d'amoindrir la sensibilité aux jambes. En effet le dressage n'en est encore qu'à son début, et de même que les impressions de jeunesse sont, dit-on, les plus durables chez l'homme, de même, chez le cheval, les débuts du dressage ont une influence considérable sur toute sa suite. Or, si l'on se sert des jambes avec plus d'énergie que de raison au moment où l'on donne cette leçon, qu'arrive-t-il ? Le cheval se met brusquement en marche, au lieu de couler dans son mouvement ou même il se met au trot. On sera obligé de s'opposer par les rênes à l'effet produit par l'action trop énergique des jambes. Il ne faudra pas longtemps, dans ces conditions, pour que, sa paresse aidant, le cheval ne réponde plus à une forte action des jambes que dans les limites restreintes qu'on lui assigne et on aura atrophié chez lui, de gaîté de cœur, la faculté précieuse de répondre aux demandes les plus légères. Il deviendra, suivant l'expression consacrée, « froid aux jambes ».

ÉTANT AU PAS, ARRÊTER

Comme tout mouvement en équitation et sauf nécessité absolue, l'arrêt doit être moelleux. Il ne faut pas que la marche soit coupée net, mais qu'elle s'éteigne. La première chose à faire est naturellement d'enlever au mouvement en avant, l'appoint que lui donne la position avancée du centre de gravité. Pour cela, le cavalier n'a qu'à augmenter la pression de ses jambes en fermant les doigts. Il obtient ainsi une flexion ; en la suivant par un retrait de main, il provoque une première élévation d'où résulte un recul du centre de gravité. Tant que ce recul n'est pas suffisant, il n'y a qu'à l'augmenter en provoquant de nouvelles élévations de l'encolure. Toutefois, les actions de jambes devront être de plus en plus faibles. De la sorte, le centre de gravité recule dans une position qui ne lui fait plus entraîner la masse ; les propulseurs, toujours plus chargés, toujours moins actionnés, subissent l'influence du poids qu'ils portent et le mouvement s'éteint dans l'arrêt complet.

On arrête ainsi le cheval sans tractions de rênes, par suite de l'obéissance à l'action impulsive des jambes et à l'aide de retraits de main accompagnant l'encolure dans ses élévations successives. L'arrêt se produit sans que le cheval cesse un seul instant d'être dans l'impulsion et sans risque d'acculement. Il est d'autant plus rapide et moelleux que la bouche est plus souple et la nuque plus docile.

RALENTIR LE PAS

Toutes les allures se ralentissent par les mêmes procédés. Ce que je vais dire pour le pas s'applique également au trot et au galop.

On obtient le ralentissement comme l'arrêt avec cette différence, toutefois, que les jambes gardent leur intensité d'action et que, dès que le degré de lenteur désiré est obtenu, il faut conserver sans l'augmenter, la hauteur de l'encolure.

Les jambes doivent rester très actives aussi longtemps que dure le ralentissement afin que la diminution de la vitesse ne soit pas pour le cheval le signal d'un abandon d'énergie.

L'impulsion doit être aussi considérable, et souvent plus, dans le ralentissement qu'en pleine vitesse, mais elle est contenue par une mise en main plus intense et par une position plus reculée du centre de gravité ; les membres donnent de la hauteur à leur geste au lieu de lui donner de l'extension.

Le ralentissement exige des aides assez délicates, surtout avec les chevaux difficiles de bouche ou sensibles de jarrets, ainsi qu'avec ceux qui, mous et paresseux, profitent du ralentissement pour se laisser aller.

. Un point assez difficile, quelquefois, est de maintenir le cheval droit quand on le ralentit, car il n'est pas rare que les propulseurs, vigoureusement actionnés, se jettent de côté pour éviter de recevoir le poids de la masse renvoyé par les mains. Ce défaut doit être corrigé par les jambes, au besoin même par quelques concessions de doigts, le tout avec délicatesse, afin de ne pas provoquer un énervement qui ne ferait qu'augmenter la faute. Ce n'est que peu à peu qu'on habituera les chevaux qui présentent cette difficulté, à laisser docilement surcharger leur arrière-main et c'est au tact du cavalier de juger des concessions à faire ou de l'énergie à déployer.

Quelqu'un à qui j'exposais un jour le mécanisme de l'arrêt et du ralentissement tel que je le comprends et que je viens de l'expliquer ici, me dit : « Mais enfin, si vous avez un cheval qui tire ou qui s'emballe, vous ne pouvez pas le ralentir ou l'arrêter par simple fermeture des doigts ! »

Cette objection a trait à deux cas bien différents :

Si le cheval ne fait que tirer, la meilleure manière de le ralentir, est, à mon avis, de n'agir que par la fermeture des jambes et des doigts comme je l'ai expliqué tout à l'heure ; car, si l'on tire sur les rênes, on lui impose une gêne dont il ne prévoit pas la fin, puisque la cause directe n'en vient pas de lui, et dont il cherche tout naturellement à s'affranchir en tirant plus fort que le cavalier ; il engage une lutte dans laquelle la supériorité lui reste sûrement pour peu qu'il y tienne.

En fermant les doigts, au contraire, dès que le cheval tire, et en l'envoyant avec les jambes sur le mors bien fixe, l'extension que l'on obtient de l'encolure est déjà une marque d'obéissance et une concession acheminant et préparant le cheval à en faire d'autres.

De plus, comme c'est lui-même qui est allé sur le mors, il se rend parfaitement compte qu'il peut échapper au contact qui le gêne en cédant de la nuque et de la mâchoire et il en vient d'autant plus vite là que l'étude des flexions l'y ont directement préparé en lui faisant de la légèreté une manière d'être instinctive. Or, c'est la fixité de la main qui engendre la légèreté; c'est donc en réalité par elle que nous pouvons empêcher le cheval de tirer.

Quant au cheval emballé, c'est autre chose; il n'a plus notion de rien, sa colère et sa rébellion lui enlèvent tout instinct, quelquefois même celui de la conservation. Avec un semblable animal il n'y a plus à avoir ni délicatesse ni ménagements. On ne peut plus agir sur son instinct ni sur sa raison qui sont complètement perturbés, c'est à son organisme qu'il faut s'en prendre en le mettant dans des conditions telles que ses membres soient dans l'impossibilité de continuer l'allure et que, la griserie du train cessant, la raison revienne. Le procédé le plus énergique à employer est alors d'élever l'encolure et de reculer l'assiette au point de rejeter toute la masse en arrière des jarrets; on met ainsi l'animal dans l'impossibilité de se mouvoir: c'est l'acculement. J'ai dit que c'était le moyen le plus énergique et je m'empresse d'ajouter que c'est aussi le plus ruineux et par conséquent le dernier à employer; un danger réel peut seul l'excuser. J'aurai plus tard à revenir sur ce sujet, lorsque je parlerai des chevaux emballeurs.

Quoi qu'il en soit, cela n'infirme en rien la théorie que j'ai donnée plus haut et qui ne s'applique, bien entendu, comme toute règle générale en équitation, qu'aux chevaux qui sont dans l'entière possession de leurs moyens, au moral comme au physique. Hors de là, il y a des procédés spéciaux que j'exposerai plus tard et qui sont les exceptions que comporte toute règle générale.

ALLONGER LE PAS

Pour allonger le pas, il faut marquer plus d'intensité dans l'action des jambes afin d'exciter les propulseurs et d'avancer le centre de gravité. On doit en même temps desserrer les doigts pour permettre à l'encolure de s'étendre, au centre de gravité d'avancer et aux membres d'allonger leurs gestes, sans que le contact se perde entre la bouche du cheval et la main du cavalier. Cette concession de la main doit être complète pour rendre possible à l'encolure le mouvement de va et vient dont elle aide la progression.

RECULER

Le reculer est une allure qui s'effectue par le travail des diagonaux. Les propulseurs y font leur effort d'avant en arrière en sorte que leur rôle devient inverse de celui auquel leur structure les affecte. On ne devra donc pas les charger, mais, au contraire, les alléger pour ne pas les encombrer du poids de la masse, et ils ne feront avec quelque aisance le travail insolite qu'on leur demande que s'ils n'ont qu'à tirer la masse sans la porter.

Pour obtenir ce résultat, il faut d'abord avancer l'assiette et fermer les jambes en cédant des doigts, ce qui amène le centre de gravité vers les épaules. L'arrière-main étant ainsi déchargé, le mouvement est grandement facilité. Pour l'entamer par le diagonal droit par exemple, l'assiette se portera un peu à droite pour que le postérieur droit soit moins déchargé que le gauche ; les doigts devront se fermer sur la rêne droite légèrement opposée et sur la rêne gauche directe, ce qui chargera l'épaule gauche et renverra en arrière l'impulsion venue des jambes sur la main ; le diagonal droit dégagé se portera en arrière. En inversant les aides, on fera faire de même au diagonal gauche et ainsi de suite.

On reporte le cheval en avant par une action plus énergique et symétrique des deux jambes tandis que les rênes deviennent moelleuses pour permettre à l'impulsion de s'écouler en avant.

Le grand danger dans ce mouvement est d'acculer le cheval parce que, si les propulseurs se refusent à reculer, la masse vient seule en arrière. C'est une faute à laquelle on est très exposé si on a le tort de tirer sur les rênes, car l'effet des tractions est de charger les jarrets qui, n'étant pas faits pour reculer, se porteront encore bien plus difficilement en arrière si on les charge. Si, au contraire, on agit par fermeture des doigts, le centre de gravité peut être maintenu dans une position avancée qui laisse les jarrets déchargés et rend l'acculement impossible.

Tant que le cheval n'est pas complètement dans l'impulsion, il faut bien se garder de le faire reculer ; pour peu qu'il ait de la tête, il profiterait vite, au détriment de sa franchise, de la science qu'on lui aurait enseignée.

Le reculer est souvent pratiqué autrement que je viens de l'indiquer. Il est en effet aussi instinctif de porter le haut du corps et le centre de gravité en arrière quand on veut reculer, que de les porter en avant quand on veut avancer. Si l'instinct n'est pas, ici, corrigé par le raisonnement, le cavalier augmente, au lieu de les diminuer, les difficultés naturelles de ce mouvement.

Pendant les premières leçons de reculer on devra se borner à demander quelques pas seulement, après lesquels on se remettra immédiatement en marche à une allure rapide.

De trop grandes exigences fatigueraient le cheval non encore assoupli à ce travail et il est utile de le remettre promptement dans le mouvement en avant afin d'éviter qu'il ne s'accule, ou ne reste pas sur la main.

Le cheval doit, bien entendu, rester très droit en reculant ; ce n'est qu'à ce prix que le cavalier reste maître du mouvement. Or cette rectitude s'obtient assez facilement si on fait reculer par les aides que j'ai dites, car elles laissent tout le poids de la masse sur les épaules, en sorte que l'arrière-main peu chargé n'est pas gêné et peut être dirigé facilement par les jambes. D'autre part, c'est lui qui tire l'avant-main ; celui-ci, n'ayant qu'à se laisser faire, n'a aucune raison de dévier. Si, au contraire, on recule l'assiette et si on tire sur les rênes, c'est l'avant-main qui recule sur l'arrière-main, le met dans une position critique en le surchargeant et l'amène à éviter ce poids en se jetant de côté.

Ce n'est d'ailleurs qu'à la condition de ne pas agir par tractions de rênes, que le cheval fait des progrès assez importants dans cet exercice pour l'exécuter au trot, au galop et au passage.

J'aurai occasion de reparler du reculer à ces allures lorsque je traiterai des airs de Haute-École.

Du reste, je ne parle du reculer en cette place que parce qu'il est une allure marchée ; mais on ne saurait trop recommander de ne l'enseigner que très tard, car il comporte un dressage qui peut être extrêmement nuisible s'il est fait avant que le temps ait confirmé la franchise du cheval. Pour ma part, je n'enseigne jamais le reculer avant le cinquième ou sixième mois de dressage et quelquefois plus tard.

TOURNER

Le tourner est un mouvement complexe qui comporte deux opérations distinctes : le changement de direction et la marche ; c'est l'avant-main qui produit le changement de direction en prenant successivement des orientations différentes. C'est l'arrière-main qui produit la marche en poussant la masse dans les directions prises par l'avant-main. Il en résulte que, pour être bien exécuté, le tourner exige entre l'arrière-main et l'avant-main une indépendance de mouvement qui ne s'obtient que quand la souplesse du cheval est parfaite. Aussi voit-on rarement exécuter avec perfection un tourner à la fois rapide et court de rayon ; il est alors, en effet, un mouvement aussi difficile à commander avec précision par le cavalier, qu'à exécuter avec adresse par le cheval.

Les antérieurs ne servent plus seulement de soutien à la masse; ils doivent aussi déplacer latéralement l'avant-main et en changer constamment la direction. Dans ce mouvement, c'est l'antérieur externe qui a le geste le plus difficile car il doit passer devant l'antérieur interne et chevaucher par-dessus lui. Aussi, pour tourner à droite, par exemple, est-il de toute nécessité de charger l'épaule droite; on dégage ainsi l'antérieur gauche qui a le mouvement le plus difficile, et, en même temps, le poids de l'avant-main porté vers la droite aide la progression de ce côté. Les aides à employer sont donc : la rêne droite directe, plaçant le cheval à droite, ce qui, ainsi que nous l'avons vu à propos de la flexion latérale, charge l'épaule droite et fait regarder le cheval de ce côté qui est celui vers lequel il doit marcher. La rêne gauche agira par opposition en même temps que la rêne droite et augmentera, dans les proportions voulues, la surcharge de l'antérieur droit pour dégager le gauche et pousser les épaules vers la droite.

Au pas, les membres et la masse ne sont engagés que dans un mouvement relativement lent qui permet aux déplacements latéraux de l'avant-main de s'exécuter sans beaucoup de peine. Il en est tout autrement lorsque le cheval est au trot, au galop, ou surtout à des allures artificielles, telles que le passage. Le mouvement rapide ou difficile des antérieurs ne reçoit pas sans peine une nouvelle complication. C'est alors que les mains doivent être extrêmement vigilantes et justes dans leurs actions, sans quoi la légèreté se perd.

Quant aux jambes, elles ont naturellement à pousser le cheval sur la main, mais elles doivent aussi diriger l'arrière-main dans son mouvement propre. Il faut que les propulseurs soient constamment maintenus derrière l'avant-main pour le pousser dans les directions où il s'engage. Il est rare que les hanches se meuvent correctement d'elles-mêmes, soit qu'elles restent à l'intérieur et précèdent les épaules dans le tourner, soit qu'elles se jettent à l'extérieur du cercle à décrire. Les jambes du cavalier doivent les maintenir à chaque instant du tourner dans une position telle que la détente des propulseurs ait toujours pour effet de pousser l'avant-main dans sa nouvelle direction. On ne peut donc pas dire d'une manière générale que telle jambe doit agir plus que l'autre; la prépondérance à donner dépend des chevaux, et peut même varier plusieurs fois dans le même tourner.

Quelle que soit la jambe prépondérante, l'autre ne doit pas être inactive; il faut qu'elle reste près du cheval pour le maintenir sur la main et qu'elle soit en position de devenir prépondérante à son tour, si le besoin s'en fait sentir.

Lorsque le cavalier veut reprendre la marche directe, il doit reporter également sur les deux épaules le poids de l'avant-main par le desserrement des doigts de la main droite et par l'action égale et directe des deux rênes. Pendant ce temps, les jambes doivent agir également pour finir de placer le cheval droit et le pousser dans son nouvel équilibre.

DOUBLER

Le doubler à main droite, par exemple, se compose de deux à droite reliés par une ligne directe conduisant le cheval perpendiculairement d'une piste à l'autre.

Pour que ce mouvement soit bien exécuté, il faut que le premier tourner se termine exactement lorsque le cheval est perpendiculaire à la piste qu'il va rejoindre ; la marche directe doit se faire sur une ligne absolument droite et perpendiculaire aux pistes et, ainsi que les deux tourners, exactement à l'allure qu'avait le cheval sur la piste.

Ainsi compris, le doubler est un excellent exercice ; car le cavalier, ayant un point de repère commode, peut voir facilement si le cheval se redresse exactement au moment où il le lui demande et l'y obliger.

Le doubler est dit : « doubler dans la largeur » ou « doubler dans la longueur » suivant qu'il est fait entre les deux grandes pistes ou entre les deux petites. On peut changer de main par le doubler en faisant le deuxième tourner en sens inverse du premier.

VOLTE

La volte, telle qu'on la comprend maintenant, est un cercle. Si l'on part de la piste, le cercle doit lui être tangent.

Elle se compose d'une succession de tourners égaux

ramenant le cheval à son point de départ. Les principes qui régissent la volte sont les mêmes que ceux du tourner ; mais si celui-ci est difficile à bien exécuter, celle-là l'est bien davantage parce que les difficultés de chacun des tourners qui la composent s'ajoutent les unes aux autres.

Tant que dure la volte, le cheval doit être constamment maintenu dans le même équilibre, sans quoi les tourners ne sont pas égaux et la volte est irrégulière ; en conséquence, les jambes doivent s'entendre, à tout instant, pour pousser le cheval dans la direction prise par l'avant-main, lequel doit être maintenu dans un équilibre immuable par un accord complet entre les deux mains.

Au pas, on arrive facilement à obtenir des voltes assez petites si l'on se contente de l'à peu près ; il ne faut cependant les serrer que très progressivement de manière à laisser le cheval prendre l'habitude d'un mouvement de membres correct ; ce n'est qu'à ce prix qu'on retrouve cette correction dans les voltes serrées au trot et au galop. On fera donc d'abord, même au pas, de larges voltes qu'on ne resserrera que lorsque le degré d'assouplissement et l'adresse du cheval le permettront ; on en sera là, lorsque l'allure restera égale et calme, le cheval ne progressant que par foulées exactement pareilles et restant toujours bien placé et dans la légèreté parfaite.

DEMI-VOLTE

La demi-volte est un mouvement qui se commence comme la volte, mais se termine par une ligne droite parallèle à la diagonale du manège. Le cheval reprend donc la piste à main inverse de celle à laquelle il se trouvait.

La ligne droite commence au point de la volte où le cheval se trouve parallèle à la diagonale du manège.

Ce mouvement ne présente d'intérêt au pas qu'à titre d'assouplissement en forçant le cheval à se redresser sans être guidé ni par la piste, comme dans la volte, ni par aucune ligne apparente du manège.

DEMI-VOLTE RENVERSÉE

Ce mouvement se commence comme se termine la demi-volte, c'est-à-dire que, pour l'exécuter, on quitte la piste par une ligne droite, généralement parallèle à une des diagonales du manège. Lorsqu'on est arrivé à une distance de la piste variant suivant l'étendue qu'on veut donner au mouvement, on décrit un demi-cercle pour reprendre la piste à la main inverse de celle à laquelle on se trouvait précédemment.

CHANGEMENT DE MAIN

Le changement de main consiste à quitter le grand côté à environ trois mètres du coin qu'on vient de passer et à rejoindre par une ligne droite l'autre grand côté à six mètres à peu près du coin opposé.

Ces chiffres n'ont rien de fixe mais ils sont généralement les plus commodes. Il ne devient nécessaire de les déterminer que dans le travail en deux reprises.

CONTRE-CHANGEMENT DE MAIN

Ce mouvement consiste à quitter la piste par une ligne droite, puis à marcher droit, parallèlement à cette piste, pendant un ou deux pas et, enfin, à la rejoindre par une autre ligne droite.

Ces lignes droites doivent être respectivement parallèles à l'une des diagonales du manège.

Le contre-changement de main se composant de deux changements de main successifs, on se trouve, après l'avoir fini, à la même main qu'en le commençant.

SERPENTINE

La serpentine se compose de demi-voltes successives exécutées perpendiculairement aux pistes et tangentes les unes aux autres comme l'indique la figure :

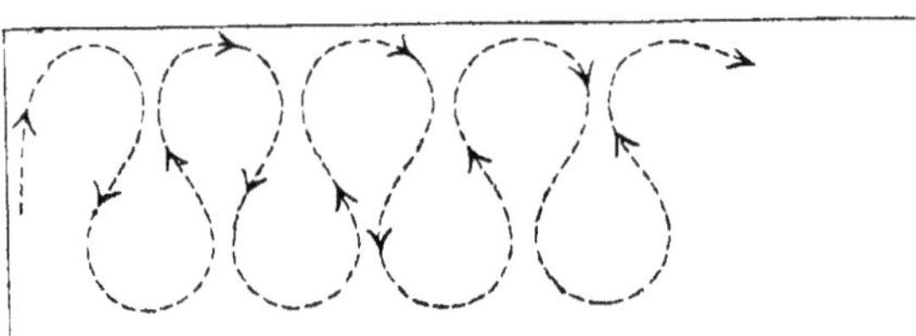

Toute la difficulté, au pas, réside dans la régularité et l'égalité des demi-voltes. Or, ces qualités ne s'obtiennent qu'assez difficilement en raison des changements continuels auxquels le placer est soumis.

La serpentine, toutefois, n'a tout son intérêt qu'au galop juste ou faux ; elle devient alors une excellente préparation aux changements de pied, rapprochés et au temps.

Le « huit de chiffre » est un mouvement analogue à la serpentine, du moins comme utilité. Il consiste à décrire le chiffre *huit* perpendiculairement à la piste, comme sur la figure :

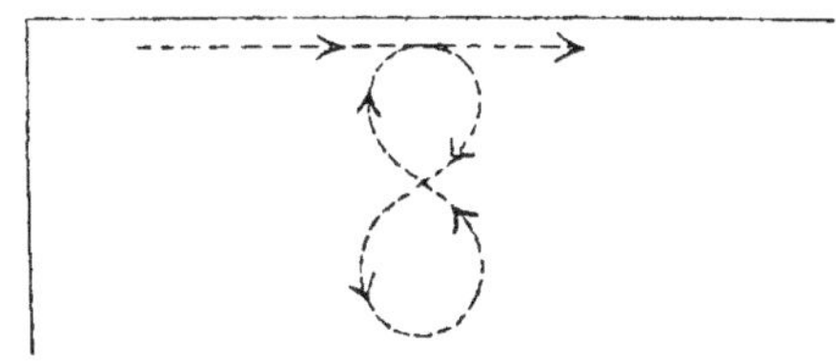

La volte, la demi-volte, le changement et le contre-changement de main, la serpentine et le huit de chiffre doivent être exécutés souvent, même au pas, comme exercices de tourner. Bien que la raison d'être des derniers existe surtout au galop, ils exigent pour être bien exécutés, même aux allures lentes, de la part du cavalier et du cheval, un souci de précision dont l'un et l'autre ne peuvent que bénéficier.

PIROUETTE RENVERSÉE

ou demi-tour sur les épaules.

La pirouette renversée consiste à faire décrire aux hanches un cercle ou un arc de cercle autour d'une épaule. On l'appelle aussi demi-tour sur les épaules. Cette dénomination est moins juste que la première

parce que la pirouette renversée est d'un nombre de
degrés absolument facultatif qu'il appartient au cavalier
ou aux circonstances de déterminer.

Dans ce mouvement, l'arrière-main tourne autour de
l'avant-main qui, lui-même, tourne autour de l'antérieur
externe, du gauche si les hanches vont de gauche à
droite. Il importe, du moins, qu'il en soit ainsi du mouvement des antérieurs, car si c'était, au contraire, l'antérieur externe qui tournait autour de l'autre, ce ne pourrait être que par un mouvement rétrograde qui chargerait l'arrière-main et le gênerait.

Ainsi qu'on le voit, le mouvement de l'avant-main se
réduit à fort peu de chose ; l'antérieur externe même
est immobile ; tout le mouvement est exécuté par l'arrière-
main. En conséquence, les aides à employer doivent
concourir à porter sur l'antérieur immobile le plus de
poids possible : on facilitera ainsi le mouvement de l'autre
antérieur et de l'arrière-main.

Si donc, nous voulons faire tourner les hanches de
gauche à droite, il faut d'abord amener le poids de la
masse sur les épaules en fermant les jambes et en desserrant les doigts jusqu'à ce que la mise en marche
devienne imminente ; on empêchera alors le centre
de gravité d'avancer davantage et on jettera le poids
sur l'épaule gauche en fermant les doigts sur la rêne
droite d'opposition et sur la rêne gauche directe.

Il y a peu de temps encore, je recommandais de donner, dans ce mouvement, un pli à l'encolure du côté vers
lequel tourne l'arrière-main. En cela je me conformais à
un très vieil usage. Les anciens écuyers, en effet, main-

tenaient toujours le « beau et avantageux pli de l'encolure », suivant leur expression, même lorsque leur cheval
marchait droit : ils se trouvaient ainsi plus prêts à entamer la marche circulaire si besoin était et ils estimaient
qu'ils donnaient plus de « gentillesse » à leur cheval [1].
Je ne sais si ces raisons ne sont pas quelque peu discu-
tables, et si le pli est bien justifié en dehors des cas où
il est utile pour permettre au cheval de voir où il va marcher. Toujours est-il qu'il semble plus logique, dans le
mouvement qui nous occupe, de tenir le cheval dans le
placer latéral direct pour maintenir l'encolure droite et
le poids de l'avant-main sur l'épaule extérieure. Le cheval est aussi bien en situation de reconnaître son terrain,
et sa position est plus conforme à son mouvement qui ne
peut qu'être gêné par une incurvation que rien, en somme,
ne justifie ici.

Pour la pirouette renversée de gauche à droite, les
mains doivent donc, en recevant la masse, lui faire charger l'épaule gauche par l'action de la rêne gauche directe
et de la rêne droite d'opposition, tout en maintenant
l'encolure droite, d'après les procédés étudiés à propos
du placer latéral direct.

Pendant ce temps la jambe gauche se glissera plus en
arrière pour pousser les hanches vers la droite ; la jambe
droite restera près pour maintenir la position avancée du
centre de gravité, empêcher le cheval de reculer et arrêter les hanches au moment où le cavalier le jugera bon.

1. Voir La Guérinière, Dupaty, Thiroux, Aubert, etc.

L'assiette se portera à droite pour faciliter le déplacement des hanches.

En résumé, les aides à employer pour demander la pirouette renversée de gauche à droite sont les suivantes :

1° Action égale des jambes pour amener la masse sur les épaules.

2° Action de la rêne gauche directe et de la rêne droite d'opposition, agissant de manière à charger l'épaule gauche, tout en maintenant l'encolure droite.

3° Action prépondérante de la jambe gauche.

4° Léger déplacement de l'assiette vers la droite.

Lorsqu'on commence à demander la pirouette renversée, il est bon de se placer loin de la piste afin que le cheval puisse être porté en avant, à quelque moment que ce soit, dans la direction de son axe, si le besoin s'en fait sentir.

Si le cheval marque une tendance à reculer malgré les précautions prises pour l'en empêcher, il faut y parer de suite en rendant les jambes plus énergiques jusqu'à provoquer la mise en marche, si c'est nécessaire. On devrait même passer immédiatement au trot ou au galop si cette tendance persistait ou s'accentuait. Mais souvent, lorsqu'elle se manifeste, la faute en est au cavalier qui n'a pas préalablement pris le soin d'avancer le centre de gravité. C'est alors à lui de ne plus retomber dans la même erreur.

D'ailleurs, tant que le cheval n'est pas très confirmé sur ce mouvement, il est bon de lui demander à chaque fois des déplacements différents de l'arrière-main et de

le mettre après chacun à une allure vive ; on lui donne
ainsi l'habitude de rester à tout instant prêt au mouvement
en avant.

La pirouette renversée doit toujours se faire avec
lenteur ; ce n'est qu'à cette condition que le cheval peut
conserver l'équilibre qu'elle comporte et la bien exécuter.

Sa grande utilité est de parfaire les premières leçons
des jambes et d'achever de rendre le cavalier absolument maître de l'arrière-main.

PIROUETTE

ou demi-tour sur les hanches.

La pirouette consiste à faire décrire un cercle ou arc
de cercle aux épaules autour des hanches comme pivot.

Ce mouvement est assez difficile à obtenir parce qu'il
exige que l'arrière-main ne fasse que tourner autour
d'un postérieur servant de pivot, et laisse à l'avant-main
le soin de déplacer toute la masse. Il n'y a donc lieu de
demander la pirouette qu'après y avoir acheminé le cheval par une progression rationnelle.

A cet effet, je le mets sur un cercle d'une dizaine de
mètres de diamètre, en lui demandant des déplacements
de hanches vers l'intérieur pendant le quart ou la moitié
du cercle. J'augmente ensuite la difficulté en réduisant le
diamètre à quatre ou cinq mètres, et en demandant au
cheval des déplacements de hanches de plus en plus pro-

noncés jusqu'à amener les antérieurs et les postérieurs à se mouvoir en restant sur le même rayon de ce petit cercle ; les hanches en viennent ainsi progressivement à parcourir beaucoup moins de chemin que les épaules.

Les aides à employer pendant ce travail préparatoire sont, si l'on marche sur le cercle à main droite, la jambe gauche en arrière pour pousser les hanches vers la droite ; la jambe droite près pour éviter l'acculement ; la rêne droite directe pour faire regarder le cheval du côté vers lequel il marche et amener le poids de l'avant-main vers la droite ; enfin, la rêne gauche d'opposition pour achever de déplacer ce poids, pousser les épaules et déterminer tout l'avant-main dans le mouvement de gauche à droite.

Lorsque le cheval se déplace correctement sur le petit cercle en gardant ses hanches et ses épaules sur le même rayon, il n'y a plus, pour arriver à la pirouette, qu'à arrêter les hanches en faisant continuer le mouvement des épaules. Lorsque je suppose que la préparation est suffisante et que je puis demander la pirouette, je commence par faire exécuter des déplacements de hanches comme je l'ai expliqué plus haut, afin de partir d'un équilibre déjà connu du cheval, puis j'arrête tout à coup les hanches et je maintiens encore les épaules en mouvement pendant quelques pas. J'obtiens ainsi un commencement de pirouette après lequel je caresse et je rends sur une mise en marche.

Les aides que j'emploie pour immobiliser l'arrière-main sont les suivantes, en supposant que j'appuie de gauche à droite : je glisse la jambe droite en arrière pour arrêter la progression des hanches, puis, dès que cet arrêt est obtenu, je m'apprête à rendre à la jambe gauche sa prépondérance, si cela est nécessaire, pour empêcher le cheval de jeter ses hanches à gauche comme il y est porté pour aider la volte-face de l'avant-main. On est même souvent obligé de rendre cette action de la jambe gauche très active.

Je ne demande d'abord que quelques pas que je rends plus nombreux lorsque les progrès du cheval le permettent.

L'action des jambes est celle qui exige le plus de tact ; mais celle des mains ne doit pas être négligée car elles ont, non seulement à faire mouvoir les épaules de gauche à droite, mais aussi à profiter des actions des jambes pour élever l'encolure. Cette élévation a pour but de dégager l'avant-main pour le rendre plus mobile et de surcharger l'arrière-main pour concourir à l'immobiliser.

Lorsque le cheval donne bien la pirouette en partant du déplacement sur le cercle, je la lui demande en partant de l'arrêt, ce qui est la pirouette proprement dite. Voici alors comment je m'y prends : supposons que je sois sur la piste, arrêté et à main droite ; je ferme simultanément les deux jambes et je fais agir les doigts par fermeture sur la rêne droite directe et plus moelleusement sur la rêne gauche d'opposition. Le cheval donne alors le pli à droite et une flexion dont je profite, par un retrait des deux mains, pour élever l'encolure et reculer le centre de gravité. L'avant-main est sollicité vers la droite par les deux rênes et se porte de ce côté, l'arrière-main est surchargé et par conséquent porté à rester immobile ; pour compléter cette immobilité, ma jambe gauche agit autant qu'il le faut si les hanches tendent à se jeter à gauche, comme je le disais tout à l'heure. Enfin la jambe droite reste près pour permettre aux rênes de maintenir l'encolure haute et pour éviter l'acculement. Il faut, en un mot, qu'il y ait entre les jambes et la main un accord qui empêche le mouvement en avant, il est vrai, mais aussi le recul trop prononcé du centre de gravité.

En résumé, la pirouette se commande de la manière suivante :

1°. — Fermeture égale des deux jambes envoyant le cheval sur la main.

2° — Fermeture des doigts de manière à obtenir le pli à droite, l'élévation de l'encolure et la mobilisation des épaules.

3° — Si cela devient nécessaire, action plus énergique de la jambe gauche pour maintenir les hanches.

On ne saurait trop exercer le cheval aux pirouettes renversées et aux pirouettes. C'est par elles que le cavalier assouplit et créance l'avant-main et l'arrière-main et achève de s'en rendre complètement maître.

§ II TRAVAIL DE DEUX PISTES

Le travail de deux pistes consiste à déplacer le cheval, parallèlement à lui-même, dans une direction oblique à celle de son axe, les antérieurs et les postérieurs décrivant deux pistes parallèles.

Dans la leçon des jambes, nous avons appris au cheval à déplacer ses hanches du côté opposé à la jambe agissante. On se contente alors d'obtenir quelques pas de côté ; peu importent l'allure et le mécanisme, pourvu que l'arrière-main obéisse aux sollicitations latérales des jambes.

Tout autre est le travail de deux pistes. Il a pour résultat un déplacement harmonieux et régulier de tout le cheval, exécuté avec une facilité telle que le mouvement n'en est pas ralenti ; c'est à cela, du moins, qu'on doit tendre.

Les membres travaillent par diagonaux et les membres extérieurs chevalent par dessus les membres intérieurs. Lorsque le travail de deux pistes est correct, il s'exécute avec une entente et une symétrie telles, entre les différentes parties du cheval, que les gestes s'exécutent sans diminution de vitesse et d'impulsion.

Or, dans ce travail, l'arrière-main doit comme toujours pousser l'avant-main ; mais, n'agissant plus exactement dans la direction de l'axe, son action propulsive est amoindrie. Pour maintenir l'impulsion dans son intégrité, il faut utiliser judicieusement le poids de l'avant-main de manière à ce qu'il entraîne les antérieurs et remplace ainsi, pour eux, la dose d'impulsion qu'ils ne reçoivent plus des postérieurs. On obtiendra alors une impulsion aussi considérable que celle dont le travail sur une piste est susceptible. On doit viser à ce résultat dans tous les mouvements exécutés sur deux pistes ; ce n'est qu'à la condition d'y arriver qu'ils ont une raison d'être.

En pratique, voici les aides à employer pour obtenir le travail de deux pistes, suivant les préceptes que je viens d'exposer.

Supposons qu'on veuille déplacer le cheval de gauche à droite. Tout son poids devra être porté vers la droite; c'est maintenant que nous recueillerons le bénéfice du dressage aux pirouettes. En effet, le cheval livre sans réserve son avant-main aux rênes et son arrière-main aux jambes ; les antérieurs et les postérieurs en ont acquis une indépendance réciproque qui permet au cavalier de déplacer latéralement et simultanément l'avant-main et l'arrière-main par l'emploi bien compris des aides.

Comme dans la pirouette renversée, il faudra, pour déplacer l'avant-main, porter son poids à droite par la rêne droite directe et la rêne gauche d'opposition en donnant le pli à droite, côté vers lequel on marche. Dès que les jambes ont provoqué le déplacement de l'avant-main en le livrant à l'action latérale des rênes, la jambe gauche se glisse plus en arrière et le cavalier s'assied à droite [1] pour aider l'action de cette jambe. La jambe droite reste près pour maintenir le cheval sur la main et exciter la détente énergique des propulseurs.

En définitive, les aides employées sont donc :

1° Les deux jambes pour envoyer le cheval sur la main et lui faire recevoir le commandement des rênes.

---

1. Il y a deux raisons pour s'asseoir à droite : 1° amener le poids du côté vers lequel on marche ; 2° faciliter l'action des membres. Si, en effet, le cavalier, en s'asseyant à gauche, amenait le centre de gravité de la masse de ce côté, il placerait par ce fait même le centre de gravité en arrière du point de poser des membres qui, dans ce mouvement, est à droite de l'axe du cheval : cela mettrait les membres en mauvaise posture pour pousser la masse.

2° La rêne droite directe, qui fait regarder le cheval du côté vers lequel il doit marcher et qui commence le déplacement du centre de gravité de l'avant-main vers la droite. La rêne gauche d'opposition, qui agit en même temps que la précédente pour achever le déplacement latéral de l'avant-main et de son poids.

3° La jambe gauche qui, à ce moment, se fait plus énergique pour jeter les hanches vers la droite, tandis que la jambe droite continue à agir pour obtenir un maniement puissant des propulseurs.

4° L'assiette enfin, qui entraîne les hanches vers la droite pendant que la jambe gauche les y dirige.

Avec de telles aides, l'impulsion n'est pas entravée par le mouvement latéral, car la gêne qu'il impose est compensée respectivement pour les antérieurs et les postérieurs par les déplacements de poids de l'avant-main, de l'arrière-main et de l'assiette.

Il est vrai qu'au pas, allure qui comporte peu d'impulsion et une détente médiocre des propulseurs, on peut travailler à peu près bien sur deux pistes en se servant d'aides fausses, ne facilitant pas la progression latérale par les déplacements de poids. Ce serait cependant un grand tort, même à cette allure, que de ne pas recourir à des aides justes, car le cheval, habitué à s'équilibrer mal au pas, s'équilibrera tout aussi mal au trot et au galop; il sera alors impossible d'obtenir toute l'impulsion que comportent ces allures.

Parmi les erreurs les plus communément commises dans ce sens, il faut éviter surtout celle des cavaliers qui, au lieu d'aider les épaules en les poussant du côté vers lequel on appuie, les ralentissent au contraire, en se servant, si l'on appuie de gauche à droite, de la rêne gauche directe ou de la rêne droite d'opposition. Bien qu'on obtienne ainsi, avec facilité, une position traversée ressemblant à celle des deux pistes, on commet un non-sens et une faute de lèse-impulsion ; car ces aides ont pour résultat de ralentir les épaules qui, cependant, ont déjà beaucoup de peine à se mouvoir latéralement.

Pour se convaincre de la gêne que le mouvement latéral impose aux épaules, il suffit de regarder un cheval qui se défend dans un travail serré ; bien que ses propulseurs soient chargés par la position reculée du centre de gravité et bien que l'arrière-main soit plus efficacement encadré par les jambes que l'avant-main ne l'est par les rênes, c'est cependant l'arrière-main qui se jette le plus souvent et le plus rapidement de côté ; cela prouve bien, ce me semble, que les déplacements latéraux lui sont plus faciles qu'à l'avant-main. Si donc ce sont les épaules qui éprouvent le plus de difficultés à se mouvoir sur deux pistes, c'est un non-sens de les entraver au lieu de les aider ; on ralentit, en effet, toute la machine et on obtient un mouvement traînant et rampé qui est au travail de deux pistes ce que le trot d'un cheval de camion est à celui d'un steppeur.

Comme ce n'est pas sans peine que le cheval marche sur deux pistes, ce n'est pas sans résistance ni sans faute qu'il y travaille. Souvent il déplace trop ses hanches ; cela tient à ce que l'avant-main, ainsi que je le disais tout à l'heure, ne progresse latéralement qu'avec diffficulté et se laisse dépasser par l'arrière-main. C'est une faute qu'il

importe d'éviter car la direction dans laquelle marche le
cheval ne doit pas faire un angle de plus de 45° avec
celle de son axe. Sa structure, en effet, s'oppose à ce
qu'il puisse faire chevaler adroitement ses membres
extérieurs si cette inclinaison est plus forte ; il se frappe
péniblement les genoux, rompt son équilibre et travaille
mal. De plus, si l'on accentue trop l'obliquité, les hanches ne sont plus assez derrière les épaules et l'avant-
main ne bénéficie plus assez de la détente des propulseurs pour que l'appoint apporté par les déplacements
du centre de gravité suffise à conserver l'impulsion.
Lorsque, donc, le cheval tend à exagérer l'obliquité, la
jambe extérieure ne doit guère agir plus que l'autre et
toutes deux doivent être extrêmement énergiques, de
manière à ce que les propulseurs jettent puissamment
l'avant-main dans l'action déplaçante des rênes.

Quelquefois, pour échapper au travail de deux pistes,
le cheval prononce le mouvement latéral des épaules,
mais refuse celui des hanches. Cela tient à ce que
l'arrière-main n'est pas assez soumis aux jambes ; il faut
alors revenir aux leçons de pas de côté et de pirouettes
renversées.

Je suis d'autant plus autorisé à blâmer le tort qu'on a
de ralentir les épaules, que je m'en suis longtemps rendu
coupable, moi-même, avant d'avoir réfléchi aux considérations que je viens de développer. Le pli me semblait
plus facile à obtenir en me servant par opposition de la
rêne intérieure et je n'en cherchais pas plus long. Ce
n'est qu'en reconnaissant combien le mouvement que

j'obtenais ainsi manquait d'impulsion que j'ai été amené à changer mes aides.

La difficulté que le cheval éprouve à donner le mouvement latéral fait que, dans les débuts, il cherche à l'accompagner d'un ralentissement. Cette faute devient une habitude presque inguérissable si l'on n'y prend pas garde. C'est aux jambes à la corriger en poussant énergiquement l'arrière-main sur l'avant-main ; l'action des rênes devient du même coup plus puissante et toute la masse est sollicitée avec une véhémence qui l'entraîne. Pour ne pas donner au cheval même l'idée d'un ralentissement, il est bon de faire suivre souvent les deux ou trois premiers pas donnés sur deux pistes d'une mise en marche rapide dans la direction de l'axe : grâce à cela, le cheval est dans l'attente continuelle d'être porté en avant, ce qui le conduit à rester tout le temps sur la main. Aussi, je ne commence jamais à enseigner le travail de deux pistes par la tête au mur, malgré la facilité plus grande que le cheval pourrait y trouver.

Quant au dressage pratique aux deux pistes, voici comment je l'entends :

Supposons que, pour commencer, je veuille marcher de droite à gauche. Je me mets sur la piste à main gauche, à un pas bien détendu ; puis au moment de quitter le petit côté pour passer sur le grand, je mets en main ; après avoir fait deux ou trois pas sur le grand côté, je place mon cheval à gauche par une action de jambes l'envoyant sur la rêne gauche directe et, le pli étant obtenu, je ferme aussitôt mes doigts sur la rêne droite d'opposition. Les deux rênes sollicitent alors simultanément les épaules à se déplacer de droite à gauche. Je porte à cet instant ma jambe droite plus en arrière et je m'assois carrément à gauche de manière à pousser les hanches de ce côté en même temps que les épaules. La jambe gauche reste très près pour obtenir, concurremment avec la droite, la plus haute dose d'impulsion possible et pour envoyer énergiquement le cheval dans l'action des rênes. Après un ou deux pas exécutés sur deux pistes, je remets le cheval en marche dans la direction de son axe au trot allongé et je reprends la piste à main gauche. Je passe au pas et je recommence le même exercice. Au fur et à mesure des progrès du cheval et seulement lorsqu'il cherche à appuyer aussi vite que possible, j'augmente la durée de l'appuyer.

Tant que le cheval est sur deux pistes, les jambes et les doigts restent vigilants pour entretenir l'impulsion et la concordance des mouvements entre l'avant-main et l'arrière-main. Les aides doivent avoir entre elles un accord qu'il appartient au seul tact du cavalier de déterminer.

Lorsque le cheval appuie bien de droite à gauche, je l'amène à appuyer de gauche à droite en le faisant passer par la même série d'exercices. Je demande ensuite les appuyers dans les deux sens sur la ligne du milieu. Enfin je passe aux mouvements de croupe et de tête au mur.

CROUPE AU MUR

La croupe au mur consiste à faire marcher les postérieurs sur la piste qui longe le mur et les antérieurs sur une piste intérieure, parallèle à l'autre, l'axe du cheval faisant un angle d'environ 45° avec le mur.

La seule différence qu'il y ait entre la croupe au mur et le travail de deux pistes sur les diagonales consiste dans la nécessité de marquer d'abord le déplacement des épaules vers l'intérieur du manège pour les pousser ensuite dans le même sens que les hanches. Ce déplacement se fait, quant aux rênes, exactement comme si l'on voulait commencer une pirouette mais sans arrêter les hanches. Les aides à employer pour l'obtenir, si l'on est à main gauche, sont : rêne gauche directe, rêne droite d'opposition, jambe gauche prépondérante. Aussitôt que le déplacement des épaules est obtenu, il faut passer sans transition à la marche sur deux pistes de gauche à droite. Pour cela, il y a à continuer la prépondérance de la jambe gauche, mais à passer à la rêne gauche d'opposition et au pli à droite par la rêne droite directe.

Pour redresser, il faut marquer une action égale et énergique des deux jambes en continuant les mêmes actions de rênes ; l'avant-main restant seul soumis à une action déplaçante, revient se mettre devant les hanches.

TÊTE AU MUR

La tête au mur consiste à faire progresser les épaules sur la piste, les hanches décrivant une piste intérieure.

Pour obtenir le déplacement de l'arrière-main vers l'intérieur, il faut s'y prendre exactement comme si l'on voulait faire une pirouette renversée, mais en ne marquant qu'un ralentissement de l'avant-main. Dès que le cheval est dans la position voulue pour marcher sur deux pistes, on l'y pousse en continuant la prépondérance de la jambe extérieure et en employant comme toujours la rêne intérieure[1] directe et la rêne extérieure d'opposition.

Les mouvements de demi-volte, de demi-volte renversée, changement et contre-changement de main peuvent s'exécuter sur deux pistes et c'est une bonne chose que d'y exercer le cheval.

Les contre-changements de main, en particulier, présentent l'occasion d'un travail extrêmement utile ; ils peuvent, en effet, être serrés de plus en plus, jusqu'à amener le cheval à inverser le sens de l'appuyer à tous les pas. Ce travail habitue le cheval à obéir instantanément et adroitement aux aides diagonales ; le cavalier y acquiert de son côté beaucoup de souplesse et de précision pour ses aides. Homme et cheval retirent de cet exercice un immense bénéfice qu'on appréciera lorsqu'on voudra travailler sur deux pistes au trot et au galop, cadencer le trot, enseigner le passage, le piaffer, etc.

---

1. Rêne droite si l'on va de gauche à droite.

§ III TRAVAIL AU TROT

MÉCANISME DU TROT

Le trot est une allure à deux temps dans laquelle les diagonaux sont continuellement associés et se succèdent à intervalles égaux au soutien et à l'appui. Chaque temps est séparé du suivant par un temps de suspension.

Le trajet décrit pendant l'appui successif des deux diagonaux porte le nom de « foulée de trot ». Chaque foulée est donc composée de deux temps séparés par un temps de suspension plus ou moins prolongé.

La présence du temps de suspension est suffisamment prouvée par ce fait que le postérieur de chaque diagonal vient couvrir la piste de l'antérieur de l'autre diagonal. Du reste, la photographie, et même la vue, lorsqu'on est dans certaines conditions, constatent l'existence de ce temps de suspension. Toutefois, il est ou peut être supprimé dans l'allure qu'on appelle « petit trot » ou « trot marché », allure irrégulière qu'on doit condamner comme provenant d'un manque d'énergie ou de puissance chez le cheval et dans laquelle les postérieurs restent en arrière des pistes des antérieurs et ne les couvrent pas.

A chaque temps, le cavalier reçoit une réaction dont la force varie avec la longueur des paturons, l'élasticité des boulets, la dureté du terrain, la vitesse de l'allure et l'énergie de détente des postérieurs.

Le cavalier peut cependant ne recevoir la réaction qu'un temps sur deux en se laissant enlever suffisamment par le premier pour que le second se fasse pendant qu'il est en l'air.

Lorsque le cavalier reçoit la réaction de chaque temps, il trotte « à la française ». Lorsqu'il ne reprend le contact de la selle que tous les deux temps il trotte à « l'anglaise ».

On dit qu'on trotte à droite, lorsque, trottant à l'anglaise, on reçoit la réaction du diagonal droit ou, autrement dit, lorsqu'on retombe en selle chaque fois que le diagonal droit se met à l'appui. On trotte à gauche dans le cas contraire.

Il peut être intéressant de savoir quels sont les membres qui se fatiguent le plus lorsqu'on trotte à droite, par exemple. Pour s'en rendre compte, il faut remarquer, d'abord, que lorsque le cavalier est en contact avec sa selle, il charge surtout le postérieur à l'appui d'abord parce que le contact se prend au moment où ce postérieur, qui commence sa foulée, se trouve très en avant, c'est-à-dire presque sous le cavalier, en outre parce que celui-ci qui se trouve, au contraire, très en arrière charge surtout l'arrière-main. D'autre part, l'antérieur est aussi à ce moment très en avant, c'est-à-dire très loin du cavalier qui, par suite, ne le charge guère. Donc, au moment du contact, c'est le postérieur à l'appui qui fatigue le plus.

Pendant l'enlever, c'est l'antérieur à l'appui qui est, au contraire, le membre le plus chargé parce que le cavalier a tout son poids sur l'avant-main.

Or, dans le trot à droite, le contact a lieu lorsque le diagonal droit est à l'appui, ce qui, par conséquent, fatigue surtout le postérieur gauche, et l'enlever a lieu lorsque le diagonal gauche est à l'appui, ce qui fatigue surtout l'antérieur gauche. Si donc on trotte à droite, c'est le *latéral gauche* qui fatigue le plus.

En raison de cela, il faut éviter, avec un cheval bien équilibré, de trotter toujours du même côté, afin de ne pas fatiguer un latéral plus que l'autre. Bien que cette différence de fatigue soit vraisemblablement peu considérable, une négligence prolongée à ce sujet peut déséquilibrer le cheval et oblitérer partiellement la régularité de ses allures.

On a beaucoup discuté les avantages respectifs du trot à l'anglaise et du trot à la française. Le premier est peut-être un peu moins fatigant pour le cheval, il l'est surtout moins pour le cavalier, à une allure rapide. Aussi le trot vite doit-il être trotté à l'anglaise : il est plus gracieux et fatigue moins.

Quant au trot de manège, il en est autrement. Les réactions sont assez douces à cette allure pour que la moindre souplesse permette au cavalier de trotter à la française sans être ni fatigué ni disgracieux. Il a alors une bien plus grande solidarité avec son cheval, qu'il ne quitte pas et avec lequel il ne fait pour ainsi dire qu'un. L'assiette a plus de justesse et d'à-propos dans ses déplacements, car le cavalier en dispose bien plus entièrement qu'au trot enlevé.

Le trot à la française avec l'assiette assurée au fond de la selle et le corps non pas penché en arrière, mais droit, afin de faciliter la descente des cuisses et le jeu des jambes, est, à mon avis, le meilleur à employer au manège. Il est d'ailleurs bien rare de rencontrer des chevaux qui aient un trot assez dur pour que, réduit à l'allure de manège, il soit impossible de trotter à la française.

PRENDRE LE TROT EN PARTANT DE L'ARRÊT OU DU PAS

Lorsque l'on est arrêté ou au pas, il faut, pour prendre le trot, marquer une action énergique et égale des deux jambes et faire une concession des doigts, permettant au centre de gravité de prendre la position propre à la vitesse qu'on veut obtenir. La concession de la main ne doit naturellement qu'accompagner et non précéder la demande qu'en fait le cheval sous l'action impulsive des jambes.

Pour passer du trot au pas ou à l'arrêt, les procédés à employer et leur raison d'être sont les mêmes que pour passer du pas à l'arrêt.

AUGMENTER LA VITESSE DU TROT

Si, étant au trot, on veut augmenter la vitesse de cette allure, les moyens sont les mêmes que pour passer du pas au trot. Tout en étant moelleuse, tout en cédant autant que l'encolure le demande, la main doit régulariser la venue du poids vers les épaules. Toutefois, ainsi que je l'ai dit, le trot de course comporte une certaine élévation de l'encolure qu'il faut permettre, mais que les rênes ne doivent maintenir que dans les proportions exigées par le mécanisme de cette allure. Ce n'est qu'à cette condition que l'action de la pesanteur sollicite la masse et apporte à la progression un appoint dont on ne peut faire fi.

Les mouvements de tourner, volte, demi-volte, changement et contre-changement de main, serpentine et huit de chiffre s'exécutent au trot exactement comme au pas.

TRAVAIL SUR DEUX PISTES AU TROT

Le travail sur deux pistes au trot est soumis aux mêmes lois, commandé par les mêmes aides et réglé par les mêmes principes qu'au pas ; mais il peut être plus brillant et plus savant, car le trot permet au cheval de développer toute l'impulsion, toute la puissance de détente dont il est capable.

Je commence le travail sur deux pistes au trot exactement comme au pas, en ne donnant à l'allure qu'une vitesse modérée et telle qu'au moment où je demande l'appuyer, je puisse l'obtenir avec accélération. Après quelques pas sur deux pistes, je pousse au trot le plus vite dans la direction de l'axe. Ce procédé amène le cheval à se livrer sur les deux pistes avec une impulsion de plus en plus grande. Je n'augmente la durée de l'appuyer que lorsque les quelques pas obtenus sont irréprochables.

La demi-volte, la demi-volte renversée, les changements de main et tout le travail sur la ligne droite peuvent être demandés au trot sur les deux pistes. Ils ne sont brillants et utiles que si l'on force le cheval à mettre beaucoup d'intensité dans le geste. Le contre-changement de main est difficile à bien exécuter si on le fait très serré, aussi ne faut-il le demander que lorsque le cheval est bien confirmé sur les deux pistes ; sans cela on risque de ne pouvoir obtenir toute l'impulsion désirable, en raison de la difficulté que la vitesse apporte à l'inversion constante de l'équilibre.

CADENCER LE TROT

Le trot est dit cadencé, lorsqu'il est caractérisé par l'isochronisme absolu des foulées, par la détente puissante des jarrets et par une telle indépendance des diagonaux que le cheval semble se recevoir dans un équilibre absolument stable de l'un sur l'autre et changer d'appui, non pas pour conserver l'équilibre mais pour progresser. L'allure devient très belle et donne à qui la contemple une haute idée de la puissance du cheval. Le maximum de la cadence est obtenu dans le passage, dont chaque temps est scandé par un arrêt complet et bien marqué sur le diagonal à l'appui. Mais le passage est du domaine de l'équitation savante. Cadencer le trot exige moins de science et un accord moins complet dans les aides. C'est un exercice que presque tous les cavaliers peuvent entreprendre pourvu qu'ils aient un peu de doigté.

Pour obtenir le trot cadencé il faut amener le diagonal à l'appui à supporter la masse dans un équilibre presque stable afin que le diagonal au soutien puisse s'élever et détacher son geste en toute liberté.

Supposons le cheval au trot, *au moment où le diagonal*

droit va se mettre à l'appui. Pour établir l'équilibre sur ce diagonal, il faut, d'une part, fermer les doigts sur la rêne droite directe et sur la rêne gauche opposée, et d'autre part, porter l'assiette à gauche et agir d'une manière plus prononcée de la jambe droite que de la gauche. Le diagonal droit dispose alors du centre de gravité. Une remise de main légère permettra à ce moment au diagonal gauche de se porter en avant. Puis, lorsque ce diagonal sera sur le point de se mettre à l'appui, on recevra le cheval dans les aides inverses de celles de tout à l'heure. Le poids de la masse sera alors saisi par le diagonal gauche comme il l'était par le droit.

Le cheval est ainsi envoyé d'un diagonal sur l'autre et maintenu en équilibre sur celui qui est à l'appui pendant que l'autre prononce son geste.

Lorsque le cheval est un peu mou ou manque de souplesse à la jambe, on peut le préparer à cadencer le trot en le balançant dans des contre-changements de main serrés, sur deux pistes. On le contraint par là à des inversions de direction qui l'obligent aussi à inverser son équilibre sous l'action diagonale des aides. Il est alors prêt à se laisser cadencer. Au reste, s'il est vrai que, pour cadencer le trot, il faut une certaine délicatesse dans les aides, il est certain que la difficulté est considérablement amoindrie par les réactions qu'on ressent.

Cet exercice, qui nous sera utile pour enseigner au cheval les airs de Haute École s'effectuant par le travail des diagonaux, est aussi très important dans l'équitation courante, car c'est en cadençant le trot qu'on arrive le mieux à l'étendre. C'est pourquoi j'en ai parlé ici, c'est pourquoi aussi j'engage tous les cavaliers, ne fussent-ils soucieux que de donner du brillant et de l'extension aux allures de leurs chevaux, à prendre la peine de les cadencer. Quelques leçons suffisent pour obtenir d'excellents résultats.

ÉTENDRE LE TROT [1]

Lorsque le cheval est habitué à se laisser cadencer, rien n'est plus facile que d'étendre son trot. Les jambes agissent comme pour obtenir la cadence ; mais il faut leur donner une grande prépondérance sur la main afin que la détente des propulseurs fasse parcourir à la masse un espace plus étendu pendant le temps de suspension. La mise en main doit être diminuée ou même supprimée ; on laissera l'encolure prendre toute l'extension possible et enfin, on donnera sur la main un léger appui qui mette le cheval en confiance et règle la détente des postérieurs.

Le trot naturellement étendu est très rare ; mais il le devient vite et presque sûrement chez les chevaux qui ont été soigneusement cadencés et qui sont montés par un cavalier sachant développer leurs moyens. La monte, en effet, est pour beaucoup dans la manière dont le cheval se livre au trot, car toutes les forces qu'il met en jeu et celles qu'il subit s'harmonisent d'autant mieux que le cavalier sait mieux tirer parti des unes et des autres.

---

1. Le trot étendu, qui est celui dans lequel les foulées sont très longues. n'est pas forcément un trot vite ; pour qu'il le devienne, il faut encore et surtout que les foulées se répètent rapidement. Le maximum d'extension du trot est obtenu dans le trot espagnol qui n'est pas une allure rapide.

CHAPITRE II

TRAVAIL AU GALOP

MÉCANISME DU GALOP

Le galop normal est une allure dissymétrique à trois temps suivis d'un temps de suspension.

Le cheval est dit galoper à droite lorsque l'antérieur droit se porte le plus en avant ; il galope à gauche dans le cas contraire.

Dans le galop à droite, chaque battue ou foulée se décompose ainsi qu'il suit :

1ᵉʳ temps : appui du postérieur gauche.

2ᵉ temps : appui simultané des deux membres du diagonal gauche.

3ᵉ temps : appui de l'antérieur droit.

Le 3ᵉ temps est suivi d'un moment de suspension pendant lequel tous les membres sont au soutien. Puis le postérieur gauche se remet à l'appui pour marquer le premier temps de la foulée suivante dont les deuxième et troisième temps succèdent au premier comme dans la première foulée et ainsi de suite.

Lorsque le cheval galope à gauche les appuis sont inversés mais s'exécutent dans le même ordre.

1er temps : postérieur droit.

2e temps : diagonal droit.

3e temps : antérieur gauche.

Temps de suspension.

Qu'on galope à droite ou à gauche, l'appui est toujours tripédal à la fin des premiers et deuxièmes temps. C'est-à-dire que dans le galop à droite, par exemple, le diagonal gauche se met à l'appui pendant que le postérieur gauche y est encore ; de même, l'antérieur droit se met à l'appui avant que le diagonal gauche soit au soutien.

Le galop peut aussi être à quatre temps, battus de la manière suivante, si l'on galope à droite :

1er temps : postérieur gauche.

2e temps : postérieur droit.

3e temps : antérieur gauche.

4e temps : antérieur droit.

La différence entre le galop normal et le galop à quatre temps réside donc dans les appuis du diagonal gauche qui est associé dans le galop normal et dissocié dans le galop à quatre temps.

Cette allure est, suivant les circonstances, le galop le plus impulsif ou celui qui l'est le moins. Le cheval l'emploie, en effet, dans le train de course, parce que la dissociation du diagonal gauche, si on galope à droite, permet au postérieur droit de se poser plus tôt et d'unir son effort à celui du postérieur gauche pour imprimer à la masse une projection plus énergique ; enfin, la masse continuant à avancer pendant le temps qui sépare les appuis du postérieur droit et de l'antérieur gauche, celui-ci prend son appui plus en avant que s'il l'avait pris en même temps que le postérieur droit, et la foulée est augmentée d'autant.

Du reste, à cette allure, le poser consécutif des deux antérieurs n'apporte pas une grande diminution d'impulsion parce que la position du centre de gravité qui est très avancé entraine puissamment le cheval et entretient l'impulsion pendant le temps, très court en raison de la vitesse, où la masse n'est supportée que par les antérieurs.

Au manège, au contraire, le galop à quatre temps manque complètement d'impulsion :

1° Parce que les foulées étant lentes à se répéter, les propulseurs ne viennent, pour ainsi dire, que de loin en loin, renouveler l'impulsion. 2° Parce que, pendant ce temps assez long, la masse est confiée aux antérieurs lesquels, étant construits en vue de sa translation et non de sa projection, sont inaptes à en entretenir l'impulsion. 3° Parce que la position du centre de gravité, qui est très reculé au manège, ne vient plus, comme dans le galop de course, entretenir l'impulsion pendant que la masse est supportée par les antérieurs.

Le galop à quatre temps est donc, il est vrai, susceptible au manège de beaucoup de lenteur, mais uniquement parce que l'impulsion imprimée à la masse dans la première partie de la foulée se perd dans la seconde ; la lenteur n'est obtenue ici qu'au détriment de l'impulsion ; c'est pourquoi cette allure est propre aux chevaux usés et fatigués.

Par suite, je ne suis pas de l'avis des écuyers qui préconisent le galop à quatre temps comme galop de manège ; d'autant plus qu'un cheval bien entrepris et bien équilibré donne toute la lenteur désirable en ne galopant qu'à trois temps. L'allure reste ainsi naturelle et coulante, l'impulsion conserve toute son intégrité et le mouvement toute sa puissance.

GALOP SUR PISTE

Le galop est une allure absolument naturelle dont le mécanisme est familier au cheval dès le plus bas âge ; mais elle comporte une rapidité qui ne s'amoindrit avec justesse et ne se cadence que par l'étude et les assouplissements. La première des conditions pour en arriver là est que le cheval reste, à cette allure, maître de son équilibre. On lui donnera cette qualité en le laissant, dans les débuts, galoper assez vite afin de ne lui imposer aucune gêne en cherchant à le ralentir prématurément. On ne devra l'amener que peu à peu et très progressivement au ralentissement nécessaire à l'exécution des mouvements serrés.

Aussi, la meilleure préparation au travail au galop consiste-t-elle à galoper le cheval à l'extérieur sur piste et en ligne droite, si c'est possible. C'est parce que ce travail lui est coutumier que le cheval qui sort de l'entraînement est assurément le plus prêt à bien galoper au manège s'il n'a pas eu la bouche abîmée.

Lorsque je parle du galop sur piste, je n'entends pas seulement les pistes d'entraînement. Évidemment, quand on peut en utiliser, c'est le rêve, mais c'est un rêve difficile à réaliser.

On peut heureusement se contenter à moins. Un sol doux, sans être profond, est suffisant pour permettre de galoper sans abîmer le cheval.

On choisira de préférence un endroit où l'on puisse marcher pendant un millier de mètres sans rencontrer de tournants accentués. Des allées de forêts, des bas-côtés de routes, certains chemins de terre, etc., présentent bien souvent ces conditions et sont choses qu'on a toujours, les unes ou les autres, à des distances possibles. C'est là qu'on pourra le mieux préparer un cheval au galop de manège.

La manière d'opérer est bien facile ; on pousse le cheval à la limite extrême de son trot, jusqu'à prendre le galop ; les rênes ne doivent pas l'abandonner, mais, au contraire, lui donner un certain appui qui règle la venue du centre de gravité vers les épaules. Si le cheval cherche à exagérer cet appui, à gagner à la main et à augmenter considérablement le train, il ne faut pas lui en laisser le temps et on passera de suite au pas. Une fois le calme revenu, on reprend le galop puis le pas, dès que cela redevient nécessaire ou lorsqu'on juge avoir assez galopé. En se remettant ainsi au pas dès que le cheval cherche à gagner à la main, on arrive très vite, dans la majorité des cas, à d'excellents résultats, c'est-à-dire à un calme complet, et à une allure très soumise permettant au cavalier de travailler la bouche. Quelquefois, cependant, on est obligé de recourir à d'autres moyens ; j'en parlerai à propos des chevaux emballeurs.

Si, au contraire, le galop manque d'impulsion, si le cheval se retient au lieu de se livrer, il faut que les jambes se fassent énergiques, forcent l'encolure à se détendre et la bouche à s'appuyer. On poussera au besoin le cheval au galop le plus vite et on tentera de lui donner l'habitude de s'y mettre de lui-même ; il sera toujours temps et toujours facile de le ralentir et on y aura gagné de l'avoir mis sur la main.

Au bout d'un certain temps, variable avec les chevaux, le galop sur piste consciencieusement travaillé rend l'animal soumis dans son allure et dans sa bouche, bien équilibré et adroit dans son geste. On peut alors commencer à galoper au manège, il n'y a plus qu'à perfectionner les résultats acquis.

Il n'est pas rare que le cheval qu'on met au manège n'y garde pas, dans les débuts, le même calme qu'à l'extérieur. L'obligation de changer d'équilibre à chaque instant pour tourner les coins, le manque d'espace, la crainte de donner contre un mur l'impressionnent. C'est l'affaire de quelques séances ; il n'y a qu'à le mettre au pas dès qu'il s'effraie et à contrebalancer par l'assiette l'action de la force centrifuge ; on doit éviter surtout de tirer sur la bouche. Dès que le cheval, sera familiarisé avec les causes de sa frayeur, il reprendra le calme et l'assurance qu'il avait acquis sur la piste. Ce n'est qu'à ce moment, qu'on pourra commencer à travailler les départs puis à cadencer le galop.

GALOP JUSTE ET GALOP A FAUX

On dit que le cheval galope juste lorsqu'étant ou travaillant à main droite, il galope à droite ; il est à faux dans le cas contraire.

Tant que le cheval n'est pas très assoupli, il est dangereux et mauvais de galoper à faux. La raison en est facile à comprendre si l'on observe que le mouvement étendu de l'antérieur gauche dans le galop à gauche devient très difficile, si on oblige en même temps ce membre à chevaler par dessus l'antérieur droit, comme cela serait nécessaire pour tourner à droite. Or, au moment de son appui, l'antérieur gauche supporte la masse à lui tout seul ; si le cheval n'est pas encore très assoupli, il est fort à craindre que cet antérieur n'exécute pas son geste difficile avec assez de précision pour recevoir tout ce poids sans faire de faute.

Le travail à faux est du domaine de l'équitation savante et n'est d'aucune utilité dans l'équitation courante : il faut donc, tant qu'on n'en est pas à la Haute École, ne travailler que sur le bon pied, afin que le cheval s'accoutume aux équilibres du galop juste.

Lorsque le galop a été rendu coulant par le travail sur piste, lorsque cette allure laisse au cheval la possession complète de son adresse et de son poids, lorsqu'en un mot le cavalier croit pouvoir commencer à travailler le galop au manège, la première chose à faire est donc d'apprendre au cheval à partir sur le pied qu'on veut.

DÉPARTS AU GALOP

Si le cheval laisse facilement commander son équilibre comme cela doit être au point de dressage où nous en sommes, son cavalier peut presque absolument assurer le départ sur le pied qu'il veut. En effet, pour partir à droite par exemple, il faut que le postérieur gauche entame l'allure en enlevant toute la masse par sa détente ; il faut aussi que l'antérieur et le postérieur droits dépassent considérablement leurs congénères, afin que le côté droit puisse constamment prendre ses appuis en avant de l'autre.

Or, si l'assiette charge le postérieur gauche, il est clair que c'est ce membre seul qui pourra enlever la masse, puisque le droit, complètement dégagé, n'aura évidemment aucune action sur cette dernière. Si, en même temps, les rênes chargent l'épaule gauche, l'antérieur droit, grâce à la décharge dont il bénéficie et à la détente du postérieur gauche, aura tendance et facilité à étendre son geste plus que l'antérieur gauche; enfin le postérieur droit, se mettant en mouvement au moment de l'enlever, dépassera forcément son congénère qui reste à l'appui; le latéral droit dépassera donc le gauche. On voit qu'à condition d'employer des aides qui chargent le latéral gauche et provoquent la détente du postérieur gauche, on peut presque forcer le départ à se faire sur le pied droit ; on aura, du reste, une action plus décisive en accentuant la position avancée du latéral droit par rapport au gauche.

En conséquence, pour partir à droite, les aides à employer sont les suivantes :

Assiette à gauche chargeant la hanche gauche.

Jambe gauche faisant tendre les hanches à se déplacer à droite et, par conséquent le latéral droit à dépasser le gauche.

Jambe droite joignant son action à celle de la jambe gauche pour donner la dose d'impulsion nécessaire au départ. Il est indispensable que le moment où cette jambe droite doit agir soit bien saisi, car c'est de là que dépend la rectitude du cheval pendant le départ. En effet, si elle agit trop tard, elle laisse venir les hanches vers la droite; si elle agit trop tôt elle ne donne pas le temps à la jambe gauche de placer le cheval en vue du départ à droite et, par conséquent, d'assurer le départ sur ce pied. Il faut que la jambe droite reçoive le cheval au moment où il va prononcer le déplacement des hanches et où cette tentative de déplacement a eu seulement pour effet de disposer le latéral droit à dépasser le latéral gauche.

Le cheval, envoyé par les jambes sur la main, est reçu par les rênes de la manière suivante :

Rêne droite d'opposition chargeant l'épaule gauche qui doit être ralentie, dégageant la droite qui doit s'étendre.

Rêne gauche directe corroborant l'action de la rêne droite et maintenant l'encolure et la tête directes.

Les deux rênes doivent en outre s'opposer jusqu'à un certain point, au passage de l'impulsion, de manière à ce que l'excédent qu'elle reçoit soit employé à enlever l'avant-main. Puis une légère remise de main permettra à l'antérieur droit de s'étendre et au postérieur gauche de pousser toute la masse dans l'allure.

Il faut, du reste, que les rênes s'entendent pour obtenir le placer latéral direct à gauche[1], portant le poids de l'avant-main sur l'épaule gauche, mais laissant le cheval

---

1. Voir page 82 le placer latéral direct.

droit dans tout son axe, puisqu'il doit partir droit devant lui.

On voit souvent demander des départs au galop en traversant le cheval du côté du pied sur lequel on veut partir. Il est vrai qu'on force ainsi plus sûrement le départ à être juste, car, le côté intérieur étant très en avant, le cheval ne peut guère faire autrement que de partir de ce côté. Il est cependant mauvais de procéder ainsi, car les propulseurs, agissant dans une direction oblique à l'axe, ne poussent pas le cheval droit dans la direction à suivre et perdent ainsi une bonne partie de leur force impulsive. Pour que le cheval n'exagère pas de lui-même l'avance qu'il doit donner au latéral intérieur, il faut que la jambe interne agisse presque en même temps que la jambe externe et moins en arrière.

Si, par exemple, on veut partir au galop à droite, la jambe gauche engage le cheval à jeter ses hanches à droite, mais l'assiette s'accusant à gauche et la jambe droite recevant le cheval arrêtent le déplacement des hanches au moment où il a eu pour effet de faire partir le latéral droit avant le gauche.

L'instant où l'on doit demander le départ au galop n'est pas quelconque lorsqu'on est au pas et au trot, car, suivant les membres à l'appui, le cheval peut s'embarquer au galop avec une obéissance aux aides plus ou moins immédiate.

Lorsqu'on est au trot, on doit demander le départ au galop à droite au moment où le diagonal droit vient de prendre son appui. A cet instant, en effet, le postérieur gauche peut donner immédiatement sa détente et, comme il est chargé par l'assiette tandis que l'antérieur droit est déchargé par l'action des rênes, la dissociation de ce diagonal s'effectue tout naturellement. Le diagonal gauche, déjà associé, se trouve au soutien et prêt à battre le second temps ; enfin, l'antérieur droit qui a étendu son geste sous l'influence de la décharge qu'il reçoit et de la détente du postérieur gauche, se met à l'appui le dernier et marque le dernier temps.

Si l'on est au pas, le moment le meilleur pour demander le départ au galop à droite est le commencement du deuxième appui du pas à gauche, c'est-à-dire l'instant où le postérieur gauche se pose à terre, ou bien le premier appui du pas à droite, c'est-à-dire le moment où l'antérieur droit va se lever. A l'un ou l'autre de ces temps, le postérieur gauche est en bonne posture pour enlever la masse et le diagonal gauche est presque associé.

A vrai dire, il n'est jamais difficile au cheval de combiner, au pas, le jeu de ses membres pour prendre le galop, quel que soit le moment où on le lui demande ; car ni la masse, ni les membres ne sont entraînés dans un mouvement rapide ; le cheval peut donc en disposer facilement.

D'après cela, il semble qu'il y aurait avantage, pour dresser un cheval à partir juste, de lui demander les départs en partant du pas . Je crois cependant que ce serait un tort.

En effet, le cavalier est évidemment beaucoup plus maître de déplacer l'équilibre pendant les appuis bipédaux que pendant les appuis tripédaux ; or, ces derniers sont assez fréquents et de beaucoup les plus longs dans le pas ; le trot ne comporte, au contraire, que des appuis bipédaux et même des temps de suspension pendant lesquels l'équilibre est à la merci du cavalier. On peut donc beaucoup mieux, au trot qu'au pas, placer le cheval dans un équilibre qui, ainsi que je l'ai déjà expliqué, le force presque à partir juste. En outre, au trot, le cheval bénéficie, pour passer au galop, de la vitesse acquise ; par suite, les jambes ayant à fournir une moins grande dose d'impulsion, peuvent agir moins énergiquement et le départ peut être plus calme, ce qui a son importance.

Pour partir au galop à droite, je mets mon cheval à un bon trot, à main droite, puis, lorsqu'il est bien calme, je m'assois à gauche ; en même temps, j'agis de ma jambe gauche de manière à placer le cheval pour le départ à droite et de ma jambe droite de façon à déterminer concurremment avec la jambe gauche le départ au galop tout en empêchant les hanches de venir à droite ; enfin mes rênes reçoivent le cheval comme je l'ai expliqué plus haut, de manière à charger l'épaule gauche au bénéfice de la droite et à provoquer, par la fermeture des doigts, l'enlever de l'avant-main.

J'ai soin de demander le départ au moment où le diagonal droit se met à l'appui. Mais, si pendant le dressage, le départ au galop n'est pas immédiat, je continue à agir de la même manière jusqu'à ce qu'il se produise. Dès que je l'ai obtenu, je rends et je caresse, tout en galopant pendant à peu près un tour de manège, puis je passe au pas pour recommencer un peu plus tard.

Si mon cheval part à faux, je le remets immédiatement au trot et je redemande le départ ; je ne caresse, et ne laisse galoper que lorsque j'ai obtenu le départ juste. Ce n'est ordinairement pas long, car je ne passe à cette leçon que si le cheval m'abandonne déjà complètement le maniement de son équilibre. Après que j'ai obtenu deux ou trois départs justes, je m'en contente ; je prolonge seulement le dernier temps de galop pour que le cheval comprenne qu'en se mettant à cette allure, il a fait ce que je voulais.

Certains chevaux s'obstinent à toujours vouloir partir sur un pied et jamais sur l'autre. C'est la conséquence soit d'une tare, soit d'une facilité marquée à travailler d'un côté plutôt que de l'autre. Il y a tout intérêt à ce que, dès le début, le cavalier reconnaisse et combatte cette prédisposition en travaillant surtout le côté rebelle. Si c'est une tare qui gêne le cheval, il faudra apporter beaucoup de ménagements afin de ne pas l'irriter ; mais, qu'on ait affaire à une tare ou simplement à une préférence, la manière de procéder est la même : on demandera les départs au galop soit dans les coins, soit sur un des tournants du doubler, soit à la fin d'une volte, *mais toujours au moment où le cheval va se redresser.*

Cette dernière prescription a son importance ; voici pourquoi : dans le tourner à droite, par exemple, le latéral droit est plus en avant que le gauche, ce qui met le cheval dans une position favorable au départ à droite.

Mais, d'autre part, dans le tourner à droite, l'épaule et la hanche droites sont les plus chargées, ce qui est une condition défavorable. Donc, pour n'emprunter au tourner que ce qu'il a de commode, il faut exciter le cheval à prendre le galop au moment où on le redresse ; à cet instant, il est encore incurvé et, comme on reporte le poids de l'avant-main et de l'arrière-main sur le latéral gauche pour reprendre la marche directe, on achève ainsi d'assurer le départ à droite.

Pour faciliter les départs au galop à droite, on les demande quelquefois en partant de l'appuyer de gauche à droite. C'est un contre-sens encore plus inadmissible que si on les demande au milieu de la volte, ou en traversant le cheval. En effet, le côté droit est en avant du gauche, c'est vrai ; mais le poids de toute la masse charge le latéral droit, ce qui est l'inverse de ce qu'il faut pour partir à droite, sans compter que la moitié de l'effort des propulseurs est perdu.

Les départs au galop, en partant du pas, se demandent par les mêmes aides qu'en partant du trot ; cependant, les jambes doivent être plus énergiques afin d'envoyer plus fortement le cheval sur la main et de permettre ainsi à la résistance des rênes de déplacer l'équilibre et de provoquer l'enlever de l'avant-main avec plus d'efficacité.

Lorsqu'on demande le départ au galop, il y a une question de tact qui doit intervenir pour déterminer l'intensité précise que doivent avoir les aides ; cette intensité varie avec les chevaux et les allures ; c'est au cavalier de l'atteindre sans la dépasser.

J'ai souvent employé l'expression : « enlever l'avant-main », parce qu'elle est consacrée, mais il ne faudrait pas qu'elle fît naître une idée fausse. Il n'est pas rare, en effet, de voir des cavaliers solliciter leur cheval par des appels de main ou en tirant sur les rênes, soi-disant pour enlever l'avant-main. La traction des rênes n'a pas plus de raison d'être ici qu'ailleurs, car ce n'est pas au cavalier à enlever l'avant-main, il n'y suffirait pas ; mais il doit amener, sans aucune dépense de force, le cheval à le faire. Il suffit de le pousser sur les doigts fermés ; la dose d'impulsion qui ne peut s'échapper en avant fait rétrograder le centre de gravité et s'emploie d'elle-même à effectuer ce fameux « enlever » des antérieurs, surtout de celui qui est déchargé par la rêne d'opposition.

Justification de cette méthode [1].

De ce qui précède, il résulte que le départ au galop est dû aux deux jambes, puisqu'il s'exécute au moment où elles unissent leurs effets pour donner l'impulsion nécessaire, mais que c'est l'action préliminaire et prépondérante de la jambe gauche qui place le cheval pour le galop à droite, et qui détermine par conséquent l'allure à se produire de ce côté.

Cette théorie est celle du plus grand, du plus savant de nos écuyers, j'ai nommé le Comte d'Aure. Les explications qu'il donne sur ce sujet sont d'une simplicité et d'une clarté lumineuses. A ce titre, elles ne sauraient être

---

1. Les explications qui suivent jusqu'au chapitre : *cadencer le galop*, ne sont pas nécessaires pour la compréhension et l'application de la méthode que je viens d'exposer d'après d'Aure. Elles n'ont d'autre but que d'en mieux montrer l'exactitude et d'autre intérêt que celui qu'on peut trouver à approfondir une question importante et controversée.

trop connues. Aussi vais-je en reproduire les passages principaux.

Voici ce qui est dit à la page 72 du *Traité d'Équitation* (Paris 1834). « C'est l'action de la rêne et de la jambe
« gauches qui, par leur résistance sur ce côté, déter-
« minent le galop à droite ; la rêne et la jambe droites
« rectifient l'action qui vient de gauche.

« Chez un cheval dressé, on s'embarquera ainsi au
« galop, sans qu'à l'œil il paraisse de travers ; une résis-
« tance un peu plus forte suffira pour le faire partir à une
« main plutôt qu'à une autre.... »

Le cheval est mis dans les conditions les plus con-formes à sa nature pour entamer le galop à droite, et, au moment où il s'y décide et où le postérieur gauche pourrait donner sa détente de gauche à droite et le tra-verser, l'action de la rêne et de la jambe droites assure la rectitude du départ.

A la page 94, d'Aure écrit :

« Pour que le cheval marche à droite, il est absolu-
« ment nécessaire que l'épaule et la hanche droites se
« maintiennent les premières ; il faut l'atténuer, sans
« cesser de contrarier cette disposition.

« Je sais que, pour partir à droite, mon cheval a
« besoin d'avoir l'épaule droite plus avancée que la
« gauche, que je n'obtiens ce résultat que par un arrêt
« plus fort que je forme sur le côté gauche ; je sais que
« les hanches doivent suivre la disposition donnée à
« l'avant-main, c'est-à-dire que la hanche droite doit
« être plus avancée que la gauche ; ce que j'obtiens par
« la résistance de ma jambe gauche.

« Bien pénétré de ces principes, sûr de la puissance
« de mes aides, je puis arriver à faire partir mon cheval
« presque droit ; car si je puis donner à la rêne et à la
« jambe gauches une action assez forte pour déterminer
« le galop à droite, je puis atténuer cette action par le
« secours de la jambe et de la rêne droites, jusqu'au
« point qui suffira pour laisser le côté droit le pre-
« mier.

« Si, dans le principe, j'ai pu, pour faciliter le départ à
« droite, mettre mon cheval de travers, de manière à
« laisser tomber d'un pied les épaules à gauche et les
« hanches à droite, je puis arriver, par le secours de
« mes contre-poids, à diminuer ces oppositons, au point
« d'arriver, à peu de chose près, à la ligne droite, de
« manière qu'à l'œil le cheval pourra paraître droit. »

Si j'avais qualité pour adresser une critique, aussi
légère soit-elle, au dire d'un homme d'une autorité
si justifiée, je dirais qu'il n'est peut-être pas nécessaire d'imposer aussi énergiquement un ralentissement à l'épaule gauche et qu'il est, en outre, préférable
peut-être de chercher à faire partir le cheval droit, même
dans les débuts de la leçon de départ au galop ; cela est
possible si cette leçon n'est donnée que lorsque le cheval
est prêt à la recevoir et on ne s'expose pas à avoir à
lutter plus tard contre une mauvaise habitude prise.

Aussi bien, d'Aure n'engage-t-il à retenir l'épaule
extérieure que très momentanément, car il nous dit
page 96 :

« Nous avons vu qu'en pliant l'encolure à droite on
« pouvait ralentir le développement de l'épaule droite

« et faciliter celui de la gauche. En agissant ainsi sur les
« parties antérieures, l'arrière-main se trouve aussi dans
« le cas de sortir de la ligne et se porte à gauche à mesure
« que les épaules sont à droite ; cette action a été expli-
« quée dans le *Travail du trot, le cheval placé à droite.*
« Si l'on s'y prenait ainsi pour placer à droite un cheval
« qu'on veut mettre au galop à cette main, il partirait
« infailliblement à gauche.

« Il faut nécessairement obtenir ce pli d'une manière dif-
« férente et de telle sorte qu'en pliant l'encolure à droite
« et portant la tête de ce côté, l'épaule gauche soit
« toujours plus chargée et plus en arrière que la droite.

« Ce travail s'opérera principalement par l'action de
« la rêne droite. Cette rêne doit marquer sur la barre
« droite une résistance de devant en arrière, qui recu-
« lera la tête plus à droite qu'à gauche et pliera par ce
« moyen l'encolure à droite ; cette position obtenue, la
« rêne droite, par un mouvement de continuité, en même
« temps qu'elle ramènera la tête et la placera à droite,
« marquera une résistance de droite à gauche qui empê-
« chera le cheval de tourner et lui maintiendra le bout
« du nez sur la ligne de l'épaule droite, en rejetant alors
« sur l'épaule gauche toute la pesanteur de la partie
« inférieure de l'encolure.

« Une fois cette position de l'avant-main obtenue, les
« jambes agiront comme cela a été détaillé dans le cha-
« pitre précédent, en ayant soin de laisser le moins
« possible les hanches en dedans. »

Je me garderai bien de paraphraser ces préceptes du
maître. Ils n'en ont pas besoin. Je veux seulement les

résumer pour qu'on puisse mieux en saisir l'ensemble
dans sa magnifique simplicité : ils recommandent de
charger l'épaule gauche pour permettre à l'épaule droite
de s'étendre ; de faire primer la jambe gauche pour solliciter les hanches à aller vers la droite et le postérieur
droit à dépasser le gauche ; d'agir de la jambe droite
pour contribuer avec la gauche à donner l'impulsion et
pour maintenir la poussée de gauche à droite du postérieur gauche dans les proportions strictement nécessaires et telles que le déplacement latéral des hanches
soit invisible à l'œil.

Dans son *Cours d'équitation* (Saumur, 1853), le comte
d'Aure reproduit les mêmes principes avec cette seule
différence qu'il les gradue, non plus d'après les progrès
de l'animal qui est supposé dressé, mais d'après ceux du
cavalier.

Théorie du départ au galop par les aides intérieures.

La méthode que je viens d'exposer n'est pas universellement admise ; il en est une autre qui enseigne à
demander le départ au galop, non plus par la prépondérance de la jambe extérieure, mais par la jambe intérieure. Les auteurs qui la préconisent disent qu'elle a
l'avantage d'obtenir des départs parfaitement droits. On
peut l'admettre ; on peut même concevoir qu'on arrive
ainsi à partir juste, car il est possible d'apprendre
au cheval tout ce qu'on veut, même à répondre par une
accélération d'allure à des saccades sur la bouche. Mais

cette rectitude de départ ne peut suffire pour faire préférer ce procédé à celui que j'ai recommandé d'après
d'Aure et autres savants écuyers, la méthode qu'ils préconisent donnant aussi des départs absolument droits,
et assurant la justesse du départ d'une manière plus certaine ; car c'est très bien de partir droit, mais ce n'est
pas tout : il faut encore ne pas fausser les attributions
naturelles des aides, si nous voulons qu'elles aient l'autorité nécessaire pour assurer toujours le départ juste.
Nous savons, en effet, combien sont grands les inconvénients de donner aux aides une valeur conventionnelle.
J'en ai assez parlé ailleurs [1] pour n'y pas revenir ici.

Or, la prépondérance de la jambe intérieure pour faire
prendre le galop du même côté n'agit que d'une manière
purement artificielle [2] ; il suffit, pour s'en convaincre,
d'examiner par quelles raisons on en explique l'effet.

La jambe droite détermine, dit-on, le départ à droite,
parce qu'elle amène le postérieur droit en avant du
gauche.

Je ne crois pas que la jambe droite ait la propriété
qu'on lui accorde, et, l'eût-elle, il serait inutile d'y
recourir et mauvais de la lui donner. En effet, pour nous
en tenir au mouvement qui nous occupe, les départs au
galop pouvant se demander au pas, au trot, ou à l'arrêt,
deux cas sont à considérer suivant que le cheval est en
mouvement ou non.

---

1. Voir page 91 et sq.

2. C'est ce qui faisait dire au Comte d'Aure : « Si quelques vieux chevaux,
« cependant, obéissent à de semblables moyens, ce n'est que par le résultat
« d'une routine. » (*Traité d'Équitation*, page 72).

S'il est en mouvement, il ne peut s'embarquer au galop à droite que lorsque le postérieur gauche est à l'appui ; or, à ce moment, et en raison du mécanisme de l'allure à laquelle on était, le postérieur droit vient de lui-même en avant ; l'action de la jambe droite n'a donc pas à intervenir pour obtenir ce résultat et elle est inutile pour déterminer le galop à se prendre à droite.

Si, au lieu de partir de la marche, on part de l'arrêt, cette action ne se justifie pas mieux. Voici, en effet, ce qu'en dit le savant colonel Gerhardt :

« Si avec cela (le rassembler et le placer de l'avant-« main), la jambe droite du cavalier a fait primer son « effet sur l'effet de la jambe gauche, le membre posté-« rieur droit du cheval s'est engagé plus avant que son « congénère... » (*Traité des résistances du cheval*, Paris, 1877).

L'auteur de ces lignes base son raisonnement sur un fait qu'il admet sans contrôle et expose sans preuve en disant simplement que l'action de la jambe droite a pour effet direct d'engager le postérieur droit. Cette proposition aurait besoin d'être démontrée pour qu'on en puisse tenir la conclusion pour vraie. Or, comme je l'ai dit à propos de l'importance du ramener[1], les jambes du cavalier n'ont pas *directement et par elles-mêmes* la propriété d'engager les postérieurs, car si le cheval est dans l'impulsion, l'engagement n'est dû qu'aux oppositions faites par la main à l'impulsion venue des jambes.

1. Voir page 50.

Si donc la jambe droite détermine le départ au galop à droite, ce n'est pas parce qu'elle attire naturellement le postérieur droit sous le centre, mais parce qu'au moyen d'une habitude donnée au cheval, elle est employée comme aide conventionnelle pour lui indiquer qu'il doit partir à droite. S'il y consent, tant mieux ; mais si une cause quelconque l'amène à s'y refuser, cette aide, non seulement ne provoque pas des effets physiques aptes à l'y contraindre, mais encore, comme le dit d'Aure, elle est dans une foule de cas, « pour l'écuyer, le seul moyen à sa disposition pour l'embarquer ou le maintenir à gauche. » (*Traité d'Équitation,* page 72).

Le colonel Gerhardt accepte le point de départ de sa théorie sans penser à l'examiner ou à le prouver. D'autres écuyers, désireux de mieux étayer leur opinion, disent que la jambe droite du cavalier amène le postérieur droit à s'engager parce qu'il se passerait ici pour le cheval quelque chose d'analogue à ce qui se passe pour nous si on nous donne un coup dans les côtes : nous nous ployons du côté d'où vient le coup.

Il ne semble pas que, dans ces termes, la comparaison soit complètement exacte ; car, s'il peut arriver que nous nous comportions ainsi quand le coup est donné par surprise, il n'en est pas de même si nous le voyons venir parce qu'alors nous nous en éloignons instinctivement pour l'éviter si nous ne pouvons le parer. Cela étant admis, le cheval se comporte en effet comme nous : par suite d'un phénomène physiologique, il se ploie peut-être sous un coup violent donné aux sangles, et encore ne voudrais-je pas l'affirmer ; en tous cas, on ne saurait préconiser la brusquerie dans les actions de jambe lorsqu'on a simplement à demander un mouvement. La pression légère de la jambe ou tout au plus le pincer délicat de l'éperon peuvent seuls être admis. Or le cheval répond à ces aides en éloignant instinctivement ses hanches du côté opposé comme nous nous éloignons du coup qui nous menace ; car, à partir du moment où l'animal a reconnu que l'action de la jambe peut-être corroborée par celle de l'éperon, il la craint et, pour cette raison, s'il en éloigne quand il la sent venir, quel que soit l'endroit où elle agit. Il est nécessaire, du reste, qu'il en soit ainsi et que le dressage confirme cette tendance, sinon on aurait des chances d'amener rapidement le cheval à ne plus fuir l'action latérale de la jambe et même à appuyer sur elle puisqu'on lui aurait permis ou même appris à le faire dans certains cas. « La balance des talons », suivant la pittoresque expression de la Guérinière, serait alors singulièrement faussée[1].

1. On me dira peut-être que lorsque les jambes agissent ensemble pour demander la mise en marche, un postérieur pousse la masse, mais que l'autre se porte en avant et que, par conséquent, une des jambes du cavalier agit bien pour faire avancer ce postérieur. La conclusion est inexacte, du moins si l'on entend qu'une jambe du cavalier a directement attiré un postérieur en avant : c'est le mécanisme de l'allure qui l'y a amené. La preuve évidente en est que si l'on provoque la mise en marche par un appel de langue, par exemple, et sans jambes, il y a cependant un postérieur qui se porte en avant.

Mais, objectera-t-on peut-être encore, vous dites que votre jambe droite ne peut amener le postérieur droit sous la masse et c'est cependant de cette jambe que vous vous servez au passage ou au piaffer, par exemple, pour amener le diagonal gauche au soutien et par conséquent le postérieur droit sous le centre. La réponse est facile. Ma jambe droite rend son action prépondérante pendant que le diagonal gauche est à l'appui et cela, non pour amener le postérieur droit en avant : il y viendra de lui-même quand son tour sera venu ; mais, au contraire, pour obtenir qu'à ce moment même il agisse d'avant en arrière et de haut en bas pour donner, comme il le doit, une détente énergique.

Cela étant, et l'action légère de la jambe droite ne pouvant et ne devant que faire tendre les hanches vers la gauche, on voit que la soi-disant aptitude qu'aurait cette aide d'engager le postérieur droit et par là de déterminer le départ à droite, n'existe pas.

Au reste, nous nous en passerons fort bien et, sans imaginer des phénomènes si peu marqués que la réalité en est tout au moins difficile à prouver, nous pourrons obtenir des départs au galop parfaits en utilisant uniquement les deux effets que les jambes doivent toujours pouvoir produire et qui suffisent entièrement aux besoins de l'équitation : 1° déplacement latéral des hanches du côté opposé à la jambe prépondérante; 2° impulsion donnée par l'action simultanée des deux jambes.

Grâce au premier effet, la jambe gauche peut amener les hanches vers la droite, ce qui assure le départ à droite, car ce déplacement de l'arrière-main force le diagonal droit à gagner plus de terrain en avant que le diagonal gauche, ce qui ne peut se faire au galop que si le cheval galope à droite; si on détermine à ce moment le départ au galop, il se fait donc nécessairement à droite. Pour le déterminer, il suffit de recourir au deuxième effet et de joindre l'action de la jambe droite à celle de la jambe gauche. De plus ces deux effets simples n'obligent pas seulement le départ à se faire sur le pied que nous voulons, mais ils nous permettent aussi de l'obtenir absolument droit, parce que si, au début, on a laissé les hanches venir légèrement à l'intérieur, (ce qui n'est jamais nécessaire si l'on ne donne cette leçon que lorsque le cheval est prêt à la recevoir,) cela n'est plus utile lorsque l'animal s'affine, car alors la seule disposition prise par ses forces en vue d'amener les hanches à droite suffit pour assurer le départ de ce côté et la jambe droite peut agir pour demander l'allure avant que le déplacement de l'arrière-main soit en cours d'exécution; le tout est de saisir, pour faire sentir l'action de la jambe droite, le moment où ce déplacement va commencer.

Cet instant se présente d'autant plus vite et, par conséquent, l'action de la jambe droite doit se joindre d'autant plus rapidement à celle de la jambe gauche que les hanches sont plus mobiles et le cheval plus léger aux jambes.

Baucher[1] préconisait aussi le départ au galop par la jambe intérieure et comme ses œuvres sont très répandues, il me paraît bon de les étudier avec le lecteur pour savoir si les raisons apportées par l'auteur de la *Nouvelle méthode* prévalent contre celles du comte d'Aure.

Si cela n'avait pas été trop long, j'aurais cité *in extenso* tout ce que Baucher dit sur ce sujet. Chacun sait qu'on peut faire pendre un homme avec une ligne de son écri-

---

[1]. Après la 13e et dernière édition de ses œuvres, Baucher professa à ses élèves une doctrine dont les idées dominantes me furent exposées par ses deux plus savants continuateurs. Dans ces explications, cet écuyer donna d'une manière souvent autre ou plus explicite que dans ses œuvres, la raison d'être des procédés qu'il préconisait. Mais comme ses théories écrites sont forcément plus connues que ses enseignements verbaux, ce sont ses ouvrages qu'il m'importe d'analyser pour étudier si l'on en doit admettre ou rejeter les conclusions. D'ailleurs, en ce qui concerne le départ au galop, Baucher enseignait dans ses dernières années que la raison de demander le départ au galop par la jambe intérieure réside dans la faculté qu'il attribuait à cette aide d'attirer sous le centre le postérieur du même côté. Nous avons vu ce qu'il faut penser de cet effet. Nous allons voir maintenant si les raisons de se servir de la jambe intérieure qu'il a données dans ses écrits sont meilleures que celles qu'il en donna après leur dernière édition.

ture. Aussi, le lecteur ayant lu les passages que je vais citer se demandera peut-être si le sens n'en est pas obscurci ou oblitéré par l'absence du contexte. Je ne le crois pas, mais si telle est sa crainte, je le renvoie aux *Œuvres complètes* de Baucher.

Si nous ouvrons la 13ᵉ édition des *Œuvres complètes de F. Baucher* (Paris, 1867), nous lisons, page 128, dans la *Nouvelle méthode* :

« Les premières fois, comme l'allure du galop prédis-
« pose le cheval à une certaine résistance, il *(le cavalier)*
« devra employer avec des nuances différentes les deux
« forces directes, jambe gauche et rêne gauche, afin de
« combattre ces résistances qu'entraîne toujours un
« équilibre qui n'est pas exact, et donner au cheval la
« position qui lui permettra de partir sur le pied droit.
« Mais, dès que les départs deviendront faciles, le cava-
« lier remplacera les forces directes par les forces oppo-
« sées, jambe droite et main portée à gauche. Puisqu'il
« n'y a plus de résistance, l'emploi des forces directes
« aurait pour effet de détruire l'équilibre devenu meil-
« leur. Bon dans le premier cas, cet emploi des forces
« directes deviendrait nuisible dans le second : aussi le
« cavalier n'aura plus recours qu'à la jambe droite pour
« le départ sur le pied droit et à la jambe gauche pour le
« départ sur le pied gauche. »

Baucher dit avec raison que la rêne et la jambe gau-
ches donnent au cheval « la position qui lui permettra de partir sur le pied droit. » Ces aides mettent en effet le latéral droit en avant du gauche, ce qui ne peut permettre que le galop à droite. Mais, où je ne peux plus suivre

l'auteur, c'est quand il pense que ce moyen n'est bon que si l'équilibre est mauvais et qu'il devient faux ou insuffisant si l'équilibre s'améliore. C'est dire ceci : si votre cheval est mal équilibré, la rêne et la jambe gauches font passer le latéral droit en avant du gauche ; mais s'il est bien équilibré, ce résultat doit s'obtenir par la main droite portée à gauche et par la jambe droite. Or, on conçoit bien qu'il puisse être utile et sans inconvénients de substituer l'action de la rêne droite portée à gauche à celle de la rêne gauche. Cela permet de tenir l'encolure et la tête absolument droites tout en chargeant l'épaule gauche comme on le faisait avec la rêne gauche. Mais il est moins aisé de saisir comment on peut remplacer la prépondérance de la jambe gauche par celle de la jambe droite pour obtenir un même résultat.

On pourrait le comprendre à la rigueur si, ainsi que le pensent quelques écuyers, la main droite portée à gauche faisait tendre les hanches à venir à droite, car la jambe droite aurait à empêcher cette déviation et pourrait peut-être, en le faisant, provoquer le départ à droite, le cheval restant très droit. Mais j'avoue ne pas reconnaître que la main droite puisse, par le seul fait qu'elle se porte à gauche, faire venir les hanches à droite ou seulement même les incliner de ce côté. Il est facile de constater empiriquement que les effets physiologiques produits par cette action de rêne sont tout différents. Si la main droite agit assez en avant, elle peut, il est vrai, déplacer les épaules à gauche et, ainsi, *laisser* les hanches à droite ; mais alors ce sont les épaules qui ont été déviées et non les hanches. Si la rêne droite est dirigée un peu plus en arrière, vers la hanche gauche, par exemple, ce qui est le cas dans le départ au galop à droite, elle fait tendre les épaules et les hanches vers la gauche. Cela est si vrai qu'en agissant ainsi, elle peut, à elle seule et sans que la jambe droite soit prépondérante, faire appuyer le cheval tout entier, épaules et hanches, vers la gauche, l'axe de l'animal restant constamment parallèle à lui-même. Ceci est un fait qu'on peut expérimenter avec n'importe quel cheval, qu'il soit raide ou léger, neuf ou dressé.

Pour ces raisons, je ne crois pas qu'on puisse dire que la main droite portée à gauche fait tendre les hanches vers la droite ; physiologiquement, c'est la tendance inverse qui est vraie. Aussi, si l'on joint à cette aide celle de la jambe droite pour partir au galop à droite, les hanches sont doublement sollicitées à aller à gauche, ce qui met le cheval dans les plus mauvaises conditions pour partir à droite et ne peut en aucune façon l'y contraindre. Pour qu'il le fasse malgré ces aides, il faut, comme le dit très justement le comte d'Aure, qu'il soit « routiné » et que l'effet naturel des aides ait été renversé.

Dans son *Dictionnaire raisonné*, Baucher ne nous apporte aucune preuve nouvelle de la justesse de son procédé. Il dit simplement, page 494 :

« Abordons maintenant le système des meilleurs « auteurs qui ont dit : « Pour mettre votre cheval au « galop sur le pied droit, rassemblez-le, portez la main à « gauche, et faites plus sentir la jambe droite. »

« Oui, voilà effectivement la meilleure méthode pour

« disposer son cheval à prendre le galop sur le pied
« droit... »

Et c'est tout ; il nous faut nous contenter de cette affirmation. Par les lignes qui suivent, Baucher cherche simplement à montrer que cette méthode n'est pas toujours bonne, ce que je crois volontiers, et qu'elle est souvent mal enseignée.

Le *Dictionnaire raisonné* n'éclaire donc pas davantage la question et ne nous montre toujours pas comment on peut justifier la méthode donnée comme étant la meilleure.

Mais, si Baucher n'a pas fourni de bonnes raisons à l'appui de ses recommandations, c'est peut-être parce qu'il a pensé montrer suffisamment leur valeur en prouvant la fausseté des autres méthodes. Voyons s'il y a réussi. Page 491, il écrit : « Avant d'examiner ces
« divers principes, répétons qu'il en est un fonda-
« mental qui consiste à maintenir le cheval dans une
« légèreté parfaite, pour le disposer à prendre la
« position nécessaire à l'allure du galop : c'est la condi-
« tion *sine qua non*. Cette position obtenue, si l'on fait
« usage de la jambe gauche qui agira du même côté
« que la main, quel sera l'effet? Évidemment de porter
« la croupe à droite ce qui surchargera indistinctement
« une des deux jambes de derrière et le cheval partira
« désuni. »

Si les hanches se portent à droite, le postérieur gauche est plus chargé que le droit comme étant le plus sous la masse ; ceci est conforme aux considérations les plus élémentaires de mécanique et corroboré par la tendance naturelle qu'ont les hanches à venir à droite dans une allure où le postérieur gauche a constamment besoin de porter seul la masse et, par conséquent, d'être le plus chargé. De plus cette position des hanches force le postérieur droit à prendre ses appuis en avant du gauche. Cette double raison, jointe encore à la surcharge de l'épaule gauche, suffit à prouver que si les hanches viennent à droite le cheval partira, non pas désuni, mais à droite. Baucher aurait parlé autrement s'il s'était rappelé avec Boisdeffre que la mécanique « est l'unique source où l'on puisse trouver les principes de l'équitation... » et avec Chabannes « que c'est dans la mécanique que le cavalier doit puiser ses plus puissants moyens de domination... » [1]

Baucher écrit encore page 493 : « Combattons main-
« tenant l'opinion de ceux qui prétendent sentir le mou-
« vement des extrémités postérieures à l'allure du pas et
« qui savent en profiter pour *faire partir* le cheval sur le
« pied droit ou sur le pied gauche à leur volonté. Ce
« charlatanisme peut être mis en parallèle avec la botte
« secrète de quelques maîtres d'armes. » Et un peu plus loin : « Cessons ces jongleries... »

Ces mots de « charlatanisme » et de « jongleries » s'appliquent à des hommes tels que La Guérinière, du Paty, Mottin de la Balme, Chabannes, Cordier, Bohan, Aubert, etc... Ces savants écuyers recommandaient le

---

1. Si l'on reste d'accord avec les lois de la mécanique, on peut cependant les appliquer d'une manière différente, comme l'ont fait ces deux maîtres à propos du départ au galop par exemple ; si importante en effet que soit cette science, elle n'est pas tout en équitation : d'autres considérations interviennent qui peuvent en faire varier les applications. Mais ce qui est nécessaire, c'est de ne pas se mettre en désaccord avec elle, sinon on est infailliblement dans l'erreur. On peut en appliquer différemment les lois, mais non les méconnaître.

sentiment des appuis, des temps de jambe, comme on disait alors, au pas, au trot et au galop. Leur avis unanime, si conforme à la réalité et à ce qu'il nous est donné de ressentir, nous fera passer outre à celui de Baucher et admettre qu'il est fort utile de sentir les appuis du pas et du trot et de se régler sur eux pour demander le départ au galop.

En raison de la précédente étude, j'ai été amené à considérer le procédé préconisé par le comte d'Aure comme particulièrement exact.

1° Parce qu'il est conforme aux phénomènes physiologiques dont il nous est donné de contrôler l'absolue vérité et dont l'utilisation, en ce qui concerne l'effet produit par les jambes, nous est nécessaire et suffisante dans les diverses circonstances où nous avons à nous servir de ces aides.

2° Parce que la prépondérance de la jambe intérieure n'est justifiée par aucune donnée physiologique ou mécanique.

3° Parce que le souci de faire partir le cheval droit ne suffit pas pour nécessiter la prépondérance et, a fortiori, l'emploi unique de la jambe intérieure, vu que cette rectitude peut aussi être obtenue par d'autres procédés.

Avis de quelques-uns des meilleurs écuyers
sur les aides à employer
pour demander le départ au galop

De la manière dont est fait le départ au galop dépendent la légèreté et la régularité de cette allure et, par suite, le degré de fatigue qu'elle impose au cavalier et au cheval. Aussi ai-je pensé qu'il serait intéressant pour le lecteur d'être mis à même d'éclairer complètement sa religion en étudiant l'avis de quelques-uns des plus grands maîtres sur cet important sujet.

DUPATY DE CLAM. — Dans sa *Pratique de l'Équitation ou l'Art de l'Équitation réduit en principes* (Paris 1769) Dupaty écrit page 224 :

« Lors donc qu'on a résolu d'ébranler un cheval au
« galop, il faut, pour le mettre sur le pied droit après
« quelques temps de trot, sentir l'instant où la jambe
« gauche de derrière tombe à terre et lui approcher les
« deux jambes en même temps en soutenant le de-
« vant... »

Cela est exact de point en point. Le cheval qui part au galop au moment où le diagonal droit pose à terre, ne peut le faire que par la détente du postérieur gauche et par conséquent part à droite. Toutefois on peut dire que le départ sera rendu plus facile et par conséquent plus léger et plus calme, si le placer de l'avant-main et de l'arrière-main aident la détente du postérieur gauche et l'extension de l'épaule droite.

MOTTIN DE LA BALME. — Cet écuyer écrit dans ses *Essais sur l'Équitation* (Amsterdam 1773) à la page 113 : « Il faut tenir l'animal plus renfermé qu'à l'ordi-
« naire et donner l'activité à ses mouvements en soute-
« nant la main ; puis rendre doucement pour qu'il ne se
« précipite pas sur les épaules. On sentira tant soit peu

« plus la rêne du dehors sans déranger le beau et avan-
« tageux pli de l'encolure ; on chassera soit des jambes,
« soit de l'assiette ou de toute autre aide le cheval en
« avant, dans l'instant que l'appui du mords (*sic*) fait
« moins d'effet sur les lèvres, jusqu'à ce que l'animal
« soit parti... »

Cet écuyer ne parle que de l'utilité de charger l'épaule
du dehors, mais ne recommande pas de charger la hanche du même côté. Le procédé se rapproche beaucoup
de celui de Dupaty et donne lieu aux mêmes remarques.

BARON DE BOHAN. — *L'examen critique du Mili-
taire français* (Genève 1781) eut son troisième volume
réimprimé à Paris en 1821 sous le titre *Principes pour
monter et dresser les chevaux de guerre*. C'est à cette édition que sont empruntées les citations suivantes.

Page 71 : « Le cavalier fermera ses deux jambes éga-
« lement en sentant un peu plus la rêne du dehors que
« celle du dedans... »

Et page 145 : « Il est un instant à prendre pour faire
« partir le cheval juste ; ce n'est que le liant et l'usage
« qui donnent ce tact ; cet instant est (*à droite*) celui où
« la jambe gauche de devant et la jambe droite de der-
« rière sont en l'air et vont poser à terre : si le cavalier
« rend alors et augmente ses aides, le cheval partira
« nécessairement sur le pied droit. »

L'auteur complète donc l'une par l'autre les méthodes
de Dupaty et de Mottin de la Balme.

Il ajoute en outre ces excellentes prescriptions (page
146). « Il faut éviter... de les mettre de travers et surtout

« de les enlever d'un temps d'arrêt, ce qui est contraire
« à toute espèce de raison : je permettrai tout au plus
« de profiter d'un coin ou d'un tournant quelconque, et
« même on n'en doit faire usage que pour des chevaux
« très difficiles au partir et s'éloigner le moins possible
« des moyens simples et naturels. »

Ceci est de l'art et de l'art pur.

DE MONTFAUCON DE ROGLES. — On lit à la page
70 du *Traité d'équitation* (Paris 1810) :

« On doit, pour le faire partir sur le bon pied (n'im-
« porte à quelle main on soit), le mettre droit, ensuite
« former un demi-arrêt de la rêne de dehors en soute-
« nant la main, amener en même temps le bout du nez de
« la rêne de dedans, et fermer la jambe de ce côté.

« La rêne de dehors contient les épaules sur là ligne
« des hanches ; et par ce demi-arrêt, joint à l'effet de la
« jambe de dedans, toutes les forces du cheval se ra-
« massent sur les hanches, leur procurent une élasticité
« propre à élever et à chasser le devant ; c'est là, pré-
« cisément, ce qu'on appelle rassembler son cheval et
« c'est cet instant qu'il faut saisir pour le déterminer à
« partir ; il est à remarquer que l'action de la rêne du
« dehors et de la rêne et de la jambe du dedans, doit
« être exécutée en même temps parce qu'alors, l'une
« contient les épaules en dehors, l'autre empêche qu'elles
« ne se portent trop de ce côté et enfin la jambe détermine
« le mouvement de l'épaule de dedans qui doit entamer
« le chemin... »

Les forces du cheval se rassembleraient tout aussi bien par l'action de la jambe de dehors et par le demi-arrèt sur la rêne du dedans.

Quant à l'effet que Montfaucon pense faire produire sur l'épaule du cheval par l'action de la jambe du cavalier agissant du même côté, il est difficile à expliquer et contraire à ce qu'on est obligé de faire pour obtenir l'extension d'un antérieur comme dans la jambette par exemple.

Il y a là une prescription d'autant plus étonnante que nous lisons à la page 102 du même ouvrage : « Le moyen « qu'il (l'art) offre pour cela est l'obéissance à l'action « des rênes et à l'effet des jambes, les unes gouvernant « l'avant-main et les autres l'arrière-main... » Ici nous voyons l'action des aides délimitée d'une manière bien différente, mais conforme à l'évidence.

THIROUX. — Pour se rendre plus clair, Thiroux désigne les jambes du cheval par des numéros. L'antérieur droit porte le numéro 1, l'antérieur gauche le numéro 2, le postérieur droit le numéro 3 et le postérieur gauche le numéro 4.

Voici ce qu'écrit Thiroux à la page 94 de son ouvrage intitulé *Équitation* (1er volume) : « Aussitôt que les deux « temps consécutifs, de la main arrondie, puis portée « sur le dehors, ont obtenu, avec le pli, le contraste de « l'avant-main appuyée sur la jambe 2, tandis que l'arrière-« main est étayée par la jambe 3, l'élève ramène, à lui, « sa main, dans la position où elle se trouve, et, du

« même temps, il augmente la pression de ses jambes,
« égales, afin d'exiger le premier enlever du cheval .. »

Suivent, avec la même débauche de virgules, les explications que Thiroux croit devoir donner. Le procédé
étant le même que celui de Dupaty et de Mottin de la
Balme, je renvoie le lecteur à ce que j'ai dit à propos de
ces auteurs.

CORDIER. — L'auteur du *Traité raisonné d'équitation*
(Paris 1824) parle en nombre d'endroits du départ au
galop. On trouve à la page 260 ce qui semble le mieux
résumer sa pensée à ce sujet : « Il faut, lorsque le che-
« val est rassemblé, que le cavalier augmente un peu
« l'effet de la rêne du dehors pour demander et exiger
« du cheval qu'il exécute le poser de l'extrémité anté-
« rieure du dehors plus rapproché du centre de gravité.

« Mais, au moment où il doit changer ses points d'ap-
« pui pour entamer le galop, il faut que la rêne du
« dedans amène le bout du nez en dedans, et empêche
« en même temps les épaules et la tête de se porter en
« dehors.

« Il faut aussi que la jambe de dedans augmente son
« effet pour empêcher que la rêne du dehors, en soute-
« nant les épaules en dehors, ne jette les hanches en
« dedans ; elle doit encore par son action faire porter
« l'extrémité postérieure du dedans plus rapprochée
« aussi du centre de gravité pour soulever la masse, et
« donner par cette direction la facilité à l'extrémité pos-
« térieure du dehors, qui doit se trouver un peu plus en
« arrière de lancer la masse en avant ; dans le même

« moment son action détermine l'extrémité antérieure
« du dedans à entamer le galop, et il faut qu'à cet instant
« la jambe de dehors soit près pour empêcher que l'ac-
« tion de la jambe de dedans ne jette les hanches en
« dehors. »

Nous retrouvons ici une recommandation fâcheuse qu'on rencontre cependant dans plusieurs ouvrages, celle de retenir l'épaule extérieure. Les extrémités étant rapprochées par le fait du rassembler et l'épaule du dehors tendant déjà à raccourcir son mouvement à cause du poids dont on la charge, il ne faut pas que les rênes accentuent encore plus ce résultat, sinon la première foulée de galop se fait presque sur place, comme une sorte de sautillement, et manque de coulant. On ne doit donc pas retenir une épaule plus que ne le fait la surcharge qu'on lui apporte, mais permettre à l'autre de s'étendre. Le départ, au lieu d'être étriqué se fait alors avec aisance. De plus, l'effet des rênes employées dans ce but ne tend pas à faire tomber les hanches en dedans et le départ se fait plus facilement droit.

Quant à l'action de la jambe intérieure du cavalier, nous voyons que Cordier l'explique par des raisons que j'ai déjà discutées plus haut : rapprocher du centre de gravité le postérieur du dedans et, au contraire, en éloigner l'antérieur du même côté.

LE COMTE D'AURE. — Peu de temps après le *Dictionnaire raisonné d'Équitation* de Baucher, parut le *Traité d'Équitation* du Comte d'Aure. Au lieu du luxe de résistances et de forces de toutes sortes que, d'après Baucher, chevaux et cavaliers mettent en jeu d'une manière terriblement compliquée, d'Aure nous donne une doctrine raisonnée, claire, logique. Je l'ai déjà exposée plus haut. On y a vu la meilleure règle à suivre ; sa vérité est démontrée avec une netteté et une simplicité admirables.

Je ne puis mieux faire que de clore par le nom de cet écuyer incomparable qu'était le Comte d'Aure la liste des maîtres que je viens de citer. Le lecteur a pu se rendre compte des raisons données par ces hommes qui brillent au rang des écrivains ayant le plus savamment traité de l'art équestre. La comparaison de leurs avis peut aider l'expérience personnelle à apprécier, choisir ou déterminer les règles qui doivent, en définitive, fixer la pratique.

Si j'ai pu seconder le lecteur dans ce travail, j'aurai moins de regrets de l'avoir tenu si longtemps sur le même sujet.

CADENCER LE GALOP

Dès que le cheval part sur le pied que je veux, je m'occupe de cadencer son galop, c'est-à-dire de galoper dans la mise en main et d'obtenir une lenteur d'allure favorable et même nécessaire aux mouvements du manège.

Théoriquement la chose est facile ; au deuxième temps, le cheval marque une extension d'encolure accompagnant et aidant le lancer de l'antérieur qui va battre le troisième temps. Si les doigts se ferment pour s'opposer à cette extension de l'encolure, le cheval tombe dans la flexion, le centre de gravité recule et l'allure se

ralentit et cela d'autant plus que l'extension de l'encolure sera plus fortement marquée ; or, l'énergie de cette
extension dépend de celle de l'impulsion ; donc plus on
voudra ralentir, plus l'impulsion devra être forte et plus,
par conséquent, les jambes devront veiller à l'entretenir ;
c'est ce qui permet de ralentir jusqu'au galop sur place
sans que l'allure s'éteigne.

En pratique, la lenteur et la cadence du galop ne sont
pas toujours faciles à obtenir. Bien des chevaux, en
effet, se refusent, dans les débuts, à engager leurs propulseurs, parce que le galop leur est bien plus facile avec
l'encolure basse et le centre de gravité en avant : il en
résulte des contractions de mâchoire et de nuque qui
sont quelquefois difficiles à vaincre. Pour en venir à
bout, je trouve que le meilleur moyen est de reprendre
le trot dès que la contraction se produit, de remettre en
main et de repartir. Si la décontraction subsiste, il faut
caresser et ne ralentir que quand le cheval est calme.
Dès qu'on a obtenu un ralentissement, on doit chercher
à le faire durer par l'habileté de l'assiette et le moelleux
des actions de doigts et de jambes.

Il est d'autres chevaux qui ont le galop naturellement
lent, mais rampant et sans impulsion. Il faut alors que les
jambes se fassent sévères pour secouer cette torpeur et
ranimer le geste ; le plus souvent, le mieux sera de donner à l'extérieur des galops vites.

Lorsque le cheval galope cadencé dans la mise en
main, l'encolure est haute, les propulseurs s'engagent et
la bouche et la nuque donnent fréquemment de légères
flexions au deuxième temps.

TOURNER

Le tourner au galop est difficilement exécuté par le cheval peu assoupli et cela pour deux raisons : d'abord, dans le mouvement circulaire, c'est le côté intérieur qui est le plus chargé, contrairement à ce qui devrait être pour que le galop fût facile ; en second lieu, parce que la force centrifuge tend, à chaque foulée, à déplacer les hanches par rapport aux épaules. Cette influence ne se fait pas sentir, il est vrai, au 2ᵉ temps ni au temps de suspension : au 2ᵉ temps, l'avant-main et l'arrière-main résistent également à la force centrifuge grâce à l'appui simultané d'un antérieur et d'un postérieur ; et, au temps de suspension, nul membre n'étant à l'appui, toutes les parties du cheval sont déplacées également et ensemble, en sorte que leur position respective est sauvegardée ; mais pendant le 1ᵉʳ et le 3ᵉ temps, il n'en est plus de même. Au 1ᵉʳ temps, en effet, les deux membres de devant sont au soutien et le cheval ne peut défendre son avant-main contre l'effet de la force centrifuge que par le postérieur à l'appui. De même, au 3ᵉ temps, les deux postérieurs étant au soutien, l'antérieur qui est à l'appui peut seul lutter contre la déviation de l'arrière-main. Or, cette résistance à l'action de la force centrifuge est évidemment plus efficace de la part du postérieur qui gouverne l'avant-main, que de celle de l'antérieur qui gouverne l'arrière-main. Il en résulte que, dans une foulée de galop sur un cercle ou un arc de cercle, l'avant-main est moins dévié que l'arrière-main ; celui-ci a donc une tendance constante à être rejeté en dehors, ce qui est l'inverse de sa position normale dans le galop. Par suite, le tourner au galop est assez difficile, surtout si le rayon est petit, et le cheval ne l'exécute bien qu'après y avoir été beaucoup exercé. On le fera d'abord galoper sur un grand cercle qu'on réduira peu à peu au plus petit rayon possible ; on l'y maintiendra longtemps, en surveillant particulièrement le jeu des hanches. Au bout d'un certain temps, le cheval se rend maître de son équilibre et tourne correctement en restant souple et bien placé, même sur les voltes serrées.

TRAVAIL SUR DEUX PISTES AU GALOP

Le travail sur deux pistes se demande et s'exécute au galop par les mêmes aides qu'aux autres allures. Si l'on veut appuyer de gauche à droite, par exemple, la jambe gauche pousse les hanches vers la droite, la rêne gauche d'opposition fait de même pour les épaules, la rêne droite directe obtient le pli de la nuque à droite ; enfin la jambe droite règle le déplacement des hanches et maintient le cheval sur la main. L'assiette se porte légèrement du côté vers lequel on appuie, tant pour faciliter le déplacement des hanches que pour conserver une stabilité qui deviendrait difficile sans cela.

Malgré la gêne que le cheval éprouve à galoper à droite lorsqu'on charge le latéral droit, il se met assez vite au travail de deux pistes au galop à cause de la position avancée du latéral interne et aussi, peut-être un peu, parce que la jambe qui doit être prépondérante dans le galop direct doit l'être encore sur les deux pistes. Ces deux circonstances font que la vitesse de progression ne dépend que du degré d'intensité de la mise en main.

Le dressage au travail sur deux pistes au galop se fait en suivant la même filière d'exercices qu'au trot et au pas. Du reste, lorsque le cheval appuie bien à ces allures, il arrive rapidement à la même correction au galop.

TRAVAIL SUR DEUX PISTES AU GALOP A FAUX

Certains chevaux très souples peuvent travailler sur deux pistes au galop à faux, c'est-à-dire appuyer de gauche à droite par exemple, en galopant à gauche. Je ne parle ici de cet exercice que parce que j'y suis amené par le sujet, mais, à vrai dire, s'il constitue une preuve d'adresse incontestable, il est de la plus parfaite inutilité en équitation courante ; de plus, il est assez dangereux, car il enseigne au cheval à se laisser mettre dans la position du galop à droite, par exemple, tout en continuant à galoper à gauche : on lui donne ainsi toute facilité de refuser le changement de pied, quand on le lui demandera ; aussi devra-t-on, à mon avis, n'exécuter cet exercice que lorsqu'on travaillera en Haute École.

La manière de s'y prendre sera alors la suivante : si l'on veut appuyer de gauche à droite, par exemple, en restant sur le pied gauche, il faut commencer par se mettre au galop à gauche en suivant la piste à main droite, puis demander l'appuyer sur la diagonale. Pour éviter le changement de pied à ce moment, il faut faire en sorte que la surcharge qu'on apporte au latéral droit en vue de l'appuyer continue à favoriser le galop à gauche plus que ne le gêne la position avancée de ce même latéral. Il faut pour cela dans les aides et l'assiette une certaine pondération qu'il est difficile d'expliquer et que l'on ne peut guère que sentir.

CHANGEMENTS DE PIED

1° Pratique du changement de pied.

Lorsque le cheval se laisse assez bien équilibrer pour partir sur le pied voulu par son cavalier et lorsqu'il est assez maître de sa masse au galop pour la manier avec sûreté sur les tourners et les deux pistes, on peut lui apprendre à changer de pied.

Le changement de pied consiste à passer du galop à droite au galop à gauche, ou vice-versâ, et cela dans la même battue, par une inversion complète et instantanée dans l'équilibre et dans le mécanisme des membres.

Pour effectuer cette inversion, il en faut une analogue dans les aides. Autrement dit, si, du galop à droite, on veut passer au galop à gauche, il faut : 1° que la jambe droite prenne la prépondérance qu'avait la jambe gauche ; 2° que celle-ci n'agisse plus que pour pousser le cheval sur la main, lui faire recevoir les indications des rênes et le maintenir droit ; 3° que la rêne gauche agisse par opposition ; 4° que la rêne droite agisse comme rêne directe ; 5° que l'assiette se porte de gauche à droite.

Pour que cette quintuple opération obtienne du cheval un mouvement précis et régulier, il faut qu'elle soit faite avec ensemble, tact et décision ; mais il est nécessaire aussi que le cheval acquière une adresse et une précision qui ne lui seront données que par un dressage progressif et rationnel.

Pour ma part, voici comment je m'y prends. Je me mets sur la piste, à main droite, par exemple, au galop à droite. Lorsque l'allure est calme et cadencée, je décris une demi-volte assez large pour que le cheval, n'éprouvant aucune peine à l'exécuter, ne soit pas distrait de ce que je vais lui demander. J'ai soin aussi que la diagonale soit longue d'au moins dix à douze mètres, pour qu'elle fasse avec la piste, à la fin de la demi-volte, un angle très ouvert. Ceci a son importance, car il ne faut pas que le cheval tende à porter son poids à gauche en reprenant la piste, comme cela aurait lieu si, en s'y remettant, il prenait une direction sensiblement à gauche de celle qu'il avait sur la diagonale. Lorsque j'arrive sur la ligne droite, je passe au trot et, quand l'avant-main atteint la piste, je profite de ce que le côté gauche est en avant du droit par rapport à la piste, pour demander le départ à gauche. Si le cheval est bien confirmé sur les départs au galop, il part juste, car il a eu amplement le temps de redresser son équilibre pendant les quelques mètres de trot que je lui ai fait faire. Je le caresse alors en le laissant galoper tranquillement pendant un tour de manège. Puis je passe au pas, je me remets à main droite, je repars au galop à droite, je décris une nouvelle demi-volte se terminant par quelques foulées de trot et suivie immédiatement d'un départ au galop à gauche. Je recommence jusqu'à ce que ce mouvement soit devenu absolument familier au cheval et, après quelques instants de pas, je le renvoie à l'écurie.

Le lendemain, je recommence le même exercice en passant d'abord au trot dès le début de la diagonale ; puis je prolonge progressivement le galop jusqu'à n'avoir plus que deux ou trois mètres à faire au trot à la fin de la demi-volte. Le mouvement devient ainsi d'une difficulté croissante et, le temps de trot devenant de plus en plus court, il n'est pas rare que le cheval ne change pas son équilibre assez vite et reparte à droite. Je le remets alors au trot, je reprends à cette allure la piste à main droite, puis je pars au galop à droite. J'exécute alors la même demi-volte que tout-à-l'heure et, en arrivant à la piste, je redemande le départ à gauche. Je recommence ainsi jusqu'à ce que je l'aie obtenu. Je laisse alors galoper à gauche en caressant et, au bout d'un tour de manège, je remets au pas. J'accorde à cette période préparatoire autant de temps et de séances qu'il en faut pour que le cheval me donne sûrement et avec le plus grand calme les départs à la fin des demi-voltes.

Peu à peu, j'arrive ainsi à obtenir le départ à gauche, après deux, puis après une seule foulée de trot. A ce moment, le cheval en vient facilement par la seule inversion de mes aides à changer de pied sans passer au trot, en arrivant à la piste. Lorsque j'obtiens le premier changement de pied, je renvoie à l'écurie, fût-ce au début de la séance.

L'ensemble de cette manière de procéder m'a toujours donné des résultats dont j'ai eu lieu d'être satisfait. Comme, en effet, je ne diminue les temps de trot que lorsque les départs qui les ont suivis ont été calmes et corrects, je suis bien sûr de ne pas augmenter la difficulté mal à propos. C'est le cheval lui-même qui me montre ce qu'il est capable de faire et ce que je puis lui demander sans crainte d'être exagéré dans mes exigences.

2° Moment où il faut demander le changement de pied.

Pour que le changement de pied soit bien fait, il faut que les associations et dissociations qu'il comporte s'exécutent avec ensemble, calme et moelleux, mais sans temps d'arrêt, ni ralentissement et juste à l'instant où les aides inversent l'équilibre. Pour que cela soit possible, cet instant ne doit pas être quelconque, car les membres ne peuvent pas, à n'importe quel moment, apporter à leur geste le changement qui doit correspondre à l'inversion des aides. Si le cavalier ne saisit pas cet instant, le cheval se désunit ou ralentit, ou s'y reprend à deux fois, ou tout au moins n'obéit pas au moment précis où les aides le sollicitent.

Or, le moment où les associations et les dissociations nécessitées par le changement de pied peuvent se faire

le plus facilement et sans perte d'impulsion est celui ou
le cheval marque le troisième temps.

Supposons, en effet, que nous soyons au galop à
gauche et que nous veuillons changer de pied pour passer au galop à droite ; les aides qui demandent le changement de pied ont pour résultat de charger l'épaule
gauche et de décharger la droite ; le changement d'assiette charge la hanche gauche et décharge la droite. Il
en résulte, lorsque le cheval est au troisième temps, les
effets suivants dans chaque diagonal.

Diagonal droit : Dans le galop à gauche ce diagonal
était associé ; pour passer du galop à droite, il faut qu'il
soit dissocié de manière à ce que le postérieur gauche
prenne le premier son appui ; la première foulée à droite
commence ainsi par son premier temps. Cela est nécessaire pour qu'il n'y ait pas de diminution dans l'allure et
pour que le changement de pied ne soit pas *piqué*.

Or, la dissociation du diagonal droit s'effectue facilement et d'accord avec ces exigences si on demande le
changement de pied au troisième temps. En effet, le
postérieur gauche chargé en vient tout naturellement,
sous l'influence de la surcharge qu'il reçoit, à devancer
son appui qui était très proche et à donner sa détente
sous l'action de la jambe gauche. L'antérieur droit dégagé
augmente son temps de soutien sous l'influence de la
décharge dont il bénéficie tout à coup et allonge son
geste par l'effet de cette décharge et de la détente du
postérieur gauche. Le diagonal droit se trouve ainsi
dissocié dans les conditions exigées par le galop à droite,
puisque c'est le postérieur gauche qui prend le premier

son appui, l'antérieur droit retardant le sien. On voit d'ailleurs que c'est le postérieur gauche qui entame la première foulée du galop à droite, comme cela doit être pour que cette foulée soit complète, correcte et aussi puissante que les autres.

Diagonal gauche : il était dissocié pendant le galop à gauche et doit s'associer pour le galop à droite ; si les aides demandent le changement de pied au troisième temps, cette association peut facilement se faire pendant le soutien de l'antérieur gauche et du postérieur droit, soutien qui dure pendant le temps de suspension consécutif à l'appui de cet antérieur et pendant que le postérieur gauche, s'étant mis à l'appui, marque le premier temps.

En effet, si l'on continuait à galoper à gauche, le postérieur droit se poserait, dans la foulée qui suivrait, avant l'antérieur gauche. Pour que ces deux membres puissent s'associer en vue du galop à droite, il faut donc que le postérieur droit prolonge assez son soutien pour pouvoir ne se mettre à l'appui qu'en même temps que l'antérieur gauche. Or cela se trouve précisément facilité par les aides employées. En effet, la décharge dont bénéficie le postérieur droit, lui permet de retarder son appui, tandis que la surcharge apportée à l'antérieur gauche lui fera avancer le sien, dès qu'il se sera mis au soutien. Ce retard dans l'appui du postérieur droit et cette avance dans celui de l'antérieur gauche, donnent toute facilité au cheval pour effectuer ces deux appuis en même temps et le diagonal gauche se trouve ainsi asso-

cié pour battre le deuxième temps de la première foulée
à droite.

Quant aux latéraux, la demande de changement de
pied, faite au moment que j'indique, leur donne les
positions respectives qu'ils doivent avoir dans le galop
à droite. En effet, l'épaule droite est déchargée, et la
détente du postérieur gauche a pour effet de la pousser
en avant ; elle peut donc facilement dépasser l'épaule
gauche qui est à l'appui et surchargée. Le postérieur
droit dégagé dépasse aussi le gauche que le changement
d'assiette fait remettre plus tôt à l'appui. Par suite, le
latéral droit dépasse le latéral gauche, et le cheval est
complètement dans les conditions voulues pour galoper
à droite.

Enfin le mouvement est aussi coulant que possible,
sans ralentissement ni temps d'arrêt. Car le premier
résultat de l'inversion des aides pendant le troisième
temps a été de substituer l'appui du postérieur gauche à
celui du postérieur droit, en sorte que l'impulsion n'y
perd rien ; elle y gagne même parce que le postérieur
gauche prend son appui un peu avant le moment où le
postérieur droit aurait pris le sien. C'est ce qui explique
comment on peut obtenir les changements de pied au
temps, c'est-à-dire à chaque foulée, en gardant une
vitesse relativement considérable.

Donc, en résumé, lorsque, étant au galop à gauche,
on demande le changement de pied au troisième temps,
la première foulée de galop à droite que l'on obtient,
commence par l'appui et la détente du postérieur gauche
et la dissociation du diagonal droit : c'est le premier

temps ; il est suivi par l'association du diagonal gauche rendue facile par l'équilibre que donnent les nouvelles aides, c'est le deuxième temps. Enfin le troisième temps est battu par l'antérieur droit, déchargé par les rênes et projeté par la détente du postérieur gauche. Le galop à droite est donc, dans ces conditions, entamé par une foulée régulière et complète.

Toutes ces conditions ne sont réunies que si le changement de pied est demandé au troisième temps ; à tout autre moment, les aides à employer et la position des membres empêchent ces derniers de prendre ensemble et instantanément le mécanisme qu'ils doivent avoir dans le galop à droite.

Je sais bien, en effet, qu'il est tentant de penser, avec quelques auteurs, que le moment le plus favorable pour obtenir le changement de pied, est celui où le cheval est complètement en l'air, sans aucun membre à l'appui. C'est, il est vrai, l'instant où l'équilibre est le plus instable et le plus facile à inverser ; mais un court examen de la position des membres pendant ce temps de suspension, montrera la difficulté de faire exécuter le changement de pied à ce moment, à cause de l'impossibilité où est mis le diagonal gauche de s'associer à temps. En effet, le postérieur droit est très en avant, puisqu'il serait le premier à prendre son appui si l'on ne changeait pas de pied ; l'antérieur gauche qui vient de quitter son appui est au contraire très en arrière. Ces deux membres doivent donc, pour s'associer, s'éloigner l'un de l'autre, ce qui exige que l'antérieur gauche étende son geste et par conséquent prolonge son soutien, ou que le postérieur droit raccourcisse le sien. Or, rien n'engage le postérieur gauche à étendre son geste puisqu'on le charge, à ce moment même, de tout le poids de l'avant-main, et le postérieur droit n'est pas engagé non plus à diminuer son soutien, puisque, juste à cet instant, le changement d'assiette le décharge. Le diagonal gauche est donc dans de très mauvaises conditions pour s'associer pendant le temps de suspension.

La position des membres aux premier et deuxième temps n'est pas plus favorable au changement de pied.

Au premier temps, en effet, le postérieur droit est le seul à l'appui. Si le cheval est sollicité de changer de pied, le postérieur gauche est, il est vrai, engagé à se mettre à l'appui sous l'action du changement d'assiette et marquera le premier temps de la nouvelle foulée ; mais le diagonal gauche éprouvera, comme au temps de suspension, les plus grandes difficultés pour s'associer. En effet, le postérieur droit qui prenait son appui au moment de la demande de changement de pied, est très en avant, tandis qu'au contraire, l'antérieur gauche qui venait de se mettre au soutien est très en arrière. D'où impossibilité presque absolue pour ce diagonal de s'associer à temps. Il peut arriver, quand on demande le changement de pied à ce temps, que le cheval cherche à profiter de ce que le postérieur droit est à terre pour commencer la première foulée à droite par le deuxième temps. Il faut pour cela que le postérieur droit qui est très en avant prolonge son appui jusqu'à ce que l'antérieur gauche qui est très en arrière puisse prendre le sien. Cette combinaison est possible, mais elle entraîne un moment d'arrêt et une perte d'impulsion.

Si on demande le changement de pied au deuxième temps, c'est-à-dire pendant l'appui du diagonal droit, on est encore dans de mauvaises conditions, car le diagonal gauche qui devrait s'associer pendant que le postérieur gauche marque le premier temps est dans l'impossibilité de le faire. En effet, l'antérieur gauche est très en avant, prêt à prendre son appui pour battre le troisième temps du galop à gauche. Le postérieur droit est très en arrière, car il ne fait que de se mettre au soutien. Pour que ces deux membres s'associent, il faudrait que le postérieur droit soit engagé à prendre rapidement son appui et que l'antérieur gauche soit au contraire incité à retarder le sien. Or l'action des rênes ne peut qu'avancer l'appui de l'antérieur gauche qu'elle surcharge ; et le postérieur droit, déchargé par le déplacement de l'assiette, n'est en aucune façon invité à avancer le moment de son appui ; en sorte que ces deux membres sont dans les plus mauvaises conditions pour s'associer. Ils pourraient cependant y arriver, et on pourrait forcer le cheval à le faire. Pour cela, il faudrait que l'antérieur gauche se mît à l'appui et y restât jusqu'à ce que le postérieur droit s'y mette ; mais cette augmentation dans le temps d'appui de l'antérieur provoquerait immédiatement ce ralentissement dans l'allure et cette perte d'impulsion qui font dire que le changement de pied est *piqué*.

Pour toutes ces raisons, je crois que c'est au troisième temps que le changement de pied peut être exécuté avec le plus de facilité. Depuis la première édition de cet ouvrage où j'exposais la théorie que je viens de développer et la conclusion que j'en tire, des expériences photographiques en ont démontré la vérité en rendant sensible aux yeux que le cheval sollicité de faire un changement de pied le commence au troisième temps. Aussi, lorsqu'il y est dressé, c'est au début de ce temps qu'on doit le lui demander et non plus tôt, sous prétexte de l'y préparer. En effet, tant qu'il n'est pas confirmé dans ce mouvement, il peut, il est vrai, avoir besoin d'un certain nombre de foulées pour arriver à obéir aux aides qui le lui demandent ; il en est de même, du reste, de tous les mouvements. Lorsqu'on commence à les enseigner, on *place* le cheval dans l'équilibre qui les facilite et on *attend* l'exécution. Mais ce n'est là qu'une période de transition que le dressage a pour résultat de rendre de plus en plus courte. Les changements de pied subissent la loi commune ; le cheval ne les exécute d'abord que quelques foulées après qu'ils ont été demandés ; mais à force de les recommencer, leur préparation se fait de plus en plus vite et ils peuvent et doivent en venir à être commencés aussitôt que commandés.

En effet, puisque le passage en avant, par exemple, peut faire place au passage en arrière dans la foulée même où les aides le demandent ; puisque l'inversion de sens dans le travail de deux pistes au trot s'obtient fort bien dans une seule battue, et ainsi de bien d'autres mouvements où l'obéissance aux aides est instantanée, bien que contrariée par la force d'inertie, *à fortiori*, cette obéissance immédiate peut être obtenue dans le changement de pied. Il faut donc obtenir que les aides le commandent instantanément; mais, pour cela, elles ne doivent évidemment le demander qu'au moment exact où il peut se commencer, c'est-à-dire au commencement du troisième temps.

On s'étonnera peut-être que le cheval puisse instantanément obéir aux aides, alors que l'ont sait qu'au dire d'expérimentateurs compétents, $1/10^e$ de seconde au minimum est nécessaire pour que les sensations arrivent de la périphérie au cerveau et pour que cet organe les apprécie et commande en conséquence aux forces musculaires. Ce laps de temps est appréciable en effet et serait suffisant, s'il s'écoulait réellement entre l'action des aides et leurs effets, pour qu'il fût physiologiquement impossible d'obtenir une obéissance instantanée aux aides. Mais cette difficulté n'est qu'apparente car l'animal, dans le cas qui nous occupe, n'agit pas par une volonté immédiate et consciente mais par réflexes. C'est ainsi que le cheval qui fait une faute à une allure vive tomberait sûrement s'il lui fallait, pour se mettre d'aplomb, *se rendre compte d'abord qu'il a fait une faute, puis déterminer comment il peut la réparer, quel membre il lui faut avancer ou retenir, puis le vouloir* et enfin *actionner ses forces musculaires en conséquence.* En réalité, à toutes ces opérations se substitue une action réflexe, inconnue de l'animal lui-même et, en tous cas, involontaire, action demandant infiniment moins de temps qu'il en faudrait à une intervention cérébrale, et faisant, grâce à cela, agir les forces à l'instant même où la faute est commise et dans le sens nécessaire pour y parer.

C'est d'un phénomène analogue que bénéficient le pianiste, le duelliste, etc. Le premier n'est pas obligé de se rendre compte qu'il doit frapper telle note et, pour cela, faire tel geste, puis de vouloir le faire et enfin de disposer ses forces pour l'exécuter ; mais en raison de l'habitude acquise, ses mouvements deviennent réflexes, ce qui leur permet de suivre assez instantanément la perception qui les commande, pour se succéder avec la vertigineuse rapidité que l'on sait. Il en est de même de l'habile duelliste pour qui l'attaque et la parade sont devenues des mouvements réflexes qui se produisent sans l'intervention immédiate de la volonté ou de l'intelligence et qui sont, de ce fait, exécutés en même temps, on peut le dire, que l'occasion qui les provoque.

C'est aussi ce qui se produit pour le cheval lorsque, par l'habitude, ses mouvements peuvent devenir réflexes[1]. Le moment où il les commence suit d'aussi près l'indication de votre volonté que le mouvement du pianiste suit de près la perception de la note qu'il doit faire vibrer ou que la parade du duelliste suit de près l'attaque de son adversaire. Cela suffit pour que nous puissions ne faire agir nos aides qu'au moment précis où nous voulons qu'elles soient obéies, car le cheval peut, par ses mouvements réflexes, commencer le mouvement qu'elles commandent avec la même instantanéité que les gestes

---

1. Bien entendu, cette comparaison ne porte que sur le côté physique des phénomènes que je viens de citer et ne saurait s'appliquer à leurs origines, un rapprochement ne pouvant être fait que de très loin entre les opérations intellectuelles qui conduisent à la « connaissance » chez l'homme et chez l'animal.

par lesquels il échappe aux conséquences de la faute qui pourrait entraîner sa chute.

Il ne suffit pas de demander le changement de pied à temps pour qu'il soit bien fait ; mais, du moins, sa bonne exécution est alors possible : elle ne dépend plus que de la justesse et de la décision des aides.

DEMI-VOLTE AU GALOP

La demi-volte comporte un changement de main et par conséquent, au point où nous en sommes, un changement de pied, car le travail à faux est du domaine de l'équitation savante. Ce changement de pied doit être demandé au 3ᵉ temps de la foulée qui engage le cheval sur la piste. A ce moment, en effet, les latéraux ont des positions qui contribuent à la facilité du mouvement.

Si l'on a terminé la demi-volte sur deux pistes, il faut encore agir de même, mais avec plus de tact. Si, en effet, on était à main droite au début de la demi-volte, le cheval est placé à droite pendant qu'il est sur deux pistes ; en reprenant la piste à main gauche, il faut redresser le pli de l'encolure en ayant soin de ne pas inverser l'équilibre de l'avant-main dont le poids doit rester sur l'épaule droite. Il suffit de donner un peu de moelleux à la rêne droite et d'augmenter l'opposition de la rêne gauche. Quant aux jambes, leur action doit s'inverser, la jambe droite devenant prépondérante et envoyant le cheval sur la jambe gauche.

Ici, comme toujours, l'action de l'impulsion, se développant seule ou par l'intermédiaire des jambes si c'est nécessaire, doit précéder les effets de rênes ; celles-ci ne doivent agir que parce que le cheval leur est envoyé par l'impulsion.

CONTRE-CHANGEMENT DE MAIN AU GALOP

Les contre-changements de main s'exécutent au galop comme aux autres allures, mais comportent un changement de pied après chaque diagonale.

Le premier changement de pied nécessite l'inversion complète des aides et même du pli de l'encolure, si le contre-changement de main se fait sur deux pistes. On doit arriver à obtenir ce changement de pied de manière à passer directement de la première diagonale à la deuxième, sans marcher droit entre les deux.

SERPENTINE ET HUIT DE CHIFFRE AU GALOP

Ces mouvements nécessitent des changements de pied répétés ; aussi la difficulté s'augmente-t-elle de la nécessité de maintenir le cheval calme.

La serpentine et le huit de chiffre sont des mouvements qui assouplissent le cheval, le cadencent et le rendent très attentif aux aides ; c'est toujours une excellente chose que de lui en faire faire beaucoup, même lorsque le dressage est très avancé.

—————

CHAPITRE III

§ Ier MÉCANISME DU SAUT

Le saut exige de la part du cheval un effort puissant et beaucoup d'adresse ; c'est dire combien le dressage en est délicat.

Tous les chevaux ne sont pas susceptibles de devenir de gros sauteurs, parce qu'il faut pour cela des qualités naturelles dont ils ne sont pas tous doués ; mais les plus déshérités sous ce rapport peuvent cependant être beaucoup améliorés, s'ils sont bien entrepris. Le dressage exploite ces qualités et leur adjoint l'adresse et l'habitude grâce auxquelles le cheval emploie ses moyens au moment et à l'endroit le plus favorables.

Le mécanisme du saut n'est pas le même chez tous les chevaux. La plupart cependant l'exécutent en trois phases.

1re *phase*. Le cheval ferme les angles moteurs de l'arrière-main et engage ses postérieurs sous son centre de gravité en élevant et ramenant l'encolure.

2ᵉ *phase*. Les angles moteurs s'ouvrent pour projeter la masse par dessus l'obstacle. L'encolure s'allonge et concourt par son extension à entraîner le centre de gravité.

3ᵉ *phase*. L'obstacle étant franchi, les antérieurs se posent à terre l'un après l'autre et reçoivent toute la masse. L'encolure se relève pour dégager l'avant-main, précipiter l'appui des postérieurs et les amener par là à s'emparer d'une partie de la masse afin de permettre aux antérieurs de se dégager.

Enfin l'encolure cherche à s'étendre de nouveau.

Lorsque le cheval est amené très vite sur l'obstacle, il élève moins l'encolure avant et après l'obstacle ; cela tient à ce que, en raison de son allure, il ne prend pas le temps d'engager fortement ses propulseurs et de faciliter l'enlever de l'avant-main en le déchargeant ; de même, en se recevant, il garde son encolure basse pour conserver, en vue de la vitesse, le bénéfice de la position avancée de son centre de gravité. On y gagne comme temps, mais on y perd comme sécurité, car, à la première phase, l'avant-main s'élève difficilement, et à la troisième, il risque de fléchir sous le poids. C'est une des raisons pour lesquelles beaucoup de chevaux ralentissent lorsqu'on les amène vite sur l'obstacle.

Il est des chevaux qui s'enlèvent des quatre pieds à la fois et se reçoivent de même. Heureusement qu'ils sont rares, car cette manière de sauter est dangereuse et ruineuse pour le rein.

Enfin l'enlever se produit plus ou moins loin de l'obstacle. S'il s'agit d'un saut en hauteur, il n'est très sûr et n'a toute l'élévation possible que lorsqu'il se fait assez près de l'obstacle pour que toute la force de détente de l'arrière-main soit employée à le franchir en ne gagnant que le moins possible de terrain avant ou après. Mais un tel saut ne se fait naturellement qu'au détriment de la vitesse. Quant au saut en largeur, il se fait autant en vertu de la vitesse acquise que par la détente des propulseurs. On ne peut donc que le faciliter en poussant énergiquement le cheval dans l'allure.

De la part du cavalier, les aides et l'assiette doivent avoir un mécanisme en rapport avec les mouvements du cheval. Comme celui-ci doit faire un effort considérable pour sauter, la grande science du cavalier sera surtout de ne pas le gêner.

Les jambes doivent déterminer le saut et provoquer la détente des propulseurs, mais se contenter d'accompagner le cheval pendant qu'il est en l'air.

La main doit seulement garder le contact de la bouche tant que le saut s'exécute normalement et être prête à parer à une dérobade avant l'obstacle ou à une faute après. Ce serait, ici, comme dans le départ au galop, une erreur de croire que les rênes doivent enlever l'avant-main ; toute traction ne peut que gêner le cheval au moment où il a le plus besoin de sa liberté d'action.

Pour garder le contact, le cavalier est forcé d'exécuter un retrait de main qui accompagne la bouche dans la première élévation de la tête, une remise de main lorsque l'encolure se détend et un nouveau retrait lorsqu'elle s'élève dans la troisième phase. Puis la main se fait plus ou moins complaisante suivant la position qu'on veut laisser reprendre à l'encolure.

Tous les chevaux n'étendent pas l'encolure dans les mêmes proportions. La plupart du temps, il suffit pour garder le contact de la bouche d'avancer les mains ; mais il n'est cependant pas rare, surtout avec les gros sauteurs, qu'on soit en outre obligé de laisser les rênes glisser dans les doigts ; cela ne doit se faire, bien entendu, qu'à la demande du cheval et de telle façon que les rênes soient moelleuses sans être abandonnées. L'obstacle franchi, le cavalier doit rajuster ses rênes en évitant soigneusement de donner un à-coup ; une saccade ne peut avoir que les plus mauvais effets au point de vue de l'adresse dans le moment même et de la franchise dans l'avenir.

Les jambes et les rênes n'ont, ainsi qu'on le voit, qu'un rôle négatif dans le saut proprement dit ; il en est de même de l'assiette qui, mal utilisée, ne peut que le gêner. Dans la première phase, qui est celle de l'enlever de l'avant-main, il faut éviter de porter le corps en avant, ce qui chargerait mal à propos les épaules ; mais il faut éviter aussi l'excès inverse, car si l'on mettait le corps trop en arrière, on aurait grand'chance, en raison de la force d'inertie, de ne pas pouvoir le redresser à temps et de charger encore et mal à propos l'arrière-main pendant la deuxième phase. Le cavalier doit donc prendre une position intermédiaire qui consiste à être assis, mais à garder le corps sensiblement droit. Les quelques variantes qu'il peut y avoir lieu d'admettre, en raison des circonstances, doivent être subordonnées à cette double considération ; 1° si l'avant-main doit être dégagé, le centre de gravité de la masse ne doit cependant jamais être assez en arrière pour acculer le cheval. 2° le cavalier doit être en posture de décharger à temps l'arrière-main.

Pendant la deuxième phase, au moment où le cheval est au-dessus de l'obstacle et le passe, le cavalier doit encore rester sensiblement droit. S'il penchait son corps en arrière, il gênerait le passage de l'arrière-main ; s'il le penchait en avant, il raccourcirait l'étendue du saut en faisant mettre trop tôt les antérieurs à l'appui. L'inconvénient qui en résulterait est évident, s'il s'agit d'un saut en largeur ; il serait tout aussi réel dans le cas d'un saut en hauteur, car si le poser des antérieurs est anticipé, celui des postérieurs l'est aussi ; l'arrière-main risque donc de s'abaisser trop tôt et d'accrocher l'obstacle.

Enfin, pendant la troisième phase, l'arrière-main ayant passé l'obstacle et l'avant-main étant ou se mettant à l'appui, le cavalier devra pencher son corps en arrière, tant pour décharger l'avant-main déjà éprouvé par tout le poids qu'il reçoit que pour éviter d'être projeté en avant, de « saluer », suivant le terme consacré, par l'effet du choc des antérieurs sur le sol.

§ II. DRESSAGE A L'OBSTACLE

Ainsi qu'on le voit, le saut est une opération assez complexe : le cavalier a besoin de travail pour l'exécuter avec correction et le cheval n'arrive à donner avec franchise et adresse l'effort dont il est susceptible, que si on l'y amène par une progression bien comprise.

Les méthodes de dressage au saut sont nombreuses. Quelles qu'elles soient, je crois qu'il faut toujours commencer par dresser complètement le cheval et ne le monter que quand il est entièrement confirmé et sûr de lui. Les aides, en effet, ne sont d'aucune utilité dans le saut lui-même ; elles ne peuvent lui être qu'une gêne. Monter le cheval dès le début, c'est donc lui demander inutilement un effort plus considérable et risquer de l'écœurer en exigeant trop du premier coup. De plus, la moindre faute de main peut avoir à ce moment les effets les plus regrettables ; mieux vaut ne pas s'exposer à en faire l'expérience. Les meilleurs procédés de dressage à l'obstacle sont les suivants :

1° DRESSAGE AU MOYEN DE LA LONGE

Lorsque le cavalier est absolument maître de son cheval à la longe et si celui-ci ne présente pas des difficultés de caractère très marquées, on peut utiliser avantageusement le travail à la longe pour le dressage à l'obstacle. En pratique, voici comment je m'y prends.

Après avoir fait mon travail habituel, je fais desseller et remplacer la bride par un caveçon à muserole de cuir, puis je fais mettre la barre[1] par terre, en travers de la

---

1. La barre doit être recouverte d'une tresse en paille empêchant les coups d'être dangereux ou très douloureux. Autant que possible, elle doit être fixe afin que le cheval ne prenne pas l'habitude de la mépriser, ce qui ne tarderait pas à arriver si elle tombait toutes les fois qu'il la touche. Si, au contraire, il sent qu'elle résiste, il se donnera la peine de la sauter pour ne pas risquer une chute.

piste. Je tiens la longe à environ un mètre de la tête, je mets mon cheval au pas sur la piste et je l'accompagne en me dirigeant vers la barre. Je la passe moi-même, je laisse le cheval la regarder autant qu'il lui convient, puis j'exige qu'il la passe aussi ; s'il résiste, des caresses, de l'avoine au besoin et surtout une patience persévérante réduisent à néant ces premières difficultés. Mais, quelquefois, le cheval saute la barre. Je continue à la laisser par terre jusqu'à ce qu'il la passe au pas, sans hésitation, sans même y faire attention. J'attache à cela la plus grande importance car, en assujettissant dès maintenant le cheval à ma volonté, je réduis d'autant l'indépendance dont il jouira quand il sera sur le cercle.

Qand le calme est complet devant la barre à terre, je la fais élever de quelques centimètres, juste assez pour que le cheval remarque la différence, mais puisse passer tout en restant au pas. Je procède comme lorsque la barre est par terre ; quand le résultat est satisfaisant, je donne une poignée d'avoine puis je renvoie à l'écurie. La modération dans les exigences et la générosité dans les récompenses sont ici les conditions primordiales du succès.

A la leçon suivante, je donne exactement le même exercice, puis, lorsque le calme est complet, je vais plus loin : je mets mon cheval en cercle, au pas, en lui donnant cinq ou six mètres de longe. Après quelques tours, je m'approche insensiblement de la barre que j'ai fait remettre par terre. Le cheval est ainsi amené à la passer tout en demeurant sur le cercle et je le fais recommencer jusqu'à ce qu'il soit complètement calme.

J'élève alors légèrement la barre et je cherche à obtenir la même indifférence. Quand j'y suis arrivé, je mets l'animal au trot et je donne la même leçon à cette allure. Dès que le cheval s'excite, je reprends le pas ; si, au contraire, il ralentit, je le pousse de la voix ou de la chambrière. Quand j'ai obtenu satisfaction, je renvoie à l'écurie.

Je me conforme à ces prescriptions relatives à l'allure, d'une manière absolue, quelle que soit la hauteur de l'obstacle. C'est en effet le seul moyen d'empêcher le cheval de profiter, pour refuser l'obstacle, de la liberté dont il jouit à la longe. Je n'augmente jamais la hauteur tant que le cheval n'est pas absolument calme et droit. J'y mets le temps et le nombre de séances nécessaires, mais je suis sûr ainsi de ne pas lui demander prématurément plus qu'il ne peut faire.

Il est bon de forcer le cheval à prendre la piste pour sauter ; il y a ainsi un côté vers lequel il ne peut chercher à se dérober. Il ne peut plus refuser l'obstacle qu'en se dirigeant sur moi ou en s'arrètant.

Dans le premier cas, j'élève la chambrière et je l'agite à la hauteur de son épaule pour le forcer à s'éloigner de moi ; dans le second cas, j'agite la chambrière derrière lui, ou, si cela ne suffit pas, je l'en frappe sur la croupe. Je n'en viens cependant aux coups qu'à la dernière extrémité, car le cheval est, pour sauter, dans des conditions d'autant meilleures qu'il est moins énervé. Lorsqu'il prolonge son refus, je le mène d'abord jusqu'à deux ou trois mètres de l'obstacle en le tenant près du caveçon et je ne le lâche que lorsque je le sens décidé à sauter.

Dès que la hauteur de la barre exige un réel effort, c'est-à-dire lorsqu'elle atteint o m. 80 ou 1 mètre, il y a lieu de donner au cheval la facilité de mesurer son terrain mieux qu'il ne peut le faire en restant sur le cercle. Je le mets alors, dès le coin, sur la piste qui mène à la barre et je marche parallèlement à lui, à trois ou quatre mètres de sa hanche, en maintenant la chambrière en arrière de lui jusqu'à l'obstacle. Pendant le saut, je laisse filer la longe. Lorsque le résultat ainsi obtenu est satisfaisant, on peut, pour accentuer les progrès, amener le cheval à sauter un peu haut, de 1 mètre à 1 mètre 40, suivant les moyens de l'animal, en le contraignant à rester au pas sur un cercle de petit rayon ; on augmente ainsi l'adresse. la puissance musculaire et le sang-froid.

La hauteur moyenne sur laquelle il convient d'exercer habituellement un bon sauteur pour l'entretenir, est d'environ un mètre. En aucun cas, tant que dure la période de dressage proprement dit, il ne faut demander plus de deux ou trois sauts très élevés pendant la même séance.

Les fautes les plus habituellement commises le sont par l'arrière-main. Quand l'avant-main touche, ce n'est généralement qu'une maladresse accidentelle, tandis qu'il est des chevaux dont les postérieurs touchent presque à tout coup. Je crois que le meilleur moyen de les en corriger est de faire relever brusquement la barre par un aide dès que l'avant-main est passé. Le cheval qui s'est frappé les jarrets ou les canons postérieurs plusieurs fois prend l'habitude de mieux lever les jambes.

Quand la barre est couramment bien sautée, j'y appuie une haie de telle sorte qu'en abordant, le cheval ne voie qu'elle, mais se cogne contre la barre s'il tentait de traverser ou de toucher la haie.

Pendant toute cette période de dressage, je ne fais jamais sauter un obstacle sans que sa partie supérieure soit fixe ou appuyée à quelque chose de fixe. Je crois que c'est la meilleure manière d'empêcher le cheval de sauter paresseusement; il faut qu'il aborde l'obstacle sans appréhension, mais aussi sans mépris, et qu'il sache bien que s'il touche, il y va pour lui d'une douleur ou d'une chute.

Ce mode de dressage à l'obstacle est très pratique avec la majorité des chevaux. Mais s'il s'agit d'un sujet ayant très mauvaise tête ou très peureux de l'obstacle, il faut bien avouer que la longe devient insuffisante, car elle laisse au cheval une indépendance telle qu'il peut, s'il le veut absolument, échapper aux injonctions de son dresseur, sans qu'il reste à celui-ci aucun moyen d'imposer sa volonté. J'en ai par moi-même vu et subi plus d'une preuve. Il faut alors recourir à des procédés plus puissants.

2° DRESSAGE EN LIBERTÉ AU MANÈGE

Lorsqu'on peut disposer d'un manège ou d'une carrière entourée de murs ou de lices, on se trouvera souvent très bien d'y exercer le cheval complètement en liberté, ne portant qu'un filet sans rênes.

Il faudra d'abord l'habituer à marcher de lui-même sur la piste. On y arrive très vite en s'aidant de deux hommes placés chacun vis-à-vis le milieu d'un petit côté, à environ deux mètres de la piste. Le dresseur, muni d'une chambrière, force le cheval à s'éloigner jusqu'à la piste et à y marcher. Il l'envoie ainsi à l'un des aides qui oblige de même l'animal à prendre la piste le long du petit côté. Quand le cheval revient au grand côté, le dresseur le renvoie à l'autre aide et ainsi de suite.

Au début, peu importe l'allure prise par le cheval ; il n'y a à se préoccuper que de le faire rester sur la piste. Quand cette habitude est prise, la voix ou les appels de langue et de chambrière commandent les ralentissements et les accélérations.

Tout ce travail, bien entendu, est fait sans obstacles, jusqu'à ce que le cheval y soit tout à fait confirmé.

Lorsqu'on voudra commencer le travail sur les obstacles, on mettra la barre par terre, sur la piste. La première fois, on la fera passer en tenant le cheval par le montant de filet et on ne le forcera à la passer seul que quand il la passera bien accompagné.

Le lendemain, on donnera exactement la même leçon d'abord sans obstacles, puis avec une barre qu'on élèvera peu à peu, en suivant la même progression que celle que j'ai indiquée à la longe.

Lorsque les obstacles deviennent sérieux, il est à propos de les munir d'une oreille dans l'intérieur du manège, de manière à prévenir les dérobades. Les aides et le dresseur peuvent, du reste, se rapprocher en temps opportun et appuyer le cheval tous ensemble en le poussant sur l'obstacle.

Pour les débuts du dressage, je trouve cette méthode supérieure à l'emploi de la longe qui, en maintenant le cheval sur un cercle, le gêne peu ou prou dans son saut, lui laisse moins bien le temps de calculer ses battues et, par conséquent, lui enlève de la confiance et de l'adresse. Le dresseur est, du reste, au moins aussi maître de l'animal en liberté qu'en le tenant à la longe, car il peut avec les aides et la piste former une espèce de couloir toujours assez difficile à forcer. Enfin, on peut disposer plusieurs obstacles le long de la piste, à telles distances qu'on juge convenables et les faire franchir les uns après les autres par le cheval en liberté; c'est plus commode et bien moins délicat que si on le tient par une longe et c'est un moyen pratique de dressage au saut des obstacles doubles ou triples.

3° DRESSAGE DANS LE COULOIR

Cette méthode est, à mon avis, de beaucoup la plus sûre, la plus rapide et la plus efficace. Malheureusement, elle nécessite une installation assez considérable comme emplacement, frais et entretien et un personnel assez nombreux.

Le couloir doit être bordé par deux lices ou par une lice et un mur. Les lices doivent avoir au moins 1 m. 70 de haut, afin que le cheval n'ait pas la tentation de les sauter, et être parcourues dans toute leur longueur par une série de traverses horizontales destinées à empêcher le cheval de passer sous la traverse supérieure.

La meilleure longueur à donner au couloir est d'environ 150 à 200 mètres ; la distance minima qui doive séparer les obstacles entre eux, précéder le premier et suivre le dernier est d'au moins 30 mètres. Les obstacles en hauteur doivent être absolument fixes, même les haies, qu'il suffit, pour cela, de faire affleurer à des barres bien fixes.

La douve, peu large et pleine d'eau, sera précédée d'un balai mobile permettant d'augmenter la largeur du saut.

La barre sera toujours la dernière, car c'est par elle que l'on pourra exiger le saut le plus puissant ; en le demandant le dernier, le cheval y sera préparé par ceux qu'il vient de faire et l'exécutera d'autant plus volontiers qu'il sera ensuite au bout de sa peine.

La manière d'employer le couloir est extrêmement simple : on commence par faire sauter les obstacles en tenant le cheval par une longe ; lorsqu'il les connaît, on le lâche ; le dresseur, muni d'une chambrière, le force à sauter tout en lui laissant, les premières fois, regarder les obstacles tout à son aise. Quand ils ont tous été franchis, on donne de l'avoine et on renvoie à l'écurie.

Il est bien évident, qu'ici encore, il faut commencer par donner aux obstacles leur plus faible importance et n'augmenter les difficultés que d'après les progrès obtenus.

Je trouve cette méthode de dressage à l'obstacle supérieure à toutes. Le cheval, en effet, est absolument à la merci du dresseur ; il ne tarde pas à s'en apercevoir et se résigne vite à faire contre mauvaise fortune bon cœur ; bien des résistances sont évitées parce qu'il se rend compte d'avance qu'elles sont vaines. En outre, rien ne le gêne dans son effort, rien n'entrave ses moyens, on peut donc lui demander beaucoup et, comme il ne peut refuser l'effort qu'on lui demande, il finit bien vite par considérer tout obstacle comme devant nécessairement être sauté, ce qui porte au comble sa franchise et son adresse.

Si le cheval marque un temps d'arrêt avant le saut, on doit le pousser vivement et au besoin même lui faire sentir la mèche au moment où il commence à ralentir.

Si, au contraire, ce qui est très fréquent, le cheval aborde très vite l'obstacle, il n'y a pas à s'en préoccuper d'abord ; on ne doit chercher à corriger ce défaut que lorsque la franchise est complète, même sur les gros obstacles. Pour cela, voilà le moyen bien simple que j'emploie. Je mets au cheval un caveçon et une longe, je l'engage dans le couloir et je reste moi-même à l'extérieur en faisant passer la longe entre les traverses horizontales à hauteur convenable. Je maintiens ainsi le cheval à l'allure que je veux, en ne laissant filer la longe que lorsque je le juge à propos. Avec les chevaux qui marquent une tendance excessive à bourrer, j'exige un ou deux arrêts, même plus si c'est nécessaire, et je ne laisse partir après chacun d'eux que lorsque le calme est devenu complet. Dans certains couloirs, il peut être plus commode de se tenir à l'intérieur, comme lorsqu'on y a mené le cheval les premières fois.

Fort peu de leçons ainsi données suffisent pour corriger des défauts que bien souvent on ne peut vaincre complètement par d'autres méthodes.

Le dressage dans le couloir a enfin, à mes yeux, le grand avantage de ne pouvoir être mal fait. La pratique en est extrêmement simple et ne donne pas au dresseur la possibilité de commettre une faute.

Lorsque le cheval, non monté, est devenu adroit, franc et correct, même sur les gros obstacles, on lui donne les mêmes leçons en le montant. Si le cavalier ne le gêne pas, ce qui est le grand point, et s'il l'encadre bien, le cheval fera au bout de peu de temps preuve des mêmes qualités que lorsqu'il était en liberté. Il faut lui faire passer d'abord les obstacles avec lesquels il vient d'être familiarisé et lui faire suivre la même progression au point de vue de l'importance des sauts.

Quand il sera aussi confirmé, monté qu'en liberté, sur les obstacles qu'il connaît, il n'y aura plus qu'à le mener à l'extérieur pour le familiariser avec le saut des obstacles naturels. C'est là, en définitive, la partie pratique et le but final de son dressage. S'il saute bien les obstacles artificiels, l'hésitation qu'il marque au début devant les obstacles naturels est due, non pas à ce qu'il refuse de sauter, mais à ce qu'il ne se rend pas compte de ce qu'il a à sauter. Il n'y a donc qu'à employer de la patience et des caresses. Quand on lui aura laissé regarder à son aise un certain nombre d'obstacles avant de les franchir, son appréhension disparaîtra et il abordera ceux qu'il rencontrera avec la même franchise que ceux du couloir ou du manège.

CHAPITRE IV

DIFFICULTÉS DE DRESSAGE

Par ses facultés physiques et instinctives le cheval est éminemment propre au service de l'homme ; sa volonté cède presque toujours aux exigences qui lui sont logiquement imposées. Le cavalier a du reste par ses doigts, ses jambes et son assiette une domination presque absolue sur l'équilibre et par conséquent sur le mouvement.

Néanmoins, qu'il s'agisse soit d'un cheval neuf, soit d'un cheval déjà travaillé mais mal entrepris et dont le dressage est à refaire, on n'est pas sans se trouver aux prises avec des difficultés provenant du caractère, de la conformation du cheval ou des mauvaises habitudes qu'un dresseur inhabile lui a laissé prendre ou même lui a inculquées.

Un des premiers et des plus importants objets du dressage est naturellement de vaincre ces vices ou ces défauts.

Nous allons passer en revue les plus importants.

CHEVAUX RÉTIFS

Les chevaux rétifs peuvent l'être par mauvais vouloir ou par souffrance. Je préfère de beaucoup les premiers aux seconds, car il est bien autrement facile de dompter un défaut de caractère que de corriger un vice de conformation.

Pour se rendre maître d'un cheval de caractère difficile, il faut lui prouver qu'on est le plus fort et, coûte que coûte, ne jamais lui passer une désobéissance ni céder à un caprice. Le jeune cheval est souple de volonté comme de corps. Lorsque la nature l'a affligé d'un peu de tête, il suffit d'user de fermeté et de persévérance pour corriger en peu de temps ses mauvais instincts. Il est rare qu'on ne puisse l'amener à céder sans user de la force. Si cependant il devient nécessaire d'y recourir, il faut le faire avec justice, mais aussi avec décision. Puis, et c'est là un point essentiel, on fera toujours suivre la concession d'une caresse et d'un repos. Le cheval en acquiert de la confiance dans l'équité de son maître et sait que si sa rébellion est châtiée, par contre, son obéissance est récompensée. Entre les coups et les caresses, ou simplement entre l'insistance des demandes et le repos, il ne balancera pas longtemps. Enfin, les caresses données avec à-propos calmeront son irritation et lui feront comprendre que les châtiments sont, non pas une attaque, mais une répression.

Avec les chevaux qui ont déjà travaillé et qui sont restés ou sont devenus rétifs, il est rare que la douceur réussisse, parce qu'ils ont si bien pris l'habitude d'avoir le dessus sur leur cavalier qu'il leur faut des arguments très convaincants pour leur faire comprendre qu'en changeant de maître ils doivent changer de caractère. On est presque toujours forcé avec des chevaux de cette sorte de recourir aux corrections. On devra toutefois essayer d'abord de la douceur et ne s'en départir que lorsqu'on en aura reconnu l'inefficacité.

J'ai assez parlé, dans la première partie de cet ouvrage, de la manière de corriger et de récompenser ; je rappellerai seulement ici que les caresses qui suivent la concession doivent être proportionnées à la violence qu'il a fallu employer ; plus le cheval s'est obstiné dans sa révolte, plus il faut récompenser sa soumission.

Quand un cheval est rétif par souffrance, il ne manifeste sa rétivité que lorsque cette souffrance se fait sentir ; aussi, le meilleur en pareil cas, est d'éviter les demandes qui la provoquent. Si, cependant, cela devient nécessaire, il ne faut en venir à la violence qu'à la dernière extrémité, et se contenter d'une légère concession à chaque fois. Trop demander serait de la barbarie et une exigence dangereuse qui ne ferait qu'augmenter la douleur et, par conséquent, la cause de la rébellion.

CHEVAUX PEUREUX

Les chevaux peureux sont longs et difficiles à guérir, car ce n'est que de la patience du cavalier, du temps et de la fréquente répétition des mêmes leçons que dépendent les progrès de l'animal.

La violence est, en effet, un non-sens en pareil cas. Le cheval n'est pas plus maître de ne pas avoir peur que nous ne le sommes d'entendre sans sursauter un bruit violent et inattendu. Les brutalités devant l'objet qui effraie l'animal ont pour conséquence certaine d'augmenter la crainte qu'il en éprouve.

Lorsqu'un cheval a constamment peur du même objet, il faut le familiariser avec lui. Au besoin, on mettra pied à terre pour l'en faire approcher ; on le lui laissera flairer et regarder, en le caressant ou en lui donnant, si c'est possible, quelques poignées d'avoine. Puis on le remontera et on recommencera cette leçon. Il peut se faire qu'elle soit à reprendre dès le début ; il faudra s'y astreindre jusqu'à ce que le cheval, enfin habitué à ce qui l'impressionne, ne s'en préoccupe plus.

Toutes les fois que ce sera possible, on accélérera le résultat en plaçant dans la stalle ou même dans la mangeoire du cheval à dresser l'objet qui l'effraie. On pourra faire de même pour tout ce dont le contact l'impressionne, comme le sabre, les harnais, la jupe d'amazone, etc. En lui faisant porter ces objets pendant quelque temps à l'écurie, il se familiarise très vite avec eux.

CHEVAUX QUI ENCENSENT

Il est bien rare qu'un cheval neuf encense s'il est bien monté et bien embouché. Par le mouvement de sa tête, en effet, le cheval qui encense ne cherche qu'à échapper à l'action de la main ; si celle-ci est dure, si l'embouchure est douloureuse, rien d'étonnant à ce qu'il se défende contre elles. Lorsqu'un cheval, quoique bien monté et bien embouché, est atteint de ce défaut, on doit en tout temps tenir la main basse et soutenue, mais légère ; puis dès que l'encolure s'abaisse ou s'élève pour donner le coup de tête, il faut fermer énergiquement les jambes en refusant toute concession des doigts. Le cheval se donne ainsi de lui-même un coup sur son embouchure ; la douleur qu'il se cause par sa faute est une leçon dont il ne tarde pas à profiter. Dès que le choc est reçu par la bouche, il faut desserrer les doigts pour permettre à l'action des jambes de produire une accélération d'allure qui évite l'acculement.

Quelquefois, le cheval encense pour dérouter son cavalier par l'incohérence de ses gestes et en profite pour se retenir. En pareil cas, ce sont les jambes qui doivent faire toute la besogne : on les soutiendra énergiquement pour forcer le cheval à se livrer. Quelle que soit l'allure, il faut l'allonger, quitte à la garder moins longtemps si l'on est au trot ou au galop. En un mot, on fera tout ce qui peut obliger le cheval à se porter sur la main qui devra se faire douce et soutenue pour pouvoir être prise avec confiance.

CHEVAUX QUI PORTENT AU VENT

Les chevaux à encolure de cerf, ayant le coup de hache au garrot, sont enclins à ce port de tête ; on n'arrive que rarement à les corriger complètement, car pour cela, il faudrait rectifier leur conformation elle-même. On peut cependant obtenir des progrès importants par un travail approprié. Ces progrès doivent même amener une guérison complète lorsque ce port de tête provient non plus d'un vice de conformation, mais d'un appui défectueux cherché par le cheval pour échapper à la main.

Que ce défaut soit naturel ou acquis, les procédés pour l'atténuer ou le guérir sont les mêmes. Le dressage aux flexions est naturellement le remède le meilleur et le plus indiqué. Mais, pour en accélérer le résultat, on peut, par exemple, pousser fréquemment le cheval pendant quelques centaines de mètres à l'extrême limite de son allure, trot ou galop. Pour s'aider, il en vient peu à peu à baisser la tête et à étendre l'encolure. En le caressant et en le mettant au pas, on lui fera comprendre qu'il répond ainsi au désir de son cavalier.

Au lieu de demander une vitesse considérable, on peut maintenir l'allure à un train modéré et la soutenir très longtemps. Lorsque la fatigue commence à venir, l'encolure se baisse encore pour aider la marche par la position du centre de gravité. Si la main se fait clémente à ce moment, le cheval finit par prendre l'habitude de chercher dans la position basse de son encolure l'aide qu'elle lui apporte.

Dans tous les cas et quel que soit le procédé employé, il faut que les jambes soient toujours énergiques pour maintenir le cheval dans le mouvement en avant.

CHEVAUX QUI S'ENCAPUCHONNENT

Les chevaux qui s'encapuchonnent sont ceux qui, au lieu de prendre le contact de la main lorsque les jambes les y sollicitent, rouent l'encolure dès qu'ils sentent le mors, pour en refuser l'appui, et reculent la bouche jusqu'à amener le chanfrein bien en arrière de la verticale.

Le fait de refuser de se porter sur la main et d'en prendre le contact avec l'énergie voulue par les jambes n'est autre chose que le manque d'impulsion. Donc, pour guérir le cheval qui s'encapuchonne, il n'y a qu'à l'amener à se porter en avant à la demande des jambes ; pour en venir là, il ne faut pas hésiter à donner à leur action la plus grande intensité possible et à la corroborer au besoin par la cravache.

Si le cheval ne s'encapuchonne qu'accidentellement, sans que ce soit une habitude chez lui, on peut lui faire reprendre une position correcte en serrant plus énergiquement les jambes et en sciant du filet.

CHEVAUX QUI TROTTINENT

Quand un cheval trottine habituellement, il faut d'abord en chercher la raison, car, suivant la cause, les remèdes à employer sont tout différents.

Si le cheval trottine parce qu'il est énervé ou impressionnable, il n'y a qu'à essayer de le calmer par la voix et les caresses ; si cela ne suffit pas, on peut le traverser pour contrarier ses mouvements. Les caresses aidant, la difficulté de progresser dans cette position finit par lui faire reprendre le pas.

Si, au contraire, le cheval trottine au lieu de rester au pas ou prend le galop plutôt que d'allonger le trot parce qu'il se retient, il n'y a qu'une chose à faire : c'est de le forcer à se livrer. Pour cela, il faut le prendre énergiquement dans les jambes et le pousser, si l'on peut, à l'extrême vitesse de l'allure qu'il s'obstine à prendre ; sa paresse n'y trouvera plus son compte et il finira par se livrer dans l'allure qu'on lui demande plutôt que d'être poussé à toute vitesse dans l'allure supérieure.

CHEVAUX EMBALLEURS

Le cheval emballeur est celui qui refuse l'obéissance au mors et prend, à un moment donné, une allure très rapide que son cavalier ne peut plus modérer.

Il est beaucoup plus difficile d'arrêter un cheval emballé lorsque la griserie du train et l'entraînement de sa masse le soustraient à l'influence du cavalier, que de l'empêcher de s'emporter. Lorsqu'on a un cheval emballeur, on doit donc surtout le surveiller pour saisir la première manifestation de ses mauvaises intentions, lui parler, lui demander consécutivement des flexions directes ou latérales complètes et tromper constamment les appuis qu'il cherche à prendre sur la main. Presque toujours, on empêchera ainsi le cheval de s'emballer et l'habitude lui en passera.

Si cependant ces mesures préventives ne réussissent pas, il ne faut pas surtout lui tirer sur la bouche car, par là, on insensibilise les barres et on donne un appui auquel le cheval se confie pour augmenter son allure. Il faut, au contraire, tromper les appuis à tout instant, soit en rendant et reprenant, soit en faisant alterner entre eux les appuis latéraux et diagonaux. Le cheval, constamment gêné dans sa bouche, est distrait de la faute qu'il commet et se laisse ordinairement ralentir et arrêter. On accélère généralement le résultat en se mettant sur un cercle dont on réduit progressivement le rayon. Le cheval, de plus en plus gêné dans son mouvement, finit par se calmer.

Quelquefois, avec des sujets particuliers, ces moyens restent insuffisants. Les aides n'ayant aucun effet, le cavalier se trouve en butte à une défense qui peut devenir extrêmement dangereuse. Force est donc alors de recourir à des moyens d'action qui contraignent plus énergiquement l'animal à l'obéissance. Le filet de naseaux est, à mon avis, ce qui donne les meilleurs résultats. Les effets en sont certains puisqu'il coupe la respiration lorsque le cheval s'emballe et il ménage les barres, ce qui fait que l'animal reste juste et maniable tant qu'il n'a pas idée de s'emporter.

Il faut absolument réprouver certaines embouchures barbares destinées, soi-disant, à arrêter les chevaux emballés ; elles abîment la bouche, ce qui met le cheval dans les meilleures conditions pour s'ancrer dans son vice, et le rend inmontable même lorsqu'il ne cherche pas à s'emballer. De plus, ces engins de torture sont susceptibles, en endolorissant les barres, de provoquer les manifestations mêmes qu'ils sont sensés combattre.

TROISIÈME PARTIE

TROISIÈME PARTIE

HAUTE ÉCOLE

CONSIDÉRATIONS GÉNÉRALES

La Haute École est une science qui consiste à obtenir du cheval des gestes adroits et brillants en exaltant ses moyens par l'utilisation savante des aides.

Ceci nous montre combien peut être grande l'utilité, cependant si discutée, de la Haute École : le cavalier est obligé de surveiller ses aides avec la plus grande vigilance et de les maintenir à tout instant dans l'observation des règles dictées par l'étude approfondie du cheval : sinon il va de faute en faute et n'arrive à rien, si ce n'est à ruiner le dressage aussi bien que les membres de son cheval. Or, cette application continue est pour l'écuyer la source de progrès d'autant plus grands et plus réels qu'ils sont récompensés par l'amélioration continuelle des résultats obtenus.

Quant au cheval, est-il même utile d'expliquer tout ce

qu'il retire de souplesse en même temps que de puissance, de force et de soumission des exercices dont se compose la Haute École ? Je ne saurais mieux me faire comprendre qu'en empruntant à James Fillis la comparaison qu'il fait entre le cheval d'École et le gymnasiarque. Celui-ci, devenu souple et agile, se meut presque sans effort, voit sa musculature se développer, ses forces s'accroître, son organisme tout entier acquérir de l'aisance dans ses fonctions tant internes qu'externes. Tel est aussi le cheval d'École : l'extrême souplesse de ses mouvements en diminue prodigieusement la fatigue ; son attention aux aides et son obéissance lui donnent la précision sans laquelle il n'est qu'un instrument incomplet. Ses muscles se fortifient, ses gestes deviennent adroits ; il est rendu, en un mot, éminemment propre à toutes les œuvres auxquelles on est en droit de l'appliquer. Entre le cheval d'École et celui qui est simplement bien mis à l'équitation courante, je crois qu'on peut faire la même comparaison de justesse et par conséquent de valeur qu'entre la balance du chimiste et celle de l'épicier.

Il est vrai de dire que cette délicatesse même, en donnant au cheval bien monté la possession de tous ses moyens le rend plus difficile à manier par de mauvais cavaliers : la balance infinitésimale ne peut qu'être faussée par des mains maladroites ; le fin burin du sculpteur est trop fragile pour un tailleur de pierres. Je ne crois cependant pas que la perfection d'un talent ait jamais été considérée comme inutile pour celui qui l'atteint. Grâce à cette perfection, dans le cas présent, l'écuyer sait utiliser des chevaux qui ne sont d'aucun emploi pour quiconque n'a pas approfondi l'art équestre et fait tourner à son plus grand profit l'extrême délicatesse d'un animal qui, parce qu'il est exceptionnel, déroute les cavaliers moins habiles.

Si la Haute École a ses détracteurs, elle a aussi ses contrefacteurs. Ce sont ces dresseurs qu'on ne peut qualifier de cavaliers et qui ne sont en réalité que des éducateurs d'animaux savants. Tout le monde a vu, dans les cirques, des chevaux au travail sans selle répondre à tel mouvement de chambrière par une volte, à tel autre par un doubler, une cabrade, une ruade, etc. La Haute École est prostituée, bien souvent, au point de n'être autre chose que ce travail ; les dresseurs qui l'exécutent ne montent et ne présentent leurs chevaux que quand ils les ont assez mécanisés et truqués, à pied, pour pouvoir en obtenir les mêmes airs, lorsqu'ils les montent, par la répétition des mêmes gestes, actions ou attouchements qu'à pied. L'utilisation de l'équilibre ou des moyens du cheval et l'obéissance aux aides n'entrent pour rien en ligne de compte dans ces exhibitions ; aussi ce travail est-il dépourvu de la puissance, de la grâce, et de l'harmonie qui caractérisent les mouvements exécutés par l'animal, lorsqu'il est mis par les aides et l'assiette dans la possession de ses moyens et dans la plénitude de son impulsion. Il n'est, du reste, pas nécessaire d'être grand clerc dans la matière pour s'en rendre compte à première vue.

On dit quelquefois que la Haute École tare les chevaux et, tout au moins, les met en dedans de la main.

C'est vrai si elle est mal enseignée ou mal exécutée, mais cela ne peut qu'être inexact si elle est comprise comme elle doit l'être, c'est-à-dire comme l'emploi plus savant, plus fin, plus précis des moyens du cheval. Ce qui peut le tarer n'est pas de lui demander avec justesse ce qu'il peut faire en concordance avec sa conformation et avec les lois mécaniques auxquelles il est soumis ; mais de l'exiger maladroitement, sans à-propos, et en le gênant au lieu de l'aider. J'ai eu une jument de pur sang qui était affligée, lorsque je l'ai mise en Haute École, de vessigons et d'éparvins bien caractérisés : les premiers n'ont pas augmenté et les seconds ont diminué au point qu'ils sont devenus presque imperceptibles.

Ce n'est donc pas dans le défaut d'utilité ni dans la possibilité de tarer le cheval qu'il faut chercher des raisons pour ne pas s'adonner à la Haute École, mais dans les difficultés réelles qu'elle présente comme dressage et comme exécution, difficultés qui exigent une patience et une constance à toute épreuve, sans lesquelles il vaut mieux ne pas sortir de l'équitation courante.

On reproche encore quelquefois à la Haute École, ou du moins aux airs autres que le passage, le piaffer et le travail de changements de pied, d'être de l'équitation de cirque.

Pourquoi ? est-ce parce que les airs qu'on réprouve sont exécutés dans les cirques ? Mais ceux qu'on prétend seuls admettre y sont exécutés aussi. Est-ce parce qu'on suppose que ces airs ne peuvent être enseignés que par les procédés utilisés, souvent peut-être, dans les cirques ? Ce serait alors avec mille fois raison, en effet, qu'on condamnerait des mouvements dont le dressage ne pourrait se faire qu'au moyen de travail à pied, de cravaches, de piliers et autres engins parfaitement étrangers aux aides naturelles, car, celles-ci ne pourraient bien entendu rien y gagner. Mais il en est tout autrement : bien des airs peuvent s'obtenir par l'utilisation exclusive des aides naturelles sans être le passage, le piaffer ou le travail de changements de pied, et sont plus que ces mouvements la preuve manifeste de la soumission du cheval aux doigts et aux jambes, parce que leur complication et leur difficulté d'exécution sont plus grandes. A ce titre, non seulement ils doivent être considérés comme appartenant à l'équitation savante ; mais encore ils sont la plus belle manifestation des qualités que la Haute École a pour but final et unique de donner au cheval, qualités qui sont une soumission aux aides et une facilité de mouvement nous permettant d'obtenir, avec le minimum de fatigue pour nous et le cheval, l'exécution immédiate de notre volonté, quelle qu'elle soit, aussi bien à l'extérieur qu'au manège.

Aussi est-on autorisé à dire qu'un mouvement rentre de droit dans le domaine de l'équitation savante, pourvu qu'il soit enseigné par les aides naturelles et que sa difficulté d'exécution soit suffisante pour lui permettre de concourir à donner à ces aides une domination absolue sur le cheval.

Tous les chevaux sains dans leur constitution peuvent être mis aux airs savants, mais tous n'y sont pas également aptes. Ceux qui sont lourds, bas de l'avant-main ou lymphatiques, deviennent plus difficilement brillants que les autres. Ceux qui sont plongés et longs dans leur dessus, mauvais dans leur rein et leurs jarrets, quinteux de caractère, sont ceux qui se défendent le plus. Il en est de même de ceux qui, ayant un certain âge, ont déjà des habitudes prises ; il leur en coûte de s'en départir et ils le montrent. Ils sont aussi plus difficiles à assouplir, ce en quoi ils nous ressemblent, car nous nous mettons plus facilement aux exercices physiques à quinze ans qu'à quarante.

Les juments de pur-sang présentent des difficultés particulières provenant de ce que, douées d'un système nerveux impressionnable à l'excès, elles s'irritent de se sentir prises entre des aides serrées et continuellement exigeantes. Mais cette susceptibilité même en fait les animaux les plus aptes à ce travail tout de délicatesse et d'impressions légères : elles saisissent les nuances des aides avec une vivacité et y répondent avec une instantanéité grâce auxquelles elles sont les sujets les plus précis qu'on puisse trouver. Mais il faut avouer qn'en raison de ces qualités mêmes, elles sont extrêmement difficiles à mener à bonne fin ; car, si leur nervosité n'est pas bien exploitée, elle les conduit à l'affolement et à l'écœurement.

La Haute École est naturellement régie par les mêmes principes que l'équitation courante dont elle n'est qu'un perfectionnement, mais elle en exige un respect encore plus strict, car le cheval peut se fausser d'autant plus facilement qu'il devient plus précis.

Les écueils les plus dangereux en Haute École sont l'acculement et la mise en arrière de la main et des jambes. Pour les éviter, il faut avant tout ne pas perdre de vue que :

1° Les mains doivent toujours agir par l'intermédiaire de l'impulsion, afin que ce ne soit qu'en obéissant à cette dernière que le cheval vienne chercher et recevoir le commandement du mors.

2° Tout mouvement sur place ou en arrière ne doit être enseigné qu'après le mouvement correspondant s'exécutant en avançant. Ainsi le piaffer et le passage en arrière ne devront être enseignés qu'après le passage ordinaire, de même que le galop sur place et en arrière ne sera travaillé sans danger que lorsque le cheval galopera en avant avec beaucoup d'impulsion.

On fera bien, pour ne pas égarer le cheval, de ne pas lui enseigner plusieurs mouvements à la fois ; ce qui n'empêche pas, bien entendu, lorsqu'on lui en apprend un nouveau, d'exécuter dans la même séance ceux qui lui sont déjà familiers. C'est même ainsi qu'il faut procéder pour que le cheval ne perde pas l'habitude des airs qu'il connaît et pour éviter de lui rendre fastidieux un travail qui ne consisterait qu'en l'étude exclusive d'une même chose.

Enfin, il ne faut pas perdre de vue que, pour avancer vite et sûrement, il faut donner des repos fréquents et être très progressif dans les exigences. On ne fait rien de bon avec un cheval qu'on a lassé : il se rebute et se défend.

En sauvegardant ces principes, je crois que tout bon cavalier, tenace et patient, peut arriver à dresser, peu ou prou, un cheval en Haute École, à condition, bien entendu, que le dressage à l'équitation courante soit complètement juste et terminé. Ce n'est qu'à ce moment que l'animal a le sentiment des aides et la souplesse nécessaires.

LE PASSAGE

Le passage est un trot extrêmement cadencé dans lequel le cheval marque un temps d'arrêt sur chaque diagonal en élevant les membres de l'autre diagonal et en les maintenant quelques instants au soutien. Le passage sera d'autant plus brillant que, dans l'antérieur au soutien, le bras se rapprochera plus de l'horizontale, le canon restant vertical, et que, dans le postérieur au soutien, le jarret sera mieux ployé, la pince du pied s'élevant jusqu'au-dessus du boulet du postérieur à l'appui. Cette élévation des pieds de derrière pourra être augmentée un peu, mais, en aucun cas, elle ne devra dépasser celle des pieds de devant, sans quoi le cheval semble prêt à tomber, au lieu d'avoir l'air de s'élancer puissamment en avant. C'est cette dernière attitude qui donne au passage tout son brillant ; elle exige que les gestes soient hauts, sans quoi cet air a un aspect flegmatique et rampé qui n'a ni qualité ni mérite et lui enlève toute sa raison d'être.

C'est toujours par le passage que je commence le dressage en Haute École ; il est une allure naturelle à laquelle on conduit facilement et rapidement le cheval déjà bien mis et assoupli.

LE PASSAGE

LE PASSAGE

MENTHOL. — Ch. h. — P. S. — *Par* Courlis *et* Marjo-
laine. — On remarquera dans ce cliché, comme dans le
suivant, la grande hauteur du diagonal au soutien. Le postérieur droit de Menthol est même un peu trop haut; il eût
été préférable que sa hauteur ne dépassât pas celle de l'antérieur gauche.

THÉO. — J¹. — 1/2 S. — *Par* Saint-Pair-du-Mont *et* une
fille de Colporteur. — Bien que la base de sustentation
paraisse étendue, cette jument est très légère au passage,
tout en s'y impulsionnant très vigoureusement : elle a donc,
dans cette position, toutes les qualités que donne le rassembler; ce fait et quelques autres analogues me donnent à
penser que chez certains chevaux, chez ceux, en particulier,
qui ont le dos quelque peu plongé et qui jouissent de beaucoup
d'énergie, ce qui est le cas ici, le rassembler et ses avantages
s'obtiennent sans modification très apparente de la base de
sustentation.

Je suppose que le trot ait déjà été cadencé, soit par le balancement des aides diagonales, soit par les contre-changements de main serrés, comme je l'ai expliqué lorsque j'ai parlé de la cadence du trot. Obtenir le passage n'est plus qu'un jeu à ce moment. Les aides, en dehors de la plus grande précision à leur apporter, sont exactement les mêmes que celles par lesquelles on cadence le trot ; aussi n'y reviendrai-je pas. Les jambes doivent seulement être plus impulsives et les doigts plus fermes dans leurs reprises, ces aides concordant entre elles avec une décision et un à-propos plus complets. L'assiette doit aussi être extrêmement souple pour charger ou dégager à temps chaque postérieur. Le cheval ainsi balancé augmente de plus en plus la cadence et l'impulsion de ses gestes et en vient à détacher un premier pas de passage. Tâchez de bien saisir ce résultat fugitif, rendez aussitôt et caressez. Recommencez deux ou trois fois le même travail en récompensant dès que vous avez obtenu un pas, deux au plus, et renvoyez à l'écurie. La leçon suivante qui devra, autant que possible, se donner dès le lendemain, devra commencer par des allures vives destinées à détendre le cheval, puis par un travail assez serré sur deux pistes. Quand votre cheval se laissera bien rassembler, remettez-le au même travail que la veille. Ne cherchez encore à obtenir qu'un ou deux pas de passage ; n'en demandez davantage que lorsque vous sentirez que votre cheval s'équilibre adroitement et se livre bien dans son geste.

Lorsque vous arriverez à soutenir le passage pendant quatre ou cinq pas, votre but doit changer. Vous avez

cherché à établir l'animal dans un équilibre particulier ;
vous y êtes arrivé puisque cet équilibre se maintient
pendant plusieurs mètres. Il faut maintenant en profiter
pour perfectionner le geste. Le plus souvent, les premiers pas sont bien écoutés, mais manquent d'élévation
parce que le cheval ne se trouve pas assez assuré pour
se détacher de terre autant qu'il le faudrait. On est arrivé
à un petit passage dont on se contente quelquefois, mais
à tort, et qu'il faut considérer comme tout à fait insuffisant :
ce n'est qu'un début ; il reste à forcer le geste à acquérir
de l'élévation et de la décision. C'est là que le passage
devient réellement un air savant, car le cavalier ne peut
être guidé que par son tact, et la méthode est inapte à
expliquer le rapport, si infiniment variable, des intensités
des aides.

En principe, cependant, on peut dire que si l'arrière-
main traîne, on arrivera à le relever en le dégageant un
peu ; il faudra, par conséquent, donner plus d'influence
aux jambes, moins asseoir le cheval et laisser l'encolure
s'abaisser légèrement. Si les antérieurs, au contraire, ne
s'élèvent pas assez, il faudra renfermer le cheval dans un
rassembler plus énergique. La difficulté est d'élever les
antérieurs sans abaisser les postérieurs et réciproquement ; c'est-à-dire, d'obtenir une harmonie complète
entre l'avant-main et l'arrière-main. Pour y arriver, le
tact et le sentiment du cheval sont les seuls guides et les
seuls maîtres.

On ne devra être satisfait du résultat obtenu que lorsque le passage sera très élevé, très écouté, les foulées
étant absolument isochrones et couvrant peu de terrain.

Certains chevaux présentent plus de difficultés que d'autres, mais tous, pourvu qu'ils puissent se servir de leurs quatre jambes, sont susceptibles de donner un passage correct, sinon brillant.

LE PASSAGE SUR DEUX PISTES

Le passage s'obtient sur deux pistes en combinant les aides qui déterminent le passage direct avec celles qui produisent la marche sur deux pistes.

Chez des chevaux particulièrement délicats dans leur rassembler et surtout chez les juments de pur sang, un simple déplacement de l'assiette, du côté vers lequel on veut progresser, suffit à entraîner l'arrière-main ; cela permet aux deux jambes d'agir avec la même intensité ; il en résulte plus d'entente et d'égalité dans les gestes.

Les rênes extérieures (gauches si l'on va de gauche à droite), agissent par opposition, et les rênes intérieures directement, comme dans le travail ordinaire sur deux pistes.

Ce mouvement est difficile à obtenir très correct ; il ne l'est, le plus souvent, qu'avec les chevaux assez impressionnables pour que l'assiette arrive seule à déplacer latéralement l'arrière-main.

Le travail sur deux pistes peut être entièrement exécuté au passage. Par des contre-changements de main de plus en plus serrés sur deux pistes, on arrive à donner au passage un balancement rythmé qui est d'un effet excessivement gracieux.

LE PIAFFER

Le piaffer n'est autre chose que le passage exécuté sur place.

Le piaffer correct (qu'il ne faut pas confondre avec le piaffer dépité, sorte de trépignement rapide et sans beauté) est lent, élevé et très écouté. Il est le dernier mot du passage et en possède à l'extrême toutes les beautés comme aussi toutes les difficultés.

J'obtiens le piaffer en raccourcissant progressivement le passage ; pour cela, j'augmente le rassembler en enfermant le cheval dans des aides plus énergiques, et je recule l'assiette. Le rassembler étant très grand, le recul de l'assiette empêche la masse d'être entraînée en avant et le mors renvoie constamment l'impulsion vers l'arrière-main, en sorte que l'animal se meut sur place.

Les chevaux ne sont pas tous susceptibles de donner un beau piaffer, car cet air exige de la part des angles moteurs de l'arrière-main et particulièrement des jarrets et des boulets une détente extrêmement puissante.

A propos du piaffer, je rappellerai que l'on ne doit jamais se servir de l'éperon comme aide ; cela est encore plus vrai en Haute École qu'en équitation courante. Si l'on a su donner la leçon des jambes et si l'on n'a employé l'éperon que pour corriger l'indolence, la sensibilité aux jambes est parfaite et l'on n'a jamais besoin de recourir à une aide aussi irritante que l'éperon. Certains auteurs

LE PIAFFER

LE PIAFFER

MENTHOL. — Ch. h. — P. S. — *Par* Courlis *et* Marjo-
laine.

MARSEILLE II. — J^t. — P. S. — *Par* Val *ou* Baudres *et*
Mina.

prétendent que c'est la seule manière de donner du brillant aux gestes ; j'affirme formellement le contraire et j'en puis donner des preuves. D'ailleurs, ces auteurs se reconnaissent inaptes à dresser des juments de pur sang ; c'est dire le défaut et l'immense désidératum de leur méthode puisqu'elle devient d'une application impossible avec les sujets qui, pour être les plus délicats, sont aussi les plus parfaits.

Il est un certain nombre de difficultés qu'on rencontre presque toujours en enseignant le piaffer et qui proviennent toutes de ce que le cheval cherche à éviter à son arrière-main l'engagement considérable qui est nécessaire à l'exécution de cet air.

Quelquefois le cheval essaie de désobéir à la main pour décharger les propulseurs. Cette défense se corrige en remettant immédiatement en main et en répétant fréquemment les demandes de piaffer.

Les autres difficultés qu'on peut rencontrer consistent soit dans un déplacement latéral des hanches, soit dans le reculer. Ces tendances sont les plus difficiles à vaincre parce que le cheval trouve réellement un soulagement dans sa faute. Si les hanches s'échappent de côté, il faudra d'abord ne les redresser que par les jambes ; mais si le cheval s'obstine trop longtemps à commettre cette faute, on le châtiera à l'éperon.

Si le cheval recule, il faut le pousser de suite en avant par l'action simultanée des deux jambes, le remettre au passage et redemander le piaffer. L'animal en vient à trouver moins de plaisir dans sa faute que d'ennui dans la correction qu'elle lui vaut.

On doit, comme pour le passage et tous les airs difficiles, ne demander que peu de chose, au début, pour
laisser le cheval se familiariser avec l'équilibre qu'on lui
impose. On n'exigera que progressivement la puissance
et la continuité du mouvement.

PASSAGE EN ARRIÈRE

Le passage en arrière est un des airs les plus difficiles
qu'on puisse obtenir ; on peut s'en rendre facilement
compte en considérant que les propulseurs, qui exécutent
déjà péniblement le reculer simple, ont encore bien plus
à faire ici puisqu'ils ont à donner une détente énergique
pour marquer la cadence et l'élévation du passage. Le
geste de chaque diagonal s'exécute d'abord comme si le
pas allait se faire en avant ; ce n'est que lorsque le diagonal au soutien marque son arrêt, qu'il est saisi par les
aides et l'assiette et ramené en arrière pour prendre son
appui.

Cet air s'obtient par les mêmes aides que le piaffer,
mais avec un rassembler encore plus intense ; les doigts
sont plus décisifs aussi dans leur action, de manière à ce
que l'impulsion rebondisse, en quelque sorte, du mors
vers les hanches pour rejeter la masse en arrière.

Enfin, contrairement à ce qui est de règle dans le
reculer simple, l'assiette doit être assez en arrière pour
que les jarrets, engagés sous le centre, puissent élever
l'avant-main et balancer la masse.

Il est des écuyers qui exécutent ce mouvement sans se servir de leurs rènes, sous prétexte que le rassembler est si intense, que l'assiette suffit seule à entraîner la masse en arrière. J'avoue ne guère estimer ce procédé qui me semble faux et irrationnel. Qu'est-ce donc, en effet, que ce rassembler dans lequel le cheval s'enferme sans que les rênes l'y contraignent ? C'est de la mise en dedans et même en arrière de la main puisque, les jambes agissant, le cheval ne s'échappe pas en avant, bien que le mors ne l'en empêche pas. Quelle que soit la délicatesse du rassembler, il ne doit être obtenu que parce que, grâce à l'impulsion, le cheval vient sur la main qui maintient cette impulsion, la condense et la distribue dans tel sens et avec telle intensité qu'il lui plaît.

Cette justesse du rassembler est même un des points les plus difficiles à obtenir avec un animal qu'on travaille beaucoup en Haute École, car, à force d'être maintenu dans des allures très hautes et dans un engagement fréquent et prononcé des postérieurs, il finit, si l'on n'y prend pas garde, par se renfermer dans cette position par la seule action des jambes. C'est ainsi qu'on arrive au reculer et à toute une série de mouvements exécutés sans rênes. Ceux qui obtiennent ces résultats ne se rendent pas compte que, bien loin d'avoir vaincu une difficulté, ils se sont laissé vaincre par elle en cédant simplement à une tendance de leur cheval; leur travail est contraire aux bonnes règles, car, je le répète, les jambes ou l'impulsion naturelle ne peuvent et ne doivent commander par elles-mêmes que le mouvement en avant.

Un pareil ouvrage est digne tout au plus de ces dresseurs,

justement critiqués par Fillis, qui apprennent le pas espagnol en tirant avec des cordes les jambes de leur cheval ou qui le dressent au passage en lui attachant au boulet des morceaux de bois qui, retombant douloureusement sur la couronne, le forcent à lever les jambes comme un chien à qui l'on marche sur la patte.

Donc, pour en revenir au passage en arrière, non seulement on ne devra pas chercher à l'obtenir par la seule influence de l'assiette, mais encore, si le cheval cherche à s'échapper en arrière en quittant la main, on devra le reporter immédiatement en avant pour lui faire reprendre le mors. Cette règle est générale et ne souffre aucune exception.

Le passage en arrière est très délicat et très fatigant pour le cheval; aussi, ne devra-t-on pas le lui demander avant qu'il soit pleinement confirmé dans le passage et le piaffer.

PIAFFERS BALLOTTÉS

Le piaffer ballotté ordinaire se compose de foulées successives comportant chacune un pas de passage en avant suivi d'un pas de passage en arrière, chaque diagonal prenant toujours son appui à la même place. Le cheval a ainsi un mouvement de va-et-vient qui le ballotte d'avant en arrière et d'arrière en avant.

Comme dans le passage ordinaire, le diagonal qui recule ne le fait qu'après avoir marqué son geste en l'air, comme si l'on allait continuer à passager en avant.

On peut exécuter ce mouvement de deux façons ; soit que le diagonal droit prenne son appui en avant et que le diagonal gauche prenne le sien en arrière ; soit, au contraire, que le diagonal gauche se mette à l'appui en avant et le diagonal droit en arrière.

Ce piaffer ballotté et quelques autres qui comportent comme lui le même nombre de temps en avant et en arrière, depuis le commencement jusqu'à la fin, sont, je crois, les seuls qui aient été exécutés jusqu'à ce jour. J'en ai imaginé un, plus savant et plus difficile, à cause du changement constant de la cadence ; il consiste à faire d'abord, par exemple, trois pas de passage en avant attaqués par le diagonal gauche, un pas de piaffer et trois pas de passage en arrière. Le pas de piaffer est destiné à permettre d'attaquer le passage en arrière par le même diagonal que le passage en avant. Lorsque le nombre de pas exécutés est pair, il faut, pour obtenir le même résultat, faire deux pas de piaffer ou attaquer de suite le passage en arrière sans intercaler de piaffer. Ayant ainsi obtenu une série de trois pas attaquée par le diagonal gauche, j'en demande une de deux pas en l'attaquant par le diagonal droit. Le dernier pas de la série précédente ayant été fait par le diagonal gauche, le diagonal droit peut entamer immédiatement le passage en avant ; je fais deux pas à cette allure, puis deux pas de passage en arrière. Enfin, j'exécute un pas de piaffer pour pouvoir me reporter en avant par le diagonal gauche, un pas de passage en avant en partant de ce diagonal, un pas de piaffer et un pas de passage en arrière. Je repasse ensuite à la série de deux pas, puis à celle de trois et ainsi de suite.

En faisant abstraction des pas de piaffer, le cheval fait donc, en résumé, trois pas en avant et trois en arrière, attaqués par un diagonal ; deux en avant, deux en arrière, attaqués par l'autre diagonal ; un en avant, un en arrière ; puis, de nouveau, deux en avant et deux en arrière, trois en avant et trois en arrière et ainsi de suite. Dans chaque série, le passage en avant est attaqué par le même diagonal que le passage en arrière ; mais, ce diagonal change d'une série à l'autre ; ce double résultat est obtenu en intercalant un pas de piaffer lorsque c'est nécessaire.

Je ne crois pas qu'il soit donné à un cheval d'exécuter quelque chose de plus difficile ni de plus précis.

PIROUETTES AUX PASSAGE & PIAFFER

Ces airs consistent à exécuter la pirouette renversée en faisant piaffer l'avant-main et passager l'arrière-main sur son mouvement circulaire ; ou bien à exécuter la pirouette en faisant tourner l'avant-main au passage autour de l'arrière-main restant au piaffer.

Ces pirouettes ne doivent être demandées que lorsque le cheval est très confirmé au passage sur deux pistes et au piaffer. Pour les exécuter, je pars du piaffer puis je mobilise soit les épaules soit les hanches suivant que je veux exécuter une pirouette ou une pirouette renversée. La première est beaucoup plus difficile que la seconde, parce que le mouvement circulaire en passageant donne plus de peine à l'avant-main qu'à l'arrière-main.

Un exercice méritoire et très gracieux consiste à faire alterner les pirouettes et les pirouettes renversées, chacune décrivant un demi-cercle.

PIROUETTES LES PIEDS CROISÉS

On peut exécuter les pirouettes renversées sans que les pieds de devant bougent. Pour cela, le placer doit être absolument droit, afin qu'un antérieur n'ait pas plus de raison de se lever que l'autre. Après avoir chargé les épaules, comme dans la pirouette renversée ordinaire, pour dégager l'arrière-main et fixer l'avant-main, on demande le mouvement en rendant une jambe plus agissante que l'autre. Dès qu'un pied de devant bouge, on arrête et on ne redemande le mouvement que lorsque les deux pieds se sont remis exactement à la même hauteur. Lorsque l'arrière-main s'est déplacé d'un ou deux pas, sans que les pieds de devant se soient levés, on caresse puis on continue. On arrive ainsi assez vite à faire comprendre au cheval qu'il doit laisser ses jambes de devant se croiser le plus longtemps possible.

Cet air n'a rien de brillant ni de difficile et ne mérite guère qu'on y dépense du temps et de la peine.

La pirouette peut, elle aussi, s'exécuter en croisant les pieds de derrière. La manière de procéder est la même ; mais, en raison de la difficulté qu'éprouve l'avant-main à se déplacer latéralement, les résultats sont moins rapides. Ils sont, du reste, tout aussi peu intéressants.

JAMBETTES

La jambette consiste dans l'extension horizontale d'un antérieur.

On l'enseigne ordinairement à pied en donnant de légers coups de cravache sur la jambe qu'on veut faire lever. Dès que le cheval, agacé, gratte le sol, on le récompense ; peu à peu, il en vient à lever la jambe sans marquer d'impatience et par obéir aux indications de la cravache par lesquelles on essaie de maintenir l'antérieur étendu et horizontal. J'avoue que ce procédé m'a toujours semblé singulièrement dépourvu d'élégance ; aussi ne l'employai-je plus jamais, préférant demander ce mouvement par des aides naturelles ; voici comment je m'y prends. Je commence par balancer au pas mon cheval dans les aides diagonales ; jambe droite, rêne gauche d'opposition et rêne droite directe, quand l'antérieur gauche se porte en avant ; jambe gauche, rêne droite d'opposition et rêne gauche directe, quand c'est l'antérieur droit. On verra plus loin que ce sont précisément les aides du pas espagnol. Au bout de fort peu de temps, le cheval règle son pas sur ces actions des aides, en sorte que, si deux aides diagonales prolongent leur action, le pas correspondant se fait aussi plus lentement et si, à un moment donné, ces aides marquent un arrêt, les membres en suspens le marquent aussi, se tenant prêts à terminer le pas dans lequel ils sont engagés, dès que les aides le permettront.

Lorsque j'obtiens facilement que le cheval au pas suspende un instant le mouvement de l'antérieur au soutien, il faut encore, pour obtenir la jambette : 1° que cette suspension puisse s'obtenir, les trois autres membres restant à l'appui ; 2° que l'antérieur en suspens s'élève ; 3° qu'il s'étende.

Pour obtenir la suspension à l'arrêt, je la demande d'abord en marchant comme je viens de l'expliquer, puis, au moment où elle se produit, j'arrête complètement le cheval, tout en conservant une certaine prépondérance aux aides diagonales qui ont obtenu la suspension. Au bout de quelque temps cet exercice amène l'antérieur à rester en l'air, après que l'arrêt s'est produit, puis enfin à quitter le sol sans mise en marche préliminaire ; reste alors à obtenir l'élévation et l'extension. Pour obtenir l'élévation, j'augmente simplement la puissance des aides ; le cheval, renfermé plus énergiquement, élève le membre au soutien. Si, à ce moment, je demande la mise en marche, cet antérieur s'étend en avant pour recevoir la masse : c'est un acheminement vers l'extension que je cherche. Pour la compléter, j'exécute plusieurs fois cet exercice, puis, lorsque je sens que mon cheval m'écoute bien, je le reprends au moment où la mise en marche va devenir effective et je le maintiens à l'arrêt. Il faut fort peu de temps pour que le cheval arrive à conserver partiellement l'extension qu'il avait commencée ; je le caresse alors et je le laisse reposer. Une étude assez courte suffit pour que cette extension devienne complète et accompagne toujours l'élévation, lorsque je la demande.

Il sera bon de faire d'abord ce dressage pour un seul antérieur et de ne passer à l'autre que quand le premier donnera de la jambette très correcte.

Ce dressage est plus rapide et plus équestre que celui qui se fait par la cravache ; mais il est assurément plus difficile, comme cela arrive souvent lorsqu'on utilise logiquement les aides au lieu de recourir à un truquage.

Cette manière de faire a en outre le grand avantage de préparer en même temps le cheval au pas espagnol, au point que cet air s'obtient ensuite tout naturellement et sans presque exiger de nouveau dressage.

PIROUETTE RENVERSÉE SUR TROIS JAMBES

Cette pirouette s'exécute comme la pirouette renversée ordinaire, mais en maintenant tout le temps l'antérieur interne dans l'extension.

Étant arrêté, si je veux exécuter cette pirouette de gauche à droite, je demande la jambette à droite puis j'augmente l'action de ma jambe gauche ; pour rendre l'équilibre plus sûr et faciliter ainsi le mouvement, je m'assois de manière à charger le postérieur à l'appui. Peu à peu le cheval donne un pas de pirouette, puis deux, puis davantage jusqu'à décrire avec son arrière-main un cercle complet autour de son avant-main.

LA PIROUETTE RENVERSÉE
SUR TROIS JAMBES

LA PIROUETTE RENVERSÉE
SUR TROIS JAMBES
(de droite à gauche.)

MARSEILLE II. — J^t. — P. S. — *Par* Val *ou* Baudres *et* Mina. — L'antérieur gauche est dans l'extension pendant tout le temps que dure le mouvement. Le postérieur droit se porte en avant et à gauche du postérieur gauche afin de faire tourner l'arrière-main de droite à gauche autour de l'antérieur droit.

L'antérieur gauche est resté dans l'extension, mais le postérieur gauche se porte à son tour à gauche pour recevoir l'arrière-main dans son mouvement de rotation.

PAS ESPAGNOL

Le pas espagnol ne diffère du pas ordinaire qu'en ce qu'au lieu de se mouvoir très près de terre, les antérieurs marquent leur soutien en s'étendant horizontalement dans la jambette.

Pour que cet air soit beau, il faut que les antérieurs s'étendent très haut et complètement, en conservant leur extension jusqu'au moment de leur appui.

Le cheval donnant bien la jambette, il est facile de lui enseigner le pas espagnol. Pour cela, il faut lui demander une jambette et, au moment où il la donne, le pousser en avant en le prenant également dans les deux jambes.

La mise en marche aura pour effet de déterminer l'appui du membre qui donnait la jambette, en avant de l'autre : c'est un premier temps. Après avoir bien caressé le cheval, on lui fera exécuter le même travail avec l'autre jambe; c'est un second temps. Quand ces deux temps sont donnés correctement, il reste à les lier l'un à l'autre. Pour y arriver, il faut diminuer progressivement l'espace qui les sépare. Le cheval en vient vite à donner deux pas bien liés. On lui en demandera ensuite davantage en n'en augmentant le nombre qu'autant que ceux qu'on obtient sont tous corrects en hauteur et en extension.

Dans ce mouvement, comme du reste dans tous ceux qui comportent l'extension des antérieurs, il ne faut pas craindre de donner un certain appui sur le filet afin de soutenir cette extension.

Les aides du cavalier sont exactement les mêmes que celles à employer pour obtenir la jambette du membre qui se porte en avant ; par conséquent, elles s'inversent à chaque pas. Entre l'action des aides diagonales droites et celle des aides diagonales gauches, il faut exécuter une remise de main pendant que, la jambette se terminant, l'antérieur au soutien s'abaisse pour prendre son appui.

La cadence de ce mouvement doit être très lente et très écoutée ; il faut aussi que les extensions et élévations s'exécutent avec une certaine brusquerie, mais que l'abaissement du membre au soutien se fasse moelleusement ; donc l'action des aides diagonales aura à se faire sentir avec décision, tandis que les remises de mains devront être très progressives et se faire comme à regret.

Ce n'est qu'à la condition d'avoir ces qualités de hauteur, d'extension et de cadence que cet air est vraiment gracieux et qu'il a quelque mérite.

Le cheval l'exécute facilement et s'entraîne vite à le soutenir longtemps sans fatigue. Cette facilité même est cause que je n'enseigne la jambette et le pas espagnol qu'après le passage et le piaffer. J'en ai été amené là par l'expérience, car il arrive souvent que le cheval auquel on enseigne le passage cherche à se mettre malgré son cavalier au pas espagnol, si on le lui a appris. Comme ce mouvement est facile et comme, d'autre part, les aides qui le commandent sont presque les mêmes

LE PAS ESPAGNOL

LE PAS ESPAGNOL

MARSEILLE II. — J^t. — PS. — *Par* Val *ou* Baudres *et* Mina. — L'antérieur gauche s'élève et s'étend pendant son soutien avant d'aller prendre son appui en avant de l'antérieur droit qui, à son tour, fera de même. La distance qui sépare les points d'appui du diagonal à l'appui permet de juger la longueur de la foulée. Avec un cheval bien créancé, le cavalier doit pouvoir faire varier cette longueur comme il veut. Le pas demandé à Marseille II est très long ; celui demandé à Bangkok est plus court.

Inutile de dire que ces mouvements sont enseignés seulement par les aides normales : doigts, jambes et assiette, sans travail à pied ni cravache.

BANGKOK. — Ch. h. — PS. — *Par* Florestan *et* Birmanie.

LE PAS ESPAGNOL EN ARRIÈRE

LE PAS ESPAGNOL EN ARRIÈRE

MARSEILLE II. — J¹. — PS. — *Par* Val *ou* Baudres *et*
Mina. — L'antérieur gauche s'est étendu et élevé avant de se
porter en arrière de l'antérieur droit. Le postérieur droit recule
comme dans le reculer ordinaire.

que celles du passage, le cheval étend les jambes à toute demande de passage et l'on met quelquefois très long-temps à l'en empêcher. Le plus sûr est de ne lui apprendre les jambettes que lorsqu'on l'a déjà assez affiné en travaillant les airs savants, pour qu'il se mette exacte-ment dans l'équilibre demandé par les aides.

Le pas espagnol s'exécute en arrière d'après les mêmes principes qu'en avançant ; il suffit de demander le reculer après chaque jambette. Ce mouvement est assez gra-cieux, mais il exige beaucoup d'à-propos dans les reprises de mains et dans l'assiette.

PAS ESPAGNOL DOUBLÉ

J'ai imaginé un pas espagnol plus intéressant et plus difficile que celui qu'on exécute habituellement. Il con-siste à obtenir deux jambettes de la même jambe dans le même pas. C'est-à-dire que, si le cheval vient de donner, par exemple, la jambette de l'antérieur droit, je le lui laisse mettre à l'appui, mais au lieu de le laisser se porter en avant pour élever sa jambe gauche, je lui fais de nouveau exécuter la jambette à droite. Après cette seconde jambette, je fais faire le pas à gauche en deman-dant aussi deux fois de suite l'élévation de la jambe gauche et ainsi de suite. Au lieu de demander deux jambettes sur chaque pas, on peut en demander trois ou même davantage.

Pour que ce mouvement soit bien fait et utile, il faut que le cheval termine chaque jambette et pose son pied à terre, comme si on allait demander le pas et la jambette de l'autre membre. Ce n'est qu'à cette condition que cet exercice a tout son mérite qui est de faire mouvoir le cheval non par routine, mais par le jeu des aides, et toute son utilité qui est de créancer le cheval en exigeant qu'il écoute son cavalier avec une extrême attention. Pour arriver plus sûrement à ces résultats, on pourra même demander, à chaque pas, un nombre différent de jambettes, sans suivre aucun ordre, de manière à ce que le cheval n'ait pas d'autres indications que celles des aides.

TROT ESPAGNOL

Le trot espagnol a le même mécanisme que le trot ordinaire mais avec extension des antérieurs.

Pour l'obtenir, je ne me sers pas plus de l'éperon que dans le pas espagnol ; c'est dire que je ne m'en sers pas du tout. Je mets mon cheval au pas espagnol, puis, lorsque je veux demander le trot espagnol, j'augmente l'action de mes jambes jusqu'à l'obtention du trot. Le cheval s'engage dans cette allure au bout de fort peu de temps, si ce n'est la première fois, en donnant une demi-jambette. Je reprends alors aussitôt le pas en caressant et en rendant. J'arrive progressivement à obtenir quatre ou cinq foulées accompagnées de cette jambette peu élevée. A partir de ce moment, je m'emploie à donner plus d'élévation aux gestes. Pour cela, je stimule davantage l'impulsion par mes jambes et je résiste plus fermement dans

mes doigts. L'excédent d'impulsion, ne pouvant s'échapper en avant, provoque une élévation que je ne tiens
pour suffisante que lorsqu'elle atteint l'horizontalité complète.

Comme on le voit, les mains et les jambes agissent
exactement de même que dans le pas espagnol ; mais
l'assiette doit différer. Si, en effet, nous considérons la
foulée de l'antérieur gauche, par exemple, dans le pas espagnol, nous voyons que c'est pendant le deuxième appui
que cet antérieur est dans la jambette complète ; à ce
moment, le postérieur droit est à terre. Dans ces conditions, l'assiette facilite le mouvement en se portant
en arrière et à droite, car elle produit une sorte de
mouvement de bascule qui aide l'élévation de l'antérieur [1].

Il n'en est plus de même pour le trot espagnol, où
l'antérieur gauche est dans la jambette, lorsque le postérieur droit est au soutien. Si l'assiette se portait en ce
moment en arrière et à droite, elle précipiterait l'appui
du postérieur droit et risquerait de disloquer l'allure,
ou, tout au moins, la gênerait. Pour cette raison, le
cavalier doit s'asseoir pendant la jambette à gauche sur
le postérieur gauche. Comme ce membre est à l'appui,
il n'est pas gêné par cette surcharge qui le met, au contraire, en bonne situation pour projeter la masse par sa
détente. Au moment de la jambette de l'antérieur droit,
l'assiette se portera à droite et ainsi de suite ; ces dépla-

---

1. Si le pas espagnol est exécuté par diagonaux associés, comme on le préfère quelquefois, l'assiette s'utilise comme dans le passage et pour les mêmes
raisons.

cements doivent, bien entendu, devenir, comme toujours, très restreints et absolument discrets. L'emploi de l'assiette est donc le même pour le trot espagnol que pour le trot cadencé ou que pour le passage. De son à-propos et de sa justesse dépend, en grande partie, la bonne exécution de ce mouvement.

Le trot espagnol qui est un air puissant et gracieux est aussi un des plus faciles à obtenir avec un cheval énergique.

PASSAGE ESPAGNOL

Cet air est, au contraire, un des plus difficiles et un de ceux qui exigent de la part du cheval le plus d'impulsion et de souplesse et de la part du cavalier le plus de tact et de précision.

Je ne puis mieux le définir qu'en disant qu'il diffère du passage ordinaire seulement par le geste des antérieurs qui s'étendent horizontalement au lieu de s'arrondir.

Je vais tâcher d'expliquer comment j'obtiens ce mouvement. Le cheval étant au trot espagnol, j'augmente le rassembler par une action plus pressante des jambes et plus ferme des rênes tout en continuant de me servir de celles-ci, comme je l'ai expliqué pour le trot espagnol. Le cheval est ainsi sollicité de donner les extensions ; mais, en même temps, étant lancé plus énergiquement sur la main, il se produit, comme dans le passage, un arrêt, une élévation des postérieurs et un fort raccourcissement de la foulée. Peu à peu et au fur et à mesure que le cheval s'y prête, je prolonge chaque effet diagonal de manière à prolonger aussi le temps de suspension. J'use de mon assiette, comme dans le trot espagnol, en chargeant le postérieur qui se met à l'appui pour dégager l'autre.

Au reste, l'étude des difficultés que le cheval éprouve à donner cet air indiquera, mieux que toute explication, les aides à employer pour le soulager :

1° Difficulté de raccourcir les foulées en donnant la jambette ; d'où nécessité d'un extrême rassembler.

2° Difficulté d'élever les postérieurs malgré la grande élévation des antérieurs ; il en résulte, pour l'assiette, la nécessité absolue de surcharger le postérieur à l'appui.

3° Difficulté de prolonger les temps de suspension a cause de l'entraînement dû à l'extension des antérieurs ; d'où, nécessité d'un appui assez soutenu sur la main.

Ce mouvement, qui semble moins compliqué comme gestes que les piaffers ballottés dont j'ai parlé, est cependant tout aussi difficile, à cause de l'équilibre spécial et très particulier que le cavalier doit obtenir et que le cheval doit prendre.

Je crois que je suis le premier à avoir exécuté cet air. C'est une jument de pur-sang, Mademoiselle d'Etiolles, ex-Panouillère, par Clocher et Pompadour, qui me l'a donné pour la première fois. Après une étude longue et souvent orageuse, elle est arrivée à l'exécuter avec cette élasticité et cette souplesse dont les juments de pur-sang et quelques sujets mâles, très rares, sont seuls susceptibles.

PASSAGE ORDINAIRE
ET PASSAGE ESPAGNOL ALTERNÉS
PAR FOULÉES OU PAR DIAGONAUX

Cet exercice ne doit se demander que lorsque le cheval est bien confirmé à ces deux passages ; il consiste soit à faire exécuter successivement plusieurs pas complets au passage ordinaire, puis le même nombre de pas au passage espagnol en continuant cette alternance pendant quelque temps ; soit à faire exécuter le passage ordinaire par un diagonal et le passage espagnol par l'autre diagonal.

Cette seconde manière est plus difficile et plus méritoire que la première parce qu'elle exige que le cheval change son équilibre à chaque foulée ; mais elle constitue un des airs les plus élégants qu'on puisse imaginer.

BALANCER DE L'AVANT-MAIN

Ce mouvement, très facile à obtenir, est assez gracieux ; il s'exécute soit à l'arrêt soit au pas. Pour l'obtenir sur place, il n'y a qu'à demander la jambette de l'antérieur droit, par exemple ; puis, lorsque cet antérieur se lève, il faut porter les deux poignets à droite. Il en résulte un déplacement de l'avant-main vers la droite ; en le ramenant ensuite vers la gauche de la même manière

et en continuant le mouvement, on obtient un balancement cadencé de l'avant-main très agréable à l'œil.

Pour exécuter cet air en marchant, on n'a qu'à mettre
le cheval à un pas espagnol peu élevé et à pousser
l'avant-main alternativement vers la droite et vers la gauche par le déplacement des poignets. On doit arriver à
obtenir au moins un mètre d'écart entre les points d'appui des antérieurs.

BALANCER DE L'ARRIÈRE-MAIN

Le balancer de l'arrière-main est analogue à celui de
l'avant-main. Si l'on est arrêté, pour obtenir un pas de
balancer des hanches de droite à gauche, il faut d'abord
s'asseoir à droite et agir de la jambe gauche. Le cheval
est ainsi amené, pour commencer, à dévier ses hanches
vers la droite et, comme l'assiette est à droite, il lèvera le
postérieur gauche en le rapprochant du droit ; à ce moment précis, la jambe droite deviendra prépondérante et
l'assiette se portera à gauche en sorte que les hanches
seront refoulées vers la gauche. Le premier pas sera
ainsi obtenu. Pour obtenir le second, il faut continuer la
prépondérance de la jambe droite jusqu'à ce que le postérieur droit soit revenu contre le gauche et, à ce moment, avant qu'il n'ait repris son appui, s'asseoir à droite
en rendant la prépondérance à la jambe gauche et ainsi
de suite.

Ce mouvement est plus difficile que celui des épaules
parce qu'il exige beaucoup plus de souplesse dans l'assiette et d'à-propos dans les jambes.

On met un certain temps avant d'obtenir que le cheval lie bien les deux premiers pas de l'avant-main et surtout de l'arrière-main ; mais, quand ce résultat est obtenu, on arrive vite à prolonger longtemps les balancers, car ils ne sont ni fatigants ni compliqués comme équilibre.

PASSAGES BALANCÉS

Du balancer des épaules et des hanches, j'ai déduit un passage balancé auquel ces mouvements servent d'acheminement : l'avant-main s'y comporte comme dans le balancer des épaules et l'arrière-main, qui ne se meut pas, il est vrai, comme dans le balancer des hanches, est néanmoins bien préparé par ce mouvement au balancer spécial qui va lui être demandé.

Cet air consiste à faire passager le cheval en le lançant parallèlement à lui-même de gauche à droite pour mettre le diagonal droit à l'appui, et de droite à gauche pour y mettre le diagonal gauche.

Pour bien comprendre ce mouvement, supposons le cheval au passage ordinaire, le diagonal droit, par exemple, étant au soutien ; si, à ce moment, on projette toute la masse de gauche à droite, l'antérieur droit va aller se poser à droite de sa piste primitive et le postérieur gauche viendra se poser à droite de la piste du postérieur droit. Au moment où le diagonal droit se met à l'appui, l'antérieur gauche vient marquer son temps de suspension à gauche de l'antérieur droit, et le postérieur droit en fait autant à droite du postérieur gauche : un premier pas est obtenu, celui de gauche à droite. Si, maintenant, on projette la masse de droite à gauche, l'antérieur gauche va se poser à gauche de sa piste primitive et le postérieur droit vient se poser à gauche du postérieur gauche; puis l'antérieur droit revient marquer son temps de suspension à droite de l'antérieur gauche et le postérieur gauche revient marquer le sien à gauche de son congénère; c'est le second pas, celui de droite à gauche. Les pas se succèdent ainsi en donnant au cheval un balancement extrêmement moelleux et brillant que je ne saurais mieux comparer qu'à celui du patineur qui fait un « dehors » à chaque coup de patin.

On voit donc que les antérieurs décrivent sensiblement les mêmes pistes que dans le balancer des épaules en marchant; mais les postérieurs chevalent l'un par-dessus l'autre et inversent leurs pistes, le postérieur droit décrivant la sienne à gauche de l'axe de la marche, et le postérieur gauche la décrivant à droite de cet axe.

De cette étude, on peut déduire facilement les aides à employer. Supposons encore le cheval au passage ordinaire, le diagonal droit étant au soutien. Dès que le temps de suspension de ce diagonal est obtenu, au lieu de faire la remise de main d'arrière en avant, j'oppose légèrement ma rêne gauche et je fais sentir ma rêne droite directe; pendant ce temps, j'accentue la position de mon assiette à droite et l'action de ma jambe gauche. On voit donc que le mouvement du diagonal droit et les aides à employer sont exactement les mêmes que lorsque ce diagonal va effectuer son appui dans le passage sur deux pistes, de gauche à droite. Il en est de même pour le diagonal gauche, qui se comporte de la même manière et sous l'action des mêmes aides que pour prendre son appui dans le passage de deux pistes, de droite à gauche.

Outre ce passage balancé, dans lequel les postérieurs se croisent tandis que les épaules se comportent comme dans le balancer de l'avant-main, j'en ai étudié un autre, en mettant, au contraire, les postérieurs dans le balancer de l'arrière-main et en faisant chevaler les antérieurs. Le pas de gauche à droite est alors le même que celui du diagonal gauche dans le passage sur deux pistes de gauche à droite, et le pas de droite à gauche est le même que celui du diagonal droit dans le passage sur deux pistes de droite à gauche. Ce mouvement est extrêmement laid parce que les antérieurs ne peuvent faire, en croisant leurs pistes, qu'un écart très faible et sans moelleux dans lequel le jeu des épaules se contrarie. Lorsque j'ai vu le résultat que j'obtenais, j'ai bien regretté la peine que j'avais prise.

TRAVAIL AU GALOP

CONSIDÉRATIONS PRÉLIMINAIRES

Les airs savants au galop ne doivent être essayés que lorsque le cheval est parfaitement mis à cette allure telle que nous l'avons étudiée dans l'équitation courante. Si l'on veut, en effet, enseigner des mouvements au galop compliqués avant que le cheval ne galope parfaitement souple et cadencé, on risque d'être constamment aux prises avec des résistances considérables puisant leur énergie dans l'impulsion même que comporte cette allure. Il est facile de comprendre que ces résistances rendent impossibles des mouvements dans lesquels les aides doivent être utilisées et perçues avec une grande finesse.

Les airs de galop classiques en Haute École sont : le galop sur place, le galop en arrière, les changements de pied aux temps rapprochés, les changements de pieds au temps, les changements de pied sur place, les pirouettes au galop et le galop sur trois jambes. Nous allons les étudier dans cet ordre, qui est aussi celui que j'engage à suivre pour les enseigner. Je ne travaille les changements de pied rapprochés qu'assez tard ; la raison en est que si on les rend de bonne heure très familiers au cheval, il sera sujet à en faire constamment pour échapper à d'autres demandes ; de même que, si l'on enseigne trop tôt les pirouettes au galop, on aura souvent à lutter, pour maintenir le cheval droit, contre la grande mobilité qu'on aura donnée à l'avant-main et à l'arrière-main.

En dehors de ces airs, on peut en imaginer d'autres tels que les changements de pied espagnols isolés ou au temps, les changements de pied balancés au temps, les changements de pied en arrière, etc... Tout air nouveau est permis, à la condition que son exécution résulte de l'emploi logique des aides ; il peut alors être une preuve d'habileté équestre chez le cavalier et une gymnastique brillante, ou tout au moins utile pour le cheval.

GALOP SUR PLACE

Le galop sur place consiste à exécuter, sans avancer, des foulées régulières de galop, les membres se mettant au soutien et à l'appui dans le même ordre que dans le galop ordinaire.

Il faut soigneusement éviter la faute que font beaucoup de chevaux lorsqu'on commence à leur enseigner cet air ou lorsqu'on le leur enseigne mal, faute qui consiste à ne pas enlever de terre le postérieur qui devrait marquer le premier temps, le postérieur droit, par exemple, si l'on galope à gauche. Dans ces conditions, le premier temps n'existe plus et les autres temps sont faussés puisque, pendant qu'ils s'exécutent, le postérieur droit qui devrait être au soutien reste à l'appui. Une autre faute est celle que fait le cheval en enlevant et reposant à terre ses deux postérieurs à la fois, au lieu de ne les mettre que successivement à l'appui et au soutien.

A cela près, le galop sur place est facile à obtenir d'un cheval bien assoupli dans sa mâchoire et dans ses membres au galop ordinaire.

Dans l'enseignement de ce mouvement, je reste fidèle au principe dont j'ai déjà parlé et dont l'application en Haute École est la plus sûre manière d'éviter la mise en dedans de la main : à savoir que tout mouvement sur place ou en arrière doit procéder du mouvement en avant correspondant, qu'on modifie en envoyant par les jambes une plus grande impulsion, si c'est nécessaire, sur une résistance appropriée des doigts.

Dans le cas présent, étant au galop de manège ordinaire, j'augmente légèrement l'action de mes jambes, et en même temps, je résiste dans mes doigts. Il en résulte une élévation d'encolure qui recule le centre de gravité et un ralentissement dans le galop ; mais l'action des jambes étant énergique, l'allure ne s'éteint pas. Si le ralentissement demandé est faible, le cheval l'accepte sans résistance ; il ne faut cependant pas se presser d'en demander un plus considérable, car si l'engagement des postérieurs devenait trop tôt sensiblement plus grand que celui auquel l'animal est habitué, on arriverait forcément à des résistances et peut-être à des luttes. Si, au contraire, on se contente pendant plusieurs jours d'un faible ralentissement, le cheval s'habitue à l'allure qu'on obtient ainsi et se trouve amené par là à donner un second ralentissement aussi facilement qu'il a donné le premier. En procédant ainsi, on finit par arriver progressivement à un galop aussi ralenti que possible, puis au galop sur place.

C'est la manière la plus sûre d'obtenir ce dernier souple et régulier. Le cheval, en effet, n'y étant amené que peu à peu et par des exigences dont l'augmentation est subordonnée à ses progrès, n'a pas d'occasion de se raidir ni de se contracter ; de plus, le galop n'ayant été ralenti qu'autant qu'il restait régulier, l'est encore quand le ralentissement en vient à son extrême limite.

Sans que cet air présente de bien grandes difficultés, on a cependant quelque mérite à le bien exécuter car le rassembler est si complet lorsque le cheval le donne, que la moindre faute de doigté ou d'assiette amène une perturbation dans l'équilibre et par conséquent dans l'allure. Il faut, pour que le mouvement se continue avec cadence et régularité, que le cavalier soit complètement avec son cheval.

GALOP EN ARRIÈRE

Le galop en arrière est défini par son nom même. Les associations et dissociations des diagonaux et les moments d'appui respectifs des membres sont exactement les mêmes que dans le galop ordinaire ; mais, au lieu de produire leur effort d'arrière en avant, les propulseurs le produisent d'avant en arrière avec une énergie telle que les membres du latéral intérieur prennent leurs

LE GALOP EN ARRIÈRE

GALOP EN ARRIÈRE
(Galop à gauche)

MADEMOISELLE D'ETIOLLES, *ex*-PANOUILLERE. —
J¹. — PS. — *Par* Clocher *et* Pompadour. — Le mouvement du
premier cliché est pris au deuxième temps. Le postérieur
droit vient de se mettre au soutien : il est encore en avant de
son congénère qui avait pris son appui en arrière de lui.
L'antérieur gauche, qui va se mettre à l'appui pour marquer
le troisième temps, est en arrière de l'antérieur droit.

Le deuxième cliché représente le commencement du troisième temps. Conformément aux lois qui régissent le galop en
avançant, l'antérieur gauche se met à terre pendant que le diagonal droit y est encore. Le postérieur droit se porte en arrière du
gauche pour se préparer à y battre le premier temps de la
foulée suivante.

On voit donc que, dans ce mouvement, les appuis se prennent exactement dans le même ordre que dans le galop ordinaire et que les associations et dissociations de membres se
font absolument de même. Le galop en arrière est donc bien
réellement du galop ; mais l'effort musculaire s'y produit
en sens inverse.

Le galop en arrière, tel qu'il est représenté dans ces clichés,
diffère de celui qui est exécuté quelquefois en ce que le latéral gauche prend ses appuis en arrière du latéral droit au lieu
de les prendre en avant. Puisque l'allure se fait en reculant et
non en avançant, cela est nécessaire pour rester d'accord avec
les règles de la locomotion qui président aux autres allures et
qu'il n'y a aucune raison de ne pas observer ici. S'il en était
autrement, et si on laissait l'antérieur gauche prendre son
appui en avant de l'antérieur droit et le postérieur gauche en
avant du droit, la foulée ne serait même pas à moitié faite.

On remarquera que, sur un des clichés, le cheval est en
bride, et, sur l'autre, en filet. C'est avec intention que j'ai fait
ce rapprochement afin de montrer qu'avec un cheval absolument léger, le plus extrême rassembler peut être obtenu
même avec une embouchure aussi douce qu'un gros filet de
course.

appuis en arrière de ceux des membres extérieurs, au lieu de les prendre en avant comme dans le galop ordinaire. Si l'on galope en arrière sur le pied droit, la foulée commence par le postérieur gauche, continue par le diagonal gauche et finit par l'antérieur droit, chacun reculant pour se mettre à l'appui. Aux deuxième et troisième temps, le postérieur gauche se jette en arrière pour recommencer la foulée suivante qui s'exécute de même. Le galop en arrière se donne à droite ou à gauche et la condition de pouvoir l'obtenir sur le pied qu'on veut est nécessaire pour que le cheval y soit réellement bien mis.

Lorsque le galop sur place s'obtient facilement, le galop en arrière s'en déduit assez vite. Pour le faire exécuter, il faut augmenter l'énergie des aides par lesquelles on est passé du galop en avant au galop sur place ; c'est-à-dire, accentuer l'action des jambes en résistant dans les doigts. Le rassembler étant poussé à l'extrême, le doigté peut, par des actions très légères, arrêter l'impulsion venue des jambes et lui faire rejeter le centre de gravité en arrière ; mais, bien que légères, ces actions n'en doivent pas moins être réelles, contrairement à ce que pensent quelques auteurs d'après lesquels, dans ce rassembler si intense, les mains n'auraient plus rien à faire parce que l'assiette suffirait seule à obtenir le reculer. Si leur raisonnement est juste, qu'est devenue l'impulsion chez l'animal qui, laissé dans le vide par les rênes, se met, sous la seule action des jambes, dans le rassembler et dans un rassembler tel que l'assiette suffit à amener le mouvement en arrière ? Au reste, j'ai déjà traité ce sujet à propos du passage en arrière.

Mais, si l'assiette ne doit pas être considérée comme étant ici le seul agent de la marche en arrière, son rôle ne laisse cependant pas que d'être fort important ; car elle donne au cheval une aide précieuse dans le puissant effort nécessaire à l'exécution de ce mouvement. Au premier temps, l'assiette devra se porter très en arrière pour faciliter l'enlever de l'avant-main et son recul sur l'arrière-main ; si l'on galope à droite, l'assiette devra aussi être à gauche pendant le premier temps, pour dégager le postérieur droit et lui permettre de reculer en même temps que l'antérieur gauche avec lequel il doit être associé. Pendant le deuxième temps, l'assiette se portera sur le postérieur droit de manière à permettre au postérieur gauche de se dégager ; enfin, pendant le troisième temps, l'assiette se reportera à gauche de manière à permettre au postérieur droit de se dégager à son tour. Ces déplacements, bien entendu, ne doivent qu'être à peine perceptibles à l'œil ; les exagérer serait disgracieux et inutile étant donnée l'extrême mobilité que le cheval doit au rassembler[1].

---

1. Quelques écuyers obtiennent le galop en arrière en faisant tellement peu reculer les membres que ceux qui se posaient en avant de leur congénère dans le galop ordinaire continuent, malgré leur recul, à prendre leurs appuis de la même manière dans le galop en arrière. Ainsi exécuté, ce mouvement est à mon avis mal compris et incomplet : mal compris parce que, dans toute allure, pas, trot ou passage, les membres qui prennent leurs appuis les uns en avant des autres dans le mouvement en avançant, les prennent, au contraire, les uns en arrière des autres dans la marche en reculant. Il n'y a pas de raisons pour que les lois qui régissent ces allures ne président pas aussi au mécanisme du galop, et il est tout indiqué que, par analogie, les membres qui prennent leurs appuis en avant de leur congénère dans le galop en avançant, les prennent, au contraire, en arrière, dans le galop en reculant.

CHANGEMENTS DE PIED

AUX TEMPS RAPPROCHÉS

Nous avons étudié, dans la deuxième partie, la manière d'enseigner et d'obtenir les changements de pied isolés, parce que ce mouvement étant d'un usage fréquent, doit être familier même à un cheval qu'on n'emploie qu'à l'extérieur.

En Haute École, ce dressage est poussé plus loin de manière à amener le cheval à changer de pied toutes les deux ou trois foulées ou même à chaque foulée.

Ce résultat est assez difficile à obtenir même avec un cheval bien mis au changement de pied isolé, parce que la dose d'énergie à dépenser est considérable et parce que ce travail ne peut se faire que dans le rassembler. Aussi ne faut-il procéder que lentement et avec calme, de manière à ne pas affoler l'animal par les demandes répétées qu'il va recevoir.

Avec un cheval bien mis au changement de pied isolé, je commence par en demander un et pas plus sur chaque grand côté du manège, ou tous les cinquante mètres à peu près, si je travaille à l'extérieur. Quand j'ai changé de pied une dizaine de fois je passe au pas. Je ne rapproche les changements de pied que lorsque le cheval travaille avec un calme complet ; je demande alors deux changements de pied sur chaque grand côté. Je n'en augmente encore le nombre que très lentement et seulement lorsque l'exécution est calme et parfaite. Cette augmentation très lente du nombre des changements de pied est la condition la plus essentielle à remplir pour arriver vite au résultat cherché ; en s'y astreignant, n'importe quel cheval en vient à donner correctement les changements de pied toutes les deux foulées.

Il arrive que le cheval soumis à ce dressage change de pied de lui-même ou devance les aides. C'est une tendance qu'il faut réprimer dès le début ; sans quoi on ne serait bientôt plus maître d'espacer les foulées comme on l'entendrait ou de rester le temps qu'on voudrait sur le même pied. Toutes les fois que le cheval aura changé de pied sans qu'on le lui ait demandé, il faudra le remettre de suite sur le pied qu'il vient de quitter. Peu à peu l'animal comprendra sa faute et, comme elle ne lui apporte qu'un surplus de travail, il s'en corrigera.

Une autre précaution, très utile à prendre tant que ce dressage n'est pas complet, consiste à varier fréquemment, dans le même temps de galop, le nombre des foulées qui séparent les changements de pied ; cela amène le cheval à attendre la demande du cavalier qui, dès lors, peut augmenter ou diminuer la cadence des changements de pied, l'animal ne les donnant qu'autant qu'ils lui sont demandés. Tant que ce dressage n'a pas amené l'entière obéissance du cheval, il faudra changer, non seulement la cadence, mais encore le nombre des foulées exécutées sur chaque pied et demander, pendant une longueur de manège, par exemple, deux foulées à gauche et trois à droite et ainsi de suite, puis, pendant une autre longueur de manège, quatre à gauche et deux à droite, etc. C'est la meilleure manière que je connaisse pour créancer complètement le cheval sur les changements de pied aux temps rapprochés. Cet exercice n'est plus aussi utile lorsqu'on est arrivé à obtenir une entière soumission, mais il est bon d'y revenir souvent afin d'éviter que le cheval n'agisse par routine au lieu de le faire par obéissance aux aides.

CHANGEMENTS DE PIED

AU TEMPS

Les changements de pied dits « au temps » s'exécutent à chaque foulée de galop. Cet air est extrêmement gracieux et mérite qu'on s'y applique.

Lorsque le cheval change de pied avec calme et soumission aux temps rapprochés et, en particulier, toutes les deux foulées, il est tout préparé pour les changements de pied au temps ; la difficulté devient grande surtout pour le cavalier qui doit inverser ses aides et son assiette avec la plus grande décision et beaucoup d'à-propos dans un temps très court.

Chaque changement de pied doit être demandé exactement comme un changement de pied isolé, mais avec une simultanéité toute particulière dans les actions des aides. L'important est surtout que les jambes n'abandonnent pas le cheval un seul instant. La jambe prépondérante place pour le changement et le commande concurremment avec l'autre qui devient prépondérante à son tour pour rejeter la masse dans l'équilibre inverse.

J. Fillis emploie quelque part une expression qui me semble propre à bien faire comprendre la façon dont doivent, ici, agir les jambes ; « leur action, dit-il, doit être semblable aux mouvements du fleuret d'un tireur qui fait « une-deux, très serré ».

La proximité constante des jambes est, du reste, nécessitée non seulement par l'obligation d'alterner leur prépondérance à des intervalles très rapprochés, mais encore par celle d'empêcher les hanches de dévier, soit à droite, soit à gauche. Si elles déviaient, même très peu, le cheval n'aurait pas le temps de les redresser entre deux changements de pied et manquerait infailliblement le second.

Les doigts ont un rôle moins difficile, car ils n'ont qu'à balancer le poids de l'avant-main d'une épaule sur l'autre par des fermetures alternatives à droite ou à gauche.

Cet air, correctement exécuté sur la ligne droite, est assez méritoire ; mais il compte vraiment parmi les plus savants lorsqu'il est exécuté avec la même régularité sur les voltes, les serpentines et les huit de chiffre.

Si l'on n'y prend pas garde, le cheval se routine au changement de pied au temps et s'en fait une sorte d'allure qu'il continue même lorsque les aides veulent en rompre la cadence pour passer, par exemple, aux changements de pied aux deux temps. Il faut, naturellement, lutter contre cette tendance de manière à ce que chaque changement de pied ne se fasse qu'à la demande des aides. Ce n'est qu'à ce moment que le cheval est réellement mis aux changements de pied et que le cavalier peut les alterner à sa guise, passer du temps aux deux temps, aux trois temps, revenir au temps, les exécuter à une cadence sur un pied, à une autre cadence sur l'autre pied. etc.

CHANGEMENTS DE PIED

SUR PLACE

Le galop sur place, pouvant s'exécuter à droite ou à gauche, comporte des changements de pied absolument comme le galop ordinaire. Les principes d'après lesquels ils s'exécutent, sont naturellement les mêmes que ceux que j'ai déjà exposés, aussi n'en expliquerai-je pas de nouveau le mécanisme. Je ferai seulement remarquer qu'il y a lieu, ici, de se tenir en garde contre l'acculement. Le cheval, en effet, est déjà très engagé ; si l'on n'a pas soin de ne faire agir les rênes qu'en envoyant par les jambes la masse sur le mors, une action rétrograde de ce dernier aura sûrement pour effet de rejeter le poids en arrière des jarrets ; ce sera l'acculement dans toute son horreur ; ce sera aussi l'impossibilité pour le cheval d'exécuter le mouvement demandé.

C'est la seule difficulté du changement de pied sur place. Les membres, en effet, effectuant leur poser très près les uns des autres, en raison de l'engagement considérable des propulseurs, n'ont que peu de chose à faire pour rompre leurs associations et leurs dissociations. Pour le même motif, ces changements de pied sont très peu perceptibles pour l'œil du spectateur.

Le peu de différence qui existe entre les gestes des postérieurs fait, qu'au moment des changements de pied, ces gestes se confondent souvent l'un avec l'autre dans une sorte de saut de pie. C'est à l'à-propos des changements d'assiette d'éviter cette faute en déplaçant carrément, d'un postérieur sur l'autre, le poids de la masse.

PIROUETTE AU GALOP

Ce mouvement dérive à la fois de la pirouette et du galop sur place ; il consiste à faire décrire au galop, par l'avant-main, un cercle ou arc de cercle autour de l'arrière-main qui galope sur place. Si la pirouette se fait de gauche à droite, le cheval doit galoper à droite, le postérieur gauche quittant le sol comme je l'ai expliqué à propos du galop sur place.

Les actions de jambes sont les mêmes que dans le galop sur place, mais plus énergiques pour éviter l'acculement. La jambe extérieure, surtout, doit être très active afin d'empêcher les hanches de se déplacer de son côté.

Les actions de rênes sont assez complexes. Supposons en effet, que nous fassions la pirouette de gauche à droite. Au moment où va se produire l'enlever de l'avant-main, les rênes gauches agiront directement et les rênes droites par opposition, comme dans le galop ordinaire, de manière à ce que, l'épaule gauche étant plus chargée, l'antérieur droit étende son geste plus loin que l'antérieur gauche ; mais, dès que ce résultat est obtenu, ce sont les rênes droites qui devront agir directement et les rênes gauches par opposition, pour déplacer l'avant-main vers la droite.

Ce mouvement doit s'exécuter lentement ; il ne présente guère de difficultés avec un cheval bien mis au galop sur place.

GALOP SUR TROIS JAMBES

Dans le galop sur trois jambes, l'antérieur, qui devrait marquer le troisième temps, ne se met pas à l'appui ; il reste au soutien en donnant la jambette aussi longtemps que dure le mouvement. En raison de l'engagement considérable exigé par la hauteur de l'avant-main, le diagonal qui, dans le galop ordinaire, reste associé pour battre le deuxième temps, marque en réalité, dans le galop sur trois jambes, deux appuis consécutifs : celui du postérieur d'abord, ensuite celui de l'antérieur. En sorte que, si l'on galope à droite sur trois jambes, les appuis se font ainsi : postérieur gauche, postérieur droit, antérieur gauche ; puis, de nouveau, postérieur gauche et ainsi de suite. L'antérieur droit reste tout le temps étendu horizontalement dans la jambette.

Cet air n'a rien de bien savant, mais il est très brillant et quelquefois assez long à enseigner, car il ne ressemble à aucun autre. Deux procédés peuvent être utilisés pour en faire le dressage : l'un qui y mène directement, l'autre qui utilise le galop sur place.

Le premier procédé consiste à demander la jambette sur l'arrêt et à déterminer le cheval au galop pendant qu'il la donne. Au début, l'animal rompt la jambette et se remet sur ses quatre pieds pour exécuter son départ. Il faut alors l'arrêter et recommencer le même exercice jusqu'à ce qu'il se décide à s'enlever sans rompre la jambette. Dès qu'il y sera arrivé, on lui laissera terminer sa foulée comme une foulée de galop ordinaire, puis on le caressera et on l'arrêtera.

Quand on obtiendra couramment ces départs sur la jambette, on les demandera à des intervalles de plus en plus rapprochés. Le cheval en vient ainsi à donner la jambette après chaque foulée de galop et à repartir sur ces jambettes. Le plus difficile est fait ; le cheval qui en est arrivé là en vient assez vite à prolonger l'extension de l'antérieur pendant le premier temps, puis pendant le premier et le deuxième et enfin après le deuxième ; une foulée est ainsi exécutée sur trois jambes. L'exercice et la répétition des mêmes demandes obtiendront progressivement que le mouvement se continue autant qu'on le demandera.

Quand on a à sa disposition le galop sur place, son utilisation permet d'arriver plus rapidement peut-être à ce dressage. Lorsqu'en effet, le cheval galope sur place, il est extrêmement assis, de sorte que l'antérieur du troisième temps reçoit fort peu de poids ; il lui est par conséquent très facile de rester au soutien et il arrive assez vite à le faire : il suffit de demander constamment la jambette pendant que s'exécute le troisième temps du galop sur place ; au bout de peu de temps, elle s'obtient et se

LE GALOP SUR TROIS JAMBES

LE GALOP SUR TROIS JAMBES

(Galop à gauche)

MADEMOISELLE D'ETIOLLES, *ex*-PANOUILLÈRE. —
J'. — PS. — *Par* Clocher *et* Pompadour. — Le mouvement est
représenté au commencement du deuxième temps : le postérieur gauche se met à l'appui. L'antérieur droit, qui s'y mettrait
en même temps dans le galop ordinaire, ne s'y met qu'un peu
après en raison de la grande hauteur de l'avant-main. L'antérieur gauche reste pendant toute la durée du mouvement dans
l'extension et l'élévation complètes.

conserve pendant les deux autres temps ; c'est du galop sur place, sur trois jambes ; le galop en avançant en résulte sans difficulté. Ce procédé me semble être le meilleur ; il est aussi juste que l'autre, donne plus vite, je crois, le résultat cherché et surtout ne fatigue pas le cheval par des départs répétés de l'arrêt au galop ; mais il ne peut s'employer que lorsque le cheval est bien confirmé dans le galop sur place.

Je n'ai employé qu'une fois la première méthode ; c'était pour remettre à cet air un cheval qui l'avait complètement oublié après être resté longtemps sans l'avoir exécuté.

Les deux jambes du cavalier doivent développer une extrême impulsion dans ce mouvement qui exige de la part du cheval un effort considérable. Si l'on galope à droite, la jambe gauche qui commande à la fois le galop et la jambette doit être la plus soutenue ; mais c'est à peine si la droite doit l'être moins, car elle a à empêcher les hanches de dévier à droite par l'effet de la jambe gauche ; il est nécessaire que le cheval reste droit pour ne rien perdre de son impulsion ; il ne saurait trop en avoir dans ce mouvement.

CHANGEMENTS DE PIED ESPAGNOLS

ISOLÉS OU AU TEMPS

J'appelle ainsi des changements de pied dans lesquels le cheval étend dans la jambette l'antérieur qui se porte en avant, pour marquer le troisième temps de la nouvelle foulée. Cet antérieur ne prend son appui qu'après s'être

jeté dans l'horizontalité et l'extension complètes, exactement comme il le fait à chaque temps du passage
espagnol.

Je demande d'abord ce mouvement en partant du
galop sur trois jambes. Pendant que le cheval l'exécute,
je demande un changement de pied, puis, aussitôt que
possible, je reprends le galop sur trois jambes, sur l'autre
pied. Dans les débuts, le cheval ne s'y remet qu'après
quelques foulées de galop ordinaire ; mais, peu à peu, le
nombre de ces foulées devient nul, et le cheval jette son
antérieur dans la jambette en changeant de pied, pour
reprendre immédiatement le galop sur trois jambes.
Quand ces changements de pied me sont donnés avec
adresse et sans résistance, je les demande par les mêmes
aides, mais en partant du galop ordinaire. Je n'expliquerai pas de nouveau les aides à employer ; elles sont les
mêmes que celles du changement de pied et de la jambette.

Cet exercice est difficile. Il le devient surtout lorsqu'on
demande ces changements de pied au temps.

CHANGEMENTS DE PIED BALANCÉS

AU TEMPS

Cet air consiste à faire exécuter des changements de
pied au temps, en déplaçant en même temps le cheval
parallèlement à lui-même de gauche à droite lorsqu'il
passe sur le pied droit, et de droite à gauche, lorsqu'il
passe sur le pied gauche. Comme on le voit, cet air dé-

rive du galop sur deux pistes et des changements de pied au temps. Je ne reviendrai donc pas sur les aides à employer. Toutefois, je ferai remarquer que ce mouvement se décompose en deux parties successives et distinctes. En effet, pour le changement de pied de gauche à droite, par exemple, il faut, d'abord, demander le changement de pied comme d'habitude : rêne droite d'opposition, rêne gauche directe, et ne demander la propulsion vers la droite que pendant le premier temps de la nouvelle foulée, par une action plus énergique de la jambe gauche et par une inversion simultanée dans les actions des rênes, pour ramener l'avant-main à droite.

CHANGEMENTS DE PIED EN ARRIÈRE

Ces changements de pied s'obtiennent par les mêmes aides que dans le galop sur place ; mais s'il est difficile d'obtenir, dans le galop sur place, que le cheval fasse correctement, et non par un saut de pie, le changement de pied de l'arrière-main, cela est encore bien plus difficile dans le galop en arrière. Pour vaincre cette difficulté, il faut accentuer les changements d'assiette de manière à ce que les deux postérieurs soient mis, l'un et l'autre, dans des conditions aussi différentes que possible ; c'est le seul moyen de les empêcher de se mettre ensemble au soutien et à l'appui.

CONCLUSION

CONCLUSION

Dans cet ouvrage, j'ai d'abord exposé des principes issus des lois mécaniques auxquelles le cheval est soumis par sa constitution et qui doivent être, je crois, toujours respectés. Quant aux procédés à employer pour obtenir telle ou telle chose, ils sont nombreux; tous sont bons pourvu qu'ils laissent le cheval d'accord avec les lois dont je viens de parler; pourvu aussi qu'ils ne comportent que l'emploi d'aides logiques et équestres, à l'exclusion de tout ce qui est truc ou travail à pied, si tant est qu'on veuille s'en tenir à l'équitation pure sans tomber dans la contrefaçon de cette science. Mais il en est des différents procédés qui conduisent avec justesse à l'obtention d'un même résultat comme des solutions d'un problème qui peuvent, suivant l'expression des mathématiciens, être plus élégantes les unes que les autres. Parmi les procédés logiques qu'on peut employer en équitation, je me suis efforcé de trouver les plus élégants et de les employer. Ce sont aussi ceux que je juge tels que j'ai développés dans cette méthode.

Toutefois, la qualité d'élégance ne doit pas imposer

un moyen à l'exclusion de tous autres, lorsque les circonstances ou le caractère ou les dispositions naturelles d'un cheval font qu'une manière de faire tout aussi juste mais moins élégante peut obtenir un résultat meilleur. Le choix à faire en pareil cas sera commandé par le tact équestre. Si bien que les qualités de l'écuyer peuvent se résumer en trois : *Logique, Justesse, Éclectisme*. Elles puisent leurs sources dans l'intelligence autant que dans les dispositions naturelles et font de l'équitation une science aussi noble dans ses origines que brillante dans ses résultats.

BOURGES. — TYP. TARDY-PIGELET. 15, RUE JOYEUSE.

RÉPONSE A UNE CRITIQUE

RÉPONSE A UNE CRITIQUE

Cet ouvrage allait paraître et les dernières épreuves étaient déjà retournées, après correction, chez l'imprimeur, lorsque j'ai eu connaissance de l'ouvrage que M. Fillis vient de faire paraître, intitulé *Journal de Dressage*, dans lequel plusieurs pages (377 à 384) me sont consacrées.

Bien des critiques ont été faites au sujet de mon livre et de mes idées, sans que je me sois avisé de répondre, reconnaissant à tout le monde le droit de discuter des idées émises publiquement. Je ne saurais agir de même dans les circonstances présentes.

Dans certains cas, en effet, les citations faites par M. Fillis sont incomplètes et leur sens est totalement oblitéré par l'absence du contexte ; ailleurs, abrègeant plus encore la citation, ou même ne citant rien, M. Fillis m'attribue la paternité de théories qui me sont totalement étrangères. Je ne puis admettre ces procédés dont le résultat évident serait de fausser l'appréciation des hommes qui ne connaissent ni moi, ni mon livre : c'est pour eux que j'écris ces lignes en me contentant de rapporter simplement à côté des textes que M. Fillis cite comme accusateurs le contexte qui les justifie.

De plus, l'auteur du *Journal de Dressage* me lance un défi et semble désirer que je le relève ; je m'en voudrais toute ma vie de manquer de courtoisie au point de lui refuser ce plaisir.

Ceci étant dit, je reproduis dans son entier le texte de M. Fillis en y joignant les réflexions qu'il me suggère.

CRITIQUE D'UN CRITIQUE

J'ai vu, cet été, M. de Saint-Phalle monter deux chevaux de Haute École à Saumur.

Si M. de Saint-Phalle n'avait publié un ouvrage sur l'équitation[1], je n'aurais eu que des louanges pour son savoir-faire, car il a un véritable talent d'écuyer, auquel je me plais à rendre justice.

Mais, comme il a écrit un livre pour s'élever au-dessus de tous les écuyers passés et présents, je m'attendais à voir un écuyer transcendant et j'ai été un peu déçu.

M. de Saint-Phalle a une bonne main, fine, mais pas savante. Ses jambes sont très bien placées, embrassant bien le cheval de toute leur longueur ; il est très sobre de mouvements, mais il ne paraît pas à son aise en selle.

Il tient ses chevaux très droits, ce qui est un bon point ; mais ses chevaux travaillent mollement et sont comme endormis. L'arrière-main est haute et raide ; et dans les deux pistes, comme dans tous les mouvements obliques, l'arrière-main fait de grands écarts au lieu de se pousser sous le centre.

Chez les chevaux de M. de Saint-Phalle, l'avant-main remorque l'arrière-main, ce qui est l'opposé de la bonne équitation. Cela découle naturellement de son système, qui consiste à ne pas admettre l'éperon comme aide. En cela, il est en désaccord avec tous les grands écuyers dont la maîtrise est incontestée.

Baucher a publié en 1840 son premier ouvrage, qui diffère essentiellement de son dernier livre, paru en 1874, à un intervalle de trente-quatre ans.

Dans son premier volume, Baucher préconisait l'éperon jusqu'à l'exagération. Dans son dernier livre, il en recommande un

1. *Dressage et emploi du cheval de selle* par le lieutenant de Saint-Phalle (sans date de publication).

emploi moins vigoureux. Beaucoup en ont conclu que sa der-
nière manière était supérieure à la première.

La vérité est que c'est avec sa première manière de faire qu'il
a dressé ses merveilleux chevaux : Partisan, Capitaine, Buridan,
Stades, etc. Je mets au défi que l'on me prouve qu'il ait dressé
un cheval en appliquant sa seconde manière.

Dès sa première phrase, M. Fillis fait preuve d'un manque
de mémoire.

Des deux chevaux présentés, j'avais dressé l'un très vite
pour l'amener dès que possible à pouvoir être monté en
reprise d'ensemble, ce qui m'était nécessaire ; je me réservais
de le finir ensuite, en apportant à ce perfectionnement de
dressage tout le temps exigé par un tempérament naturellement mauvais et se ressentant encore des conséquences d'une
grave opération. Or, j'étais bien loin d'avoir terminé, il s'en
faut, lorsque je présentai ce cheval.

Quant à l'autre, je le montais beaucoup dehors, ne le travaillant au manège qu'autant qu'il le fallait pour en faire,
suivant le désir de l'officier pour qui je le dressais, un cheval
d'extérieur agréable.

Aussi étais-je très loin de considérer ces chevaux comme
dressés, finis, et j'ai insisté sur ce point auprès de M. Fillis :
il est dommage qu'il oublie d'en faire part avant de
leur adresser ses critiques qui, si méritées qu'elles soient,
manquent d'intérêt puisqu'elles s'adressent à des chevaux
d'un dressage inachevé.

M. Fillis, qui me prête assez gratuitement l'intention
d'avoir voulu, par la publication d'un livre, me mettre au-
dessus de tous les écuyers passés et présents, aurait-il obéi à
ce sentiment en publiant le sien ?

Quant à moi, j'ai seulement voulu présenter quelques idées
pour ce qu'elles valent, afin qu'on y puisse prendre ce qui
paraîtrait utile. J'ai eu souvent la satisfaction de voir que j'y
ai réussi. Cela me suffit amplement.

Sur ce qui suit, rien à dire ; je parlerai de ce qui est dit de l'éperon lorsque, plus loin, il en sera de nouveau question.

M. de Saint Phalle a eu tort d'écrire son livre avant d'avoir atteint la pleine maturité de son talent, car je lui crois l'étoffe d'un grand écuyer, mais à une condition, sine quâ non, c'est qu'il soit, vis-à-vis de lui-même, d'une sincérité absolue. Or, qu'il me permette de lui dire, sans l'offenser, que son volume, à cet égard, ne me donne qu'une insuffisante satisfaction [1].

✲✲

Par exemple, M. de Saint-Phalle dit, page 85, chapitre III, de son livre, cette chose énorme :

« On entend par travail à pied le procédé qui consiste à travailler un cheval en restant à pied au lieu de le monter.

« Le dressage d'un cheval ainsi traité ressemble un peu à celui d'une personne qui voudrait apprendre à nager sans se mettre à l'eau ».

Est-il besoin de faire remarquer à M. de Saint-Phalle qu'il a émis un non-sens ! Dans le dressage du cheval, il s'agit d'apprendre l'obéissance à l'animal, le cavalier n'a rien à apprendre : il enseigne. Le nageur ne peut avoir la prétention d'enseigner quoi que ce soit à l'eau, c'est lui qui est l'écolier. La comparaison de **M. de Saint-Phalle** *est donc fausse.*

Je concède avec humilité à M. Fillis que ma comparaison est fort mal présentée ; aussi l'avais-je supprimée dans cette édition ; il aurait fallu qu'elle fût libellée ainsi : « Le dressage « du cheval de selle ainsi traité ressemble un peu à celui d'une « personne a qui l'on voudrait apprendre à nager sans la « mettre à l'eau. »

---

1. Ma première édition ne m'a pas entièrement satisfait non plus : la preuve en est que, si je n'ai rien changé aux principes, j'ai cependant fait bien des rectifications et des augmentations. Seulement, là où je ne suis plus du tout d'accord avec M. Fillis, comme on le verra, c'est sur les points défectueux.

La rectification eût-elle été plus difficile à faire, je ne vois pas très bien comment « cette chose énorme » qu'est une comparaison mal rédigée peut faire douter M. Fillis de ma « sincérité absolue » vis-à-vis de moi-même ????

Nouvelle contradiction : M. de Saint-Phalle dit, page 86 : « Le travail à pied n'est qu'un TRUC par lequel le cavalier supplée à son incapacité. »

Quelques lignes plus loin, M. de Saint-Phalle préconise le travail à pied dans deux cas :

« 1° Lorsqu'on a affaire à un cheval nerveux, irritable ou dangereux, etc.

« 2° Lorsqu'on veut corriger un cheval plus énergiquement qu'on ne peut *le faire en le montant. »*

Ma réponse à ceci est :

1° Qu'en commençant par le travail à pied, on évite précisément les cas signalés par **M. de Saint-Phalle** *;*

2° Je suis contre toute correction à pied. *Un écuyer digne de ce nom doit avoir assez de courage pour donner la correction la plus énergique dans sa selle.*

J'énonce une règle et ses exceptions. Où est la contradiction ?

Pourquoi donc M. Fillis supprime-t-il la fin de mon explication relative au premier des cas qui me paraissent excuser l'emploi du travail à pied ? Cette fin est cependant bien utile, puisqu'elle explique mon dire et en limite la portée comme il convient. Aussi, me vois-je obligé de réparer ce nouvel oubli, et voici la citation complétée :

« 1° Lorsqu'on a affaire à un cheval si extraordinairement
« nerveux, irritable ou dangereux, que l'action des aides est
« une cause de ruine pour lui et un danger pour le cavalier.
« Cela n'arrive pour ainsi dire jamais, avec un écuyer ayant

« du tact et du savoir faire, surtout si ses exigences sont bien
« amenées et si la progression suivie est bien conduite. »

Je continue à croire qu'ainsi complétée, cette citation ne
tombe pas sous le coup de la critique de M. Fillis et que les
qualités de l'écuyer sont des palliatifs autrement efficaces et
élégants que le travail à pied.

Aux réponses de M. Fillis, j'objecte ceci :

1° Les gens sains de tête et de corps ne prennent qu'excep-
tionnellement, pour ne pas dire jamais, des remèdes contre
les maux qu'ils n'ont pas. De même, les cas pour lesquels on
peut avoir à recourir au travail à pied ne se présentant *pour
ainsi dire jamais*, comme je le dis dans la phrase oubliée par
M. Fillis, il n'y a pas lieu de se servir *toujours* du travail à
pied comme moyen préventif.

2° Lorsque l'embouchure d'un cheval qui n'en a qu'une
vient à se rompre, comme cela m'est arrivé au milieu de violentes défenses, est-ce en n'écoutant que son courage et en
restant en selle que M. Fillis donnera à ce cheval « la correction la plus énergique »? D'ailleurs, je n'avais jamais pensé
qu'il fallût du courage pour rester sur un cheval difficile.

Page 120, M. de Saint-Phalle ajoute ceci :

« *Dans certaines circonstances*, il peut être utile *de mettre
pied à terre pour infliger une correction.* »

*Je n'admets pas que cette idée vienne à l'esprit d'un écuyer. Je
rougirais de descendre de cheval pour donner plus d'énergie à
mes leçons.*

Autre chose :

« *Il en faut encore venir là lorsque l'énergie dont on peut disposer à cheval reste insuffisante* ou lorsque l'on craint d'être
désarçonné ! ! »

*Je viens de dire que l'énergie dont on peut disposer à cheval
ne doit jamais être inférieure à celle qu'on peut développer à
pied. Et, pour ce qui est de la crainte d'être désarçonné, un
écuyer digne de ce nom ne peut connaître ce sentiment.*

Ici encore, je suis obligé de compléter les citations de
M. Fillis : il a oublié la phrase qui les unit et qu'il était indispensable de laisser pour ne pas changer le sens de mon
texte.

Il a oublié aussi ce qui est nécessaire pour justifier ma
manière de voir. Je remets les choses au point :

« Dans certaines circonstances, est-il écrit page 120 de ma
« première édition, il peut être utile de mettre pied à terre
« pour infliger une correction. J'en ai déjà donné un exemple
« à propos des chevaux qui se renversent. Il en faut encore
« venir là lorsque l'énergie dont on peut disposer à cheval
« reste insuffisante, ou lorsque l'on craint d'être désarçonné.
« Il importe que le cheval se sente vaincu ; plutôt que de le
« laisser vous jeter à terre, ce qui lui ferait trop de plaisir, ou
« d'abandonner la lutte, ce qui amoindrirait l'idée qu'il doit
« avoir de votre puissance, mettez pied à terre sans fausse
« honte, et administrez-lui une correction qui lui sera aussi
« profitable, donnée aussitôt après la faute, que si vous aviez
« pu la lui donner, monté. »

Cela étant, si j'ai tort de conseiller de corriger à pied, je ne
dis pas un cheval qui pointe, mais un cheval qui se renverse,
je serais curieux de savoir comment M. Fillis fait pour rester
en selle pendant cette défense.

On voit de plus que pour les autres cas, je m'adresse au
cavalier qui, par insuffisance de solidité, ne peut pas tenir sur
son cheval quand il le corrige avec l'énergie nécessaire, ou à
celui qu'une raison majeure, rupture des éperons ou de l'embouchure, par exemple, empêche de corriger son cheval
autrement qu'à pied. Le courage n'a rien à voir ici, et, pour
ces deux cavaliers, nécessité fait loi : plutôt que de ne pas
donner du tout une correction nécessaire et que des
circonstances impossibles à éviter empêchent de donner à
cheval, il faut la donner à pied ou renoncer à dresser l'animal
rebelle.

Quant à ce que dit M. Fillis de la crainte d'être désarçonné, il ne l'apprend à personne, pas même à moi. La leçon de vaillance qu'il me donne fera sourire les quelque deux cents officiers, et plus, qui, soit au régiment, soit à l'Ecole de Cavalerie, ont pu me voir souvent prendre en dressage des chevaux parce qu'ils étaient difficiles, ou me substituer au cavalier d'un cheval en révolte lorsque je jugeais que les défenses devenaient dangereuses pour ce cavalier. Ce faisant, je ne m'imagine même pas faire œuvre « d'écuyer digne de ce nom ». Je m'offre tout simplement un plaisir équestre comme un autre et, je l'avoue, une petite satisfaction d'amour-propre, lorsque je suis devenu le plus fort ; en même temps, je cherche à éviter un accident à un de mes sous-ordres, ce qui n'est que mon devoir strict.

Enfin, pour l'édification de M. Fillis, je lui dirai que j'ai fait ma première chute de cheval il y a plus de trente ans et la dernière il y a quelques jours seulement. Cela lui montrera que depuis que je monte à cheval, et maintenant comme jadis, la possibilité de tomber ne m'influence guère et que sa petite rodomontade était inutile.

En vérité, moi qui ai horreur du travail à pied, qui n'en ai fait, et encore bien peu, que tout au début de ma carrière ou lorsqu'une inéluctable nécessité m'y contraignait, je ne pensais pas avoir à tant m'étendre sur ce procédé que je réprouve et qui est si rarement nécessaire.

Pages 88 et 89. — Pour le cheval rétif, celui qui a tous les défauts, *M. de Saint-Phalle recommande une extrême douceur. Il fait placer, devant l'animal monté, un aide chargé d'une provision de friandises : carottes, avoine, sucre. Il appelle un autre aide pour mener le cheval par la figure, et un autre derrière pour le pousser en avant.*

Voilà donc une chose entendue : pour le cheval rétif, M. de Saint-Phalle recommande la douceur. Je n'ose appuyer sur le ridicule du tableau qu'il nous présente en attelant quatre hommes, sous prétexte de dressage, à sa monture. Ce sont des moyens qu'aucun écuyer n'acceptera. Je veux croire que dans quelques années M. de Saint-Phalle découvrira que le remède à la rétivité est dans l'impulsion en avant, par le moyen des éperons, aidés de la cravache au besoin.

Quand il aura fait cette découverte, il sera tout surpris de s'apercevoir qu'au lieu de se mettre à quatre hommes contre un malheureux cheval, il suffit d'un écuyer qui sache son métier.

M. Fillis aime les tableaux gais et son imagination ne le cède en rien à sa gaîté.

Les personnes qui se reporteront à mon livre verront, et pour celles qui ne l'ont pas, je dis que j'ai parlé non pas de trois aides, mais d'UN SEUL dont on peut se servir d'une des manières que j'indique ; c'est un moyen couramment employé, et avec raison, dans les dressages régimentaires.

J'ai le regret de dire à M. Fillis que je ne pourrai plus faire la découverte dont il parle, parce qu'à la page même où il a vu qu'il est question de trois hommes alors qu'il ne s'agit que d'un, il n'a pas vu, par contre, les lignes suivantes, assez explicites : « Si la douceur ne produit pas « d'effet, si le cheval persiste à refuser d'avancer lorsque « les jambes le sollicitent et que les bons procédés l'y « encouragent, alors n'ayez plus de pitié, campez-lui éner- « giquement vos deux éperons dans le ventre, en arrière des « sangles; le premier résultat sera rarement l'obéissance ; « plus souvent de nouvelles défenses répondront à votre « attaque ; il faut alors continuer par des volées de coups « d'éperons, corroborées, au besoin, par la cravache. »

Qu'en pense M. Fillis ? On croirait qu'il a pris mes propres idées pour m'instruire moi-même : jusqu'à l'emploi de la cravache, rien n'y manque.

Mais pour une pauvre bête (voir page 122), qui n'avait d'autre défaut « que de se recevoir, après l'obstacle, par une série de coups de reins », M. de Saint-Phalle change de tactique. Il se sert, pour corriger le cheval, « de deux brins de fil de fer

enroulés, un peu plus longs qu'une cravache et gros, à eux deux, comme la moitié du petit doigt. »

Et voici comment M. de Saint-Phalle narre le résultat de ce traitement :

« Au premier coup le cheval, solidement maintenu, *se livra à des bonds furieux qui me prouvèrent que j'avais bien touché. L'arme était bonne, en effet, car après en avoir donné quelques coups, je vis que la peau se coupait à chaque fois. »*

Je suis sûr que si un écuyer comme M. de Contades, ou n'importe quel maître ou sous-maître de Saumur, s'était trouvé à la place de M. de Saint-Phalle, il aurait monté le cheval, l'aurait sauté vingt fois, trente fois, en le poussant vigoureusement en avant après le saut, jusqu'à ce que le cheval eût renoncé à donner des coups de reins.

Il est dommage que M. Fillis, en faisant ses citations, ait encore oublié les phrases qui, par leur rapprochement avec celles qu'il cite, les justifient. Avec ma patience bien connue, je comble encore la lacune. Page 122, entre les deux citations de M. Fillis, on peut lire : « Si le cavalier était désarçonné « une première fois, il était inutile de le remettre en selle, « car autant de fois il remontait, autant de fois il tombait ; « mais, s'il était assez vigoureux pour résister aux premières « défenses et réussissait à pousser le cheval en avant, celui-ci « se soumettait de suite. Cette manière de procéder rendait « son dressage assez difficile, car le cavalier qui tombait ne « pouvait naturellement pas le corriger et celui qui restait « en selle n'avait pas à user de sévérité puisque le cheval lui « obéissait du premier coup et réservait ses canailleries pour « un autre moins fort. »

Ceci me paraît porter la justification des phrases citées par M. Fillis.

Cet auteur méconnait la cavalerie française en croyant pouvoir citer les officiers qui seraient montés sur le cheval pour le corriger : pour être complet, il lui faudrait recopier l'annuaire. Mais, sous d'autres officiers, ce finaud de cheval

aurait fait comme sous moi : il se serait tenu coi, ce qui
n'aurait pas empêché le premier homme de troupe qu'on
aurait remis dessus de se faire encore jeter par terre. Et alors
ces officiers auraient jugé vraisemblablement qu'ils n'avaient
pas d'autres moyens que celui que j'ai employé pour rendre
utilisable cette soi-disant « pauvre bête » qui n'était en réalité
qu'une affreuse canaille. Sa conversion après cette rossée le
prouve. De plus, n'ayant aucun autre instrument de correction sous la main, ces mêmes officiers auraient, tout comme
moi, utilisé celui qu'ils auraient trouvé.

*Page 248. — M. de Saint-Phalle écrit « que certains auteurs
se reconnaissent inaptes à dresser des juments de pur sang. »*

*Si c'est à moi qu'il a pensé, comme j'ai lieu de le croire, je lui
réponds : « Je n'achète, en effet, jamais de juments pour dresser
en Haute École. Les juments de pur sang sont trop souvent
pisseuses ou quinteuses et désagréables pour la clientèle. »*

Nous sommes bien d'accord : avec M. Fillis les juments
de pur sang ont des quantités de défauts qu'elles n'ont pas avec
d'autres cavaliers. De cet aveu que j'aurais eu mauvaise grâce
à espérer plus complet, il faut conclure que les procédés des
cavaliers avec lesquels les juments de pur sang sont exquises,
sont préférables à ceux de M. Fillis ; c'est ce que j'ai dit et la
cause est entendue.

Qu'est-ce que M. Fillis peut bien vouloir dire, en ce moment, par ce mot « clientèle » ?

Pages 251 et suivantes. — M. de Saint-Phalle parle du
piaffer ballotté, *mais il ne l'a pas compris.*

*Ce piaffer fut inventé par Baucher et je l'exécute comme lui,
c'est-à-dire que le bipède latéral droit piaffe sur place, et que*

le bipède latéral gauche fait son mouvement en avant et en arrière.
Mais la grande difficulté du mouvement, c'est que les battues
restent diagonales.

Je ne saisis pas très bien, maintenant encore et malgré cette
nouvelle explication, le mouvement décrit par M. Fillis.
Admettons que j'exécute ce mouvement d'une manière différente et plus facile même; je n'y vois aucun inconvénient.

Page 250. — M. de Saint-Phalle me vise encore pour le
passage en arrière et le galop en arrière, parce que j'ai dit que
je reculais par l'assiette. *Il en déduit que mes chevaux sont dans*
le vide. Il suffit d'être de bonne foi pour voir que mes rênes sont
tendues lorsque je recule et que, par conséquent, le cheval donne
énergiquement dans la main.

Je renvoie le lecteur à la planche XXXIV des *Principes de*
Dressage et d'Équitation relative au galop en arrière et voici
la note explicative de cette planche (p. 341) :

« 1. Voir la photogravure.

« Planche XXXIV. *Germinal*, au galop en arrière, deuxième
« temps. La photographie est prise au moment où la dia-
« gonale droite va être à l'appui; la jambe gauche de derrière
« est déjà posée et la jambe droite de devant ne l'est pas
« encore. De là, les quatre temps, la diagonale droite faisant
« deux temps au lieu d'un seul.

« On doit noter que, même dans cet extrême rassembler,
« la tête demeure un peu au delà de la verticale. C'est que,
« comme on peut le voir, le reculer se fait par l'assiette, non
« par les rênes qui ne sont pas tendues. »

Il ne me serait pas venu à l'idée de critiquer M. Fillis seulement parce qu'il dit reculer par l'assiette, impression impropre, mais dont un peu de bonne volonté permet de saisir le

sens ; ce n'est pas davantage parce que, sur la planche XXXIV les rênes ne sont pas tendues : cela peut arriver, à condition que ce soit pendant un instant infiniment court, avec le cheval le mieux impulsionné du monde. Ce que j'ai critiqué, c'est que la note que je viens de citer nous fait observer formellement, comme si cela était un résultat voulu, louable et durable, que les « rênes ne sont pas tendues. » Et comment, ayant écrit cela, M. Fillis peut-il venir nous dire maintenant qu'il suffit d'être de bonne foi pour voir que ses « rênes sont tendues » ?

Quand faut-il croire mon critique ? Est-ce lorsqu'il dit : il y a tension des rênes ; ou lorsqu'il dit : il n'y a pas tension ? Si le lecteur veut être fixé, il n'a qu'à se reporter à la planche XXXV fig. 1, où les rênes sont en guirlande et, naturellement, la note explicative (p. 345) ne manque pas de nous le signaler en ces termes : « On remarquera que la tête du cheval est un peu au-delà de la verticale et que les deux rênes sont lâches. » Ai-je raison ou tort, après cela, de dire que si M. Fillis nous démontre à bon droit dans tout son livre la nécessité de l'impulsion, ses moyens de la développer sont cependant insuffisants quelquefois ?

Il est vrai de dire que, dans la suite de la note, relativement à une autre figure où le cheval est vu reculant aussi sur trois jambes, il est dit : « Les rênes, surtout la rêne droite du filet, sont un peu plus tendues pour maintenir la jambe droite en l'air. » Cela n'infirme en rien ma critique : si le cheval représenté était dans l'impulsion, ce n'est pas seulement pour maintenir une jambe en l'air que la tension des rênes serait nécessaire ; mais pour l'empêcher de jaillir en avant, étant donné surtout que l'éperon est au flanc avec une énergie que démontre suffisamment la position exagérément basse de la pointe du pied.

Page 260. — M. de Saint-Phalle prétend avoir imaginé le « pas espagnol doublé, » qui consiste à faire lever la même jambe antérieure deux fois étant au pas.

Or, j'ai fait le trot *espagnol à deux temps, et je l'ai décrit en 1890, il y a par conséquent treize ans, dans mes* Principes de Dressage et d'Équitation.

Le livre de M. de Saint-Phalle, quoique n'étant pas daté est postérieur au moins de huit ans à celui que j'ai écrit.

Si j'ai bien compris le mouvement rappelé par M. Fillis, il consiste à exécuter deux foulées de trot pendant une même extension. Le pas espagnol doublé que j'ai décrit consiste, au contraire, à exécuter deux extensions dans la même foulée. Ces airs n'ont de rapport ni comme allure, ni comme mécanisme : l'un se fait au trot, l'autre au pas et la combinaison des foulées et des extensions est différente.

❧

Page 276. — En parlant du galop en arrière, M. de Saint-Phalle, dans sa note, dit « qu'au pas, au trot et au passage, chaque membre se met toujours en arrière de son congénère et qu'il n'y a pas de raison pour qu'il en soit autrement au galop. »

Je ne comprends pas qu'un cavalier aussi fin que M. de Saint-Phalle ne sache pas que, dans le galop, le bipède sur lequel on galope doit toujours poser en avant de son congénère. C'est à croire que cette phrase n'a pas été écrite par lui.

J'ai le regret de dire à M. Fillis que je sais fort bien que dans *le galop en avançant* le bipède sur lequel on galope doit toujours se poser en avant de son congénère, absolument comme dans le trot en avançant, chaque diagonal prend aussi ses appuis en avant de son congénère. Mais, dussé-je le lui apprendre, je dirai en outre à M. Fillis que, lorsque le mouvement se fait d'avant en arrière, les appuis inversent leurs positions respectives : c'est-à-dire qu'au trot en arrière chaque diagonal *doit* venir se mettre à l'appui en arrière de son congénère et, de même, au galop en arrière, le latéral sur lequel on galope *doit* venir se poser en arrière de l'autre. Et la preuve qu'il doit en être ainsi au galop en arrière, c'est que cette condition est nécessaire pour qu'on puisse exécuter à cette allure le mouvement caractéristique du galop régulier : j'ai nommé le changement de pied.

M. de Saint-Phalle dit ailleurs, dans son livre, qu'il dresse ses chevaux sans éperons et sans gourmette. L'un découle forcément de l'autre. Là où il n'y a pas d'impulsion (éperons) il n'est pas besoin de frein (gourmette).

Cependant, j'ai vu M. de Saint-Phalle travailler deux chevaux à Saumur, avec éperons et gourmette. Comme je m'en étonnais, ses collègues m'ont répondu en riant :

« Nous n'avons jamais vu un écuyer avoir une aussi grande collection d'éperons : il en change très souvent ! »

Et d'abord, deux mots au sujet de la petite plaisanterie : je ne pense pas que mes camarades se soient mis à plusieurs pour la trouver ; un seul doit avoir suffi. De plus, je dirai à M. Fillis, puisque la question l'intéresse, que j'ai, en tout, deux paires d'éperons : une sans molettes qui me sert toujours et une autre avec molettes, dont je me sers quelquefois avec les chevaux très canailles ou avec les fainéants comme était l'un des chevaux que j'ai montrés à M. Fillis, *Menthol*, animal des plus apathiques et qui avait souvent besoin d'être relevé du péché de paresse. Je ferai remarquer à mon critique qu'en faisant usage de semblables éperons, je suis entièrement d'accord avec ce que je dis au chapitre « DE L'EPERON », page 39 de la 1re édition : « Les molettes ne devront avoir que la sévérité exigée par l'insensibilité ou le mauvais vouloir du cheval. » Maintenant, je vais faire une confidence à M. Fillis en le priant de m'en garder le secret, afin de ne pas faire rire de ma pénurie : je crois bien que j'ai perdu mes éperons à molettes dont je n'ai pas eu à me servir depuis deux mois ; si bien que je n'en ai plus qu'une paire qui, à elle seule, je le crains, constitue maintenant ma grande collection.

L'auteur du *Journal de dressage* rapporte que j'ai dit quelque part, dans mon livre, dresser mes chevaux sans éperons, ni gourmette. Je regrette qu'il ne nous cite même plus la phrase qui a pu l'amener à me prêter de pareils dires, ni la page où elle se trouve. Je viens de parcourir mon livre pour voir si, par hasard, pareille erreur m'aurait échappé : je n'ai rien trouvé qui ressemble à cela. Par contre, j'ai rencontré relativement à l'éperon, beaucoup de passages comme ceux-ci :

Page 36 : « Avec quelques chevaux naturellement mous, « lymphatiques ou simplement froids ou inconscients, l'action « des jambes peut-être insuffisante si elle est légère. Pour les « tirer de leur apathie, on devra les réveiller par quelques « coups d'éperon appliqués énergiquement, à la suite de la « sollicitation des jambes restée sans résultat. »

Page 37 : « Si l'action de la jambe n'est suivie de l'em- « ploi de l'éperon que lorsqu'elle est restée sans effet, et si « l'éperon n'agit qu'avec énergie et à titre de châtiment... « etc... »

Page 39 : « Je ne me sers donc jamais de l'éperon comme « aide. Il vient quelquefois au secours de mes jambes quand « elles ne sont pas obéies ; mais alors, il agit par une applica- « tion vigoureuse et brève à laquelle le cheval ne me force « pas longtemps à recourir. »

Page 89 se trouve une citation que j'ai déjà faite plus haut. On en trouverait quantité d'autres tout aussi catégoriques, notamment aux pages 94, 120, 247, 248, etc.

Lors donc même que j'aurais émis les propositions que me prête M. Fillis, ce qui m'étonnerait fort, je dis trop souvent combien il est nécessaire de châtier à l'éperon pour qu'on puisse supposer que je prétends n'en pas user.

Quant à la gourmette voici le passage auquel fait sans doute allusion M. Fillis :

Page 110 : « Il est clair d'après cela que l'emploi de la « gourmette est loin d'être toujours utile. Avec des chevaux

« jeunes ou de bouche délicate, elle peut avoir de fort mau-
« vais résultats et compromettre gravement leur franchise.
« Elle n'est utile qu'avec des chevaux ayant les barres très
« peu sensibles ou avec ceux qui sont susceptibles d'offrir, à
« un moment donné, de fortes résistances de bouche.

« Le mors devra donc être employé presque toujours sans
« gourmette. Il ne transmet alors aux barres qu'une action
« égale à celle des doigts et il est ordinairement suffisant pour
« tout travail, quelque serré qu'il soit. »

Page 109, j'ai écrit : « ...toutefois on ne devra employer,
« aussi longtemps que possible, qu'un mors sans gourmette. »

Et, page 111, on peut lire : « Ainsi que je l'ai dit, il faut
« que les embouchures employées avec gourmette soient
« dures. »

On voit donc que contrairement aux allégations de M. Fillis,
je ne proscris pas la gourmette, mais que je préconise sa sup-
pression lorsqu'elle n'est pas utile. J'ajouterai, pour compléter
ma pensée que cette recommandation a surtout sa raison d'être
pendant le dressage[1]. Lorsque le cheval est parfaitement
léger, il importe moins qu'il ait une embouchure douce ou
dure : comme il obéit à la première sollicitation des rênes et
ne met jamais sa bouche en opposition avec la main, le degré
de douceur ou de dureté de l'embouchure n'a pas grande importance, si la main est fine. Il est parfaitement inutile que
l'embouchure soit sévère, mais, à ce moment, elle peut l'être
sans grand inconvénient. Pour la même raison, on peut dire
qu'avec des chevaux finis, il devient indifférent, au point de
vue de la légèreté, de se servir du filet ou de la bride.

J'ajouterai que, quand même j'aurais proscrit l'usage de la
gourmette, M. Fillis aurait cependant eu tort de s'étonner de
m'en voir une, puisque les chevaux que je lui ai montrés
étaient harnachés à la française. C'est là un harnachement
de style auquel il serait aussi ridicule de changer un iota

---

1. S'il n'en était pas tenu compte pour les chevaux que je présentais, c'est
pour la raison que je donne plus loin.

pour une représentation, si peu importante soit-elle, qu'il serait de mauvais ton de mettre un pied Empire à une console Louis XV. Si mes chevaux avaient été harnachés à l'anglaise, ils auraient été comme d'habitude en filet simple ou en double filet.

J'aborde maintenant cette phrase ayant trait à une question que M. Fillis aurait peut-être mieux fait de ne pas soulever : « Là où il n'y a pas d'impulsion (éperons), il n'est pas besoin « de frein (gourmette). »

Un cheval totalement fini est d'une telle légèreté aux jambes qu'il leur suffit de légères pressions pour développer la plus grande impulsion. En outre, la légèreté à la main et la soumission sont si complètes que la moindre nuance dans la résistance des doigts suffit à contenir et à diriger cette impulsion. M. Fillis nous avoue sans ambages que cette délicatesse du cheval vis-à-vis des aides est totalement insoupçonnée de lui : pour impulsionner ses chevaux, la piqûre de l'éperon lui est nécessaire ; pour les maintenir et les manier, un instrument de contention lui est indispensable : le mors.

Je sais que M. Fillis pourra se réclamer des anciens maîtres et il aura raison : leur autorité ne peut qu'être évoquée avec respect et admiration. Mais les chevaux de selle n'étaient incontestablement pas autrefois ce qu'ils sont maintenant : leur conformation, leur caractère, leur manière de se comporter sous le cavalier ont changé. Les races se sont profondément modifiées et affinées : il peut et doit en être de même des moyens d'en utiliser les produits.

Il est à regretter pour M. Fillis qu'il n'ait pas pris de leçons du général L'Hotte, écuyer admirable qui était la personnification de cette équitation toute d'infinie discrétion que je préconise après lui et à laquelle je crois qu'il faut tendre avec lui. Depuis bien longtemps, il ne travaillait ses chevaux qu'en bridon et avec des éperons sans molettes. Puisque l'occasion s'en présente ici je me plais à faire monter jusqu'à lui le modeste hommage de mon admiration. Je ne l'ai malheureusement rencontré qu'au déclin de sa carrière et cependant j'ai pu admirer et goûter encore la magnificence des dons de cet écuyer merveilleux. Je n'oublierai jamais ni son aménité ni le talent génial dont il m'a donné la joie de contempler les ressources [1]. Un de mes grands regrets est que mes idées soient quelquefois en désaccord avec les siennes, comme il ne me l'a pas caché. Peut-être, et je le souhaite sincèrement, le travail latent d'une plus longue expérience et les enseignements de ses œuvres posthumes m'amèneront-ils à le mieux comprendre. En tous cas, et quelle que soit la voie qui me paraîtra la meilleure, le but vers lequel je tendrai toujours sera d'atteindre le même idéal que lui.

Dans son livre : Dressage et emploi du cheval de selle, *M. de Saint Phalle déclare :*

Page 274, qu'il fait du galop en arrière.

Page 283, qu'il obtient du galop sur trois jambes.

Ces airs sont possibles, puisque je les ai obtenus sur différents chevaux. Mais si j'en ai vu parfois la parodie, je ne les ai jamais vus exécuter avec précision. Je retiens surtout, de toutes les affirmations de M. de Saint-Phalle, celle-ci : il dit, p. 287 de son livre, obtenir des changements de pied en galopant en arrière !

Moi qui suis comme saint Thomas, en équitation, je ne crois que ce que je vois. Je voudrais, par conséquent, mettre M. de Saint-Phalle à même de montrer les merveilles qu'il se vante d'exécuter. Mais je crois être tellement sûr qu'il se trompe, que je lui propose un pari dont l'enjeu peut varier entre trente sous et dix mille francs, à son choix.

---

1. Ce que j'ai le plus admiré dans le cheval que le Général L'Hotte voulut bien monter devant moi et me faire monter ensuite, c'est l'attitude : nulle apparence de contrainte ; la tête placée presque dans son port naturel, sur une encolure assez haute, donne au cheval l'apparence de travailler en liberté. Et cependant quelle attention de la part de l'animal, quelle légèreté, quelle obéissance ! Mais aussi, comme conséquence forcée, quelle aisance de gestes ! quelle grâce dans les mouvements !

Comme membres du jury appelé à rendre une décision motivée, je propose : le général Loth ; le général de Bellegarde, mon idéal en équitation ; les lieutenants-colonels de Contades et Varin, tous anciens écuyers en chef de Saumur ; puis les capitaines-écuyers de Monjou et Féline.

J'espère que la composition de ce jury satisfera M. de Saint-Phalle, et qu'il sera fier d'être jugé par ses pairs.

Je demande donc à M. de Saint-Phalle d'exécuter devant ce jury :

1° Galop sur trois jambes ;

2° Galop en arrière ;

3° Changement de pied en galopant en arrière.

❧

Je voudrais croire qu'il acceptera avec empressement.

M. Fillis nous apprend qu'on peut le parodier, non l'imiter. Passons.

Ce qui le surprend le plus, c'est l'exécution du changement de pied en galopant en arrière. Mais, je trouve tout naturel qu'il s'en étonne. Ce qu'il appelle galop en arrière étant une allure irrégulière et incomplète, rien de surprenant à ce qu'il ne puisse pas exécuter à cette allure un mouvement spécial au galop régulier. La possibilité de changer de pied en galopant en arrière, consacre, au contraire, et démontre la régularité de cette allure.

Rappellerai-je à M. Fillis que, lorsqu'il s'agit d'un gentleman, d'un officier, ce n'est pas pour le croire qu'il faut des preuves de sincérité, mais que c'est pour ne pas le croire qu'il faut des preuves d'erreur ou de... vantardise ? Je n'insisterai pas davantage sur la délicatesse avec laquelle m'est proposé un pari dans lequel interviendraient à la fois comme enjeu, et ma bonne foi et une question pécuniaire.

Je veux bien laisser de côté les termes, le doute et le pari quelque peu fâcheux de l'auteur du *Journal de dressage* et me persuader qu'il a seulement le désir, comme il le dit aussi, de me donner occasion de montrer à des écuyers compétents ma manière d'exécuter les mouvements en question. Dans ces conditions, j'accepte sa fantaisie et le jury qu'il me propose. Les membres ne pouvaient en être mieux choisis. Pas une dissonance et, en tête, deux écuyers qui s'imposent à toutes les admirations. Il sera à regretter que, malheureusement, l'un d'eux ne puisse pas remplir le rôle que, d'autorité, M. Fillis lui assigne.

Je précise, pour qu'il n'y ait pas d'erreur, les termes de ce que j'aurai à exécuter devant ce jury :

1° Galop sur trois jambes, non pas tel que l'exécute Povero (Planche VII du *Journal de Dressage*), car il l'exécute aussi mal du derrière que du devant, mais à la manière de Germinal (Planche XXXI, *Principes de dressage et d'équitation*), ou de Mlle d'Etiolles représentée dans cet ouvrage-ci[1].

2° Galop en arrière, tel que je le préconise, bien entendu, ne fût-ce que parce que M. Fillis n'admet pas qu'on puisse exécuter de changement de pied au galop en arrière tel qu'il l'explique, ce que je crois volontiers.

3° Changement de pied en galopant en arrière.

N'ayant pas actuellement de chevaux mis à ces différents mouvements, je commence dès aujourd'hui (27 mars 1904) la préparation nécessaire, et dès que je serai prêt, je prierai les membres du jury composé par M. Fillis de vouloir bien se réunir.

---

1. Voir la planche du galop sur trois jambes.

Bourges. — Imprimerie Tardy-Pigelet, 15, Rue Joyeuse